"十三五"普通高等教育本科系列教材

建筑电气照明设计与应用

主　编	郭喜峰				
副主编	侯　静	片锦香			
编　写	胡　楠	郑　迪	刘美菊	刘　剑	
	张　锐	孙　伟	许　崇	马　健	
	刘　新	李宏伟	宫　巍	刘　涛	
主　审	许　可				

中国电力出版社
CHINA ELECTRIC POWER PRESS

内 容 提 要

本书共分为 9 章，包括基础和应用两大部分。基础部分主要介绍光度学、材料的光学性质、视觉特性、颜色特性、光源和照明器的选用、照明计算方法等；应用部分结合现代建筑、照明技术和城市夜景的规划与设计等新内容，集中介绍照明设计要点和设计方法，并介绍了照明工程的施工要求与相关技术。

本书可作为普通高等院校建筑电气与智能化专业及电气类、自动化类专业教材，也可作为高职高专院校相关专业教材，还可作为培养照明设计师的培训教材及有关工程技术人员的参考书。

图书在版编目（CIP）数据

建筑电气照明设计与应用/郭喜峰主编 . —北京：中国电力出版社，2018.12（2023.1重印）

"十三五"普通高等教育本科规划教材

ISBN 978-7-5198-2767-0

Ⅰ.①建… Ⅱ.①郭… Ⅲ.①房屋建筑设备—电气照明—照明设计—高等学校—教材 Ⅳ.①TU113.6

中国版本图书馆 CIP 数据核字（2018）第 291183 号

出版发行：中国电力出版社
地　　址：北京市东城区北京站西街 19 号（邮政编码 100005）
网　　址：http://www.cepp.sgcc.com.cn
责任编辑：孙　静
责任校对：黄　蓓
装帧设计：张俊霞　郝晓燕
责任印制：钱兴根

印　　刷：三河市百盛印装有限公司
版　　次：2018 年 12 月第一版
印　　次：2023 年 1 月北京第四次印刷
开　　本：787 毫米×1092 毫米　16 开本
印　　张：19.75
字　　数：483 千字
定　　价：58.00 元

前　　言

　　建筑电气照明与人类的生产、工作和生活有着十分密切的关系，随着我国建筑业、装饰业的蓬勃发展，人们对照明光源、照明设备技术的更新以及照明光环境的要求就更高了。为了满足高等院校建筑电气类和电气技术类专业教学的需要，我们在多年教学及工程实践的基础上编写了该教材。

　　本教材编写的指导思想是着重建筑电气照明技术基本概念和应用。本书共分 9 章，包括基础和应用两大部分。基础部分主要介绍光度学、材料的光学性质、视觉特性、颜色特性、光源和照明器的选用、照明计算方法等；应用部分结合现代建筑、照明技术和城市夜景的规划与设计等新内容，集中介绍其照明设计要点和设计方法，并介绍了照明工程的施工要求与相关技术。教材在编写过程中，将最新的建筑电气设计规范与施工规范的内容，以及新兴的照明技术进行了介绍，与照明工程的发展趋势相契合。

　　本书在内容上力求深入浅出、简明扼要、层次清楚、语言透彻，尤其注重理论联系实际，增加大量的翔实的工程实例向读者阐述了电气照明设计应用的完整理念。为了配合教学与工程实践的需要，书中为每章重点内容还编入了相应的思考题。

　　本书适用于高等院校建筑电气与智能化专业及电气类、自动化类专业以及高职高专等不同层次的教学，也可作为培养照明设计师的培训教材及有关工程技术人员的参考书。

　　本书由沈阳建筑大学郭喜峰任主编，侯静、片锦香任副主编。全书共分 9 章，其中第 1 章由沈阳建筑大学的片锦香编写；第 2、3 章由沈阳建筑大学的张锐、胡楠编写；第 4 章由沈阳建筑大学的郭喜峰、刘美菊编写；第 5 章由郭喜峰、侯静编写；第 6 章由沈阳科技学院的刘涛编写；第 7 章由沈阳城市建设学院孙伟编写；第 8 章由沈阳建筑大学刘剑、郑迪编写；第 9 章由侯静、片锦香编写。参与编写的还有沈阳建筑大学的许崇、宫巍、李宏伟、马健、刘新。

　　由于编者水平有限，加之时间仓促，书中不妥和遗漏之处难免，恳请专家和读者批评指正。

编　者

2018.11

目 录

第1章　光的基本知识

无论白天还是黑夜，人们都离不开光，舒适的光线不但能提高使用者的工作效率，还有利于身心健康。电气照明设计实际上是对光的设计和控制。本章主要介绍光的本质以及光的辐射特性、常用的光度量参数、材料的光学性质以及视觉与颜色的关系。

1.1　光 的 基 本 概 念

光是能量的一种形态，这种能量能从一个物体传播到另一个物体，在传播过程中无需任何物质作为媒介，这种能量的传递方式称为辐射。辐射是指能量从能源出发沿直线向四面八方传播，尽管实际上它并不总是沿直线方向传播的，特别在通过物质时，其方向会有所改变。光一度被认为是粒子束，后来经实践证明，光线的方向也是波传播的方向。约一百年前，人们已证实了光的本质是电磁波，在波长极其宽阔的电磁波范围中，可见光波仅占很小的一部分。

1.1.1　光辐射

1666 年，牛顿使一束自然光线通过棱镜，从而发现光束中包含组成彩虹的全部颜色。可见光谱的颜色实际上是连续光谱混合而成的，光的颜色与相应的波段如表 1-1 所示。可见光的波长从 380nm 向 780nm 增加时，光的颜色从紫色开始，按蓝、绿、黄、橙、红的顺序逐渐变化。任何物体发射或反射足够数量合适波长的辐射能，作用于人眼睛的感受器官，就可看见该物体。各种颜色之间是连续变化的，发光物体的颜色由其所发光内所含波长而定。单一波长的光表现为一种颜色，称为单色光；多种波长的光组合在一起，在人眼中引起色光复合而形成复色光的感觉；全部可见光混合在一起，就形成了日光。非发光物体的颜色主要取决于它对外来照射光的吸收（光的粒子性）和反射（光的波动性）情况，其颜色与照射光有关。通常所说的物体颜色是指它们在太阳光照射下所显示的颜色。

表 1-1　　　　　　　　　　　　　　光的各个波长区域

波长区域（nm）	区域名称		性质
100～200	真空紫外		
200～300	远紫外	紫外光	
300～380	近紫外		
380～450	紫		
450～490	蓝		
490～560	绿		光辐射
560～600	黄	可见光	
600～640	橙		
640～780	红		

波长区域（nm）	区域名称		性质
780～1500	近红外		
1500～10000	中红外	红外光	光辐射
10000～100000	远红外		

在太阳辐射的电磁波中，大于可见光波长的部分被大气层中的水蒸气和二氧化碳强烈吸收，小于可见光波长的部分被大气层中的臭氧吸收，到达地面的太阳光，其波长正好与可见光相同。

紫外线波谱的波长在 100～380nm，紫外线是人眼看不见的。太阳是近紫外线发射源；人造发射源可以产生整个紫外线波谱。

红外线波谱的波长在 780～1mm，红外线也是人眼看不见的。太阳也是天然的红外线发射源；白炽灯一般可发射波长在 5000nm 以内的红外线；发射近红外线的特制灯可用于医疗和工业设施。

紫外线、红外线两个波段的辐射能与可见光一样，可用平面镜、透镜或棱镜等光学元件进行反射、成像或色散。因而，将紫外线、可见光、红外线统称为光辐射。

1.1.2　光的本质

关于光的本质，很多科学家开展了研究，提出了光的两种学说，即牛顿微粒学说和惠更斯波动学说。

牛顿微粒学说：牛顿认为光是发光物体发出的遵循力学规律做等速运动的粒子流。微粒学说可以解释光的直线传播以及光的反射和折射规律，并认为光在水中的传播速度比空气中的速度大。

惠更斯波动学说：惠更斯认为光是一种机械波，它依靠所谓的弹性介质"以太"来传播。波动说能够解释光的反射和折射规律，并能说明双折射现象，但是认为光在水中的传播速度比空气中的速度小。

目前，科学家们常采用"电磁波理论"和"量子论"来阐述光的本质。

1. 电磁波理论

英国物理学家麦克斯韦从他的电磁场理论预言了电磁波的存在，并认为光就是一种电磁波，之后赫兹从实验上证实了麦克斯韦电磁场理论的正确性，从而形成了以电磁理论为基础的波动光学。麦克斯韦提出：发光体以辐射能的形式发射光，而辐射能又以电磁波形式向外传输，电磁波作用在人眼上就产生光的感觉。光在空间运动可以用"电磁波理论"圆满地加以解释。

2. 量子论

光的波动理论无法解释黑体辐射、光电效应和原子线状光谱等问题，普朗克提出辐射的量子理论，随后爱因斯坦提出光量子理论，并解释了光电效应实验，说明光具有粒子性，并具有能量、动量等。量子论认为发光体以分立的"波束"形式发射辐射能，这些波束沿直线发射出来，作用在人眼上而产生光的感觉。光对物体的效应可用"量子论"圆满地加以解释。因此，光的本质是具有波粒二象性的，即光的传输过程体现了光的波动性，而光与物质的相互作用过程体现的是光的粒子性。

对于照明工程师有着重要意义的光特性，量子论和电磁波论都做了一一说明。无论光被认为是波动性质还是光子性质，更确切地说，都属于电子运动过程产生的辐射，譬如，在气体放电中，被激励的电子返回到原子中较为稳定的位置时，将放射能量进而产生辐射。

1.1.3 光的辐射特性

为了研究光源辐射现象的规律，测定供给光源能量（比如说电能）转换成辐射能效率的高低，通常用下面的一些基本参量来描述光源的辐射特性。

1. 辐射量

（1）辐射能量 Q_e。

光源辐射出来的光（包括红外线、可见光和紫外线）的能量称为光源的辐射能量。当这些能量被物质吸收时，可以转换成其他形式的能量。辐射能量 Q_e 的单位为 J。

（2）辐射通量 Φ_e。

光源在单位时间内辐射出去的总能量称之为光源的辐射通量，辐射通量也可称为辐射功率。辐射通量 Φ_e 的单位为 W。

（3）辐射出射度 M_e。

如果光源表面上的一个发光面积 A 在各个方向（在半个空间内）的辐射通量为 Φ_e，则该发光面的辐射出射度为

$$M_e = \frac{\Phi_e}{A} \tag{1-1}$$

辐射出射度 M_e 的单位为 W/m^2。由于一般光源发光面上各处的辐射出射度是不均匀的，因此，发光面上某一微小面积 dA 的辐射出射度应该是该发光面向所有方向（在半个空间内）发出的辐射通量 $d\Phi_e$ 与面积 dA 之比，即

$$M_e = \frac{d\Phi_e}{dA} \tag{1-2}$$

2. 光谱辐射量

光源发出的光往往由许多波长的光所组成，为了研究各种波长的光分别辐射的能量还需对单一波长的光辐射作相应规定。

（1）光谱辐射通量 Φ_λ。

光源发出的光在单位波长间隔内的辐射通量称为光谱辐射通量 Φ_λ，即

$$\Phi_\lambda = \frac{\Delta\Phi_e}{\Delta\lambda} \tag{1-3}$$

若波长 λ 单位为 m（为了方便，有时被描述为 nm），则光谱辐射通量 Φ_λ 的单位为 W/m。由于光源发出的各种波长的光谱辐射通量 Φ_λ 一般是不同的，因此应取微小的波长间隔 $d\lambda$。在 λ 到 $(\lambda + d\lambda)$ 间隔内的辐射通量是 $d\Phi_e(\lambda)$，那么该波长 λ 处的光谱辐射通量为

$$\Phi_\lambda = \frac{d\Phi_e}{d\lambda} \tag{1-4}$$

（2）光谱辐射出射度 M_λ。

光源发出的光在单位波长间隔内的辐射出射度称为光谱辐射出射度 M_λ：

$$M_\lambda = \frac{dM_e}{d\lambda} \tag{1-5}$$

光谱辐射出射度 M_λ 的单位为 W/(m² · m)。

（3）光谱光视效能 $K(\lambda)$。

光谱光视效能是用来度量由辐射能所引起的视觉能力。光谱光视效能 $K(\lambda)$ 的量纲为流明每瓦（lm/W）。

（4）光谱光视效率 $V(\lambda)$。

人眼在可见光谱范围内的视觉灵敏度是不均匀的，它随波长而变化。人眼对波长为555nm 的黄绿光的感受效率最高，而对其他波长光的感受效率却较低，故称 555nm 为峰值波长，以 λ_m 表示，并将其光谱光视效能 $K(\lambda_m)$（该值等于 683lm/W）定义为峰值光视效能 K_m。

为便于分析，将其他波长 λ 的光谱光视效能 $K(\lambda)$ 与 K_m 之比定义为光谱光视效率（又称视见函数或人眼的视觉灵敏度），即

$$V(\lambda) = \frac{K(\lambda)}{K_m} \tag{1-6}$$

也就是说，当波长在峰值波长 λ_m 时，$V(\lambda_m)=1$；在其他波长 λ 时，$V(\lambda)<1$。

1.2 常 用 的 光 度 量

除了特殊用处的光源外，大量的光源均作为照明使用，而照明的效果最终是以人眼来评定的，仅用没有考虑人眼作用的能量参数来表达是不够的，因此，照明光源的光学特性还应考虑用基于人眼视觉的光度量参数来描述。常用来描述光度量的参数包括光通量、发光强度、照度、光的出射强度以及亮度等。这些参数从不同的侧面表达了物体的光学特征。光通量是针对光源而言，是表征发光体辐射光能的多少，不同的发光体具有不同的能量；发光效率也是针对光源而言，表示光源发光的质量和效率，根据这个参数可以判别光源是否节能；发光强度也是针对光源而言，表明光通量在空间的分布状况，工程上用配光曲线图加以描述；照度是针对被照物而言，表示被照面接受光通量的面密度，用来鉴定被照面的照明情况；亮度则表示发光体在视线方向上单位面积的发光强度，它表明物体的明亮程度。

1.2.1 光通量

光源以辐射形式发射、传播出去并能使标准光度观察者产生光感的能量称为光通量，即能使人眼有光明感觉的光源辐射的部分能量与时间的比值，用符号 Φ 表示，单位是流明（lm）。流明是国际单位制单位，1lm 等于一个具有均匀分布 1cd（坎德拉）发光强度的点光源在一球面度（单位为 sr）立体角内发射的光通量。其公式为

$$\Phi = K_m \int_0^\infty \frac{d\Phi_e(\lambda)}{d\lambda} V(\lambda) d\lambda \tag{1-7}$$

式中 $d\Phi_e(\lambda)/d\lambda$——辐射通量的光谱分布。

$V(\lambda)$——光谱光（视）效率。

K_m——辐射的光谱（视）效能的最大值，单位为流明每瓦特（lm/W）。在单色辐射时，明视觉条件下的 K_m 值为 683lm/W（$\lambda=555$nm 时）。

光通量是光源的一个基本参数，是说明光源发光能力的基本量。通常该参数在产品出厂的技术参数表中给定。例如 220V/40W 普通白炽灯的光通量为 350lm，而 220V/40W 荧光

灯的光通量大于 2000lm，是白炽灯的几倍，简单说光源光通量越大，人们对周围环境的感觉越亮。

1.2.2 发光强度

一个光源在给定方向立体角元内发射的光通量 $\mathrm{d}\Phi$ 与该立体角元 $\mathrm{d}\Omega$ 之比，称为光源在这一方向上的发光强度，以 I 表示，单位为坎德拉，符号为 cd。坎德拉是国际单位制单位，定义为一光源在给定方向上的发光强度。该光源发光频率为 $540\times10^{12}\,\mathrm{Hz}$ 的单色辐射，且在此方向上的辐射强度为 1/683W 每球面度。发光强度计算公式为

$$I = \frac{\mathrm{d}\Phi}{\mathrm{d}\Omega} \tag{1-8}$$

式中　I——发光强度，单位是坎德拉，符号为 cd（1cd＝1lm/1sr）。

　　$\mathrm{d}\Omega$——球面上某一面积元对球心形成的立体角元，单位是球面度，符号为 sr。对于整个球体而言，它的球面度 $\Omega＝4\pi\mathrm{sr}$。

光源的光通量是固定的，但是不同的灯具光强有可能不同。一只 220V/40W 的白炽灯发射的光通量为 350lm，则它的平均光强为 350lm/4πsr＝28cd。若在该裸灯泡上装一盏白色搪瓷平盘灯罩，那么灯的正下方发光强度可提高到 70～80cd；如果配上一个聚焦合适的镜面反射罩，那么灯下方的发光强度可以高达数百坎德拉。然而，在后两种情况下，灯泡发出的光通量并没有变化，只是光通量在空间的分布更为集中，相应的光强也就提高了。

工程上，光源或光源加灯具的发光强度常见于各种配光曲线图，表示了空间各个方向上光强的分布情况。

1.2.3 照度

表面上一点的照度等于入射到该表面包含这点的面元上的光通量与面元面积之比，照度以 E 表示，单位为勒克斯，1lm 光通量均匀分布在 $1\mathrm{m}^2$ 面积上所产生的照度为 1lx，即 $1\mathrm{lx}＝1\mathrm{lm}/\mathrm{m}^2$。计算公式为

$$E = \frac{\mathrm{d}\Phi}{\mathrm{d}A} \tag{1-9}$$

式中　E——照度，lx；

　　Φ——光通量，lm；

　　A——面积，m^2。

照度是工程设计中的常见量，说明了被照面或工作面上被照射的程度，即单位面积上的光通量的大小。下面通过几个例子对照度有个感性认识，晴朗的满月夜地面照度约为 0.2lx；白天采光良好的室内照度为 100～500lx；阴天室内照度为 5～50lx；晴天室外太阳散射光（非直射）下的地面照度约为 1000lx；中午太阳光照射下的地面照度可达 100 000lx。在照明工程的设计中，常常要根据技术参数中的光通量以及国家标准给定的各种照度标准值进行各种灯具样式、位置、数量的选择。

1.2.4 光出射度

具有一定面积的发光体，其表面上不同点的发光强弱可能不一致，为表示这个辐射光通量的密度，可在表面上任取一个微小的单元面积 $\mathrm{d}A$，如果它发出的光通量为 $\mathrm{d}\Phi$，则该单位面积的光出射度 M 为

$$M = \frac{\mathrm{d}\Phi}{\mathrm{d}A} \tag{1-10}$$

光出射度就是单位面积发出的光通量，单位为辐射勒克斯（rlx），1rlx 等于 1lm/m²。

光出射度 M 与照度 E 具有相同的量纲；光出射度表示发光体发出的光通量表面密度，而照度则表示被照物体所接受的光通量表面密度。

对于因反射或透射而发光的二次发光表面，光出射度分别为

反射发光 $$M = \rho E \tag{1-11}$$

透射发光 $$M = \tau E \tag{1-12}$$

式中　ρ——表面反射比；

　　　τ——表面透射比；

　　　E——二次发光面上被照射的照度。

1.2.5　亮度

表面上一点在给定方向上的亮度，是包含这点的面元在该方向的发光强度 $\mathrm{d}I$ 与面元在垂直于给定方向上的正投影面积 $\mathrm{d}A\cos\theta$ 之比。亮度以 L 表示，公式为

$$L = \frac{\mathrm{d}I}{\mathrm{d}A\cos\theta} \tag{1-13}$$

式中　L——亮度；

　　　I——发光强度；

　　　A——发光面积；

　　　θ——表面法线与给定方向之间的夹角。

对于均匀漫反射表面，其表面亮度与表面照度有以下关系

$$L = \frac{\rho E}{\pi} \tag{1-14}$$

对于均匀漫透射表面，其表面亮度与表面照度则有

$$L = \frac{\tau E}{\pi} \tag{1-15}$$

式中　L——表面亮度；

　　　ρ——表面反射比；

　　　τ——表面透射比；

　　　E——表面照度。

一个物体的明亮程度不能用照度来描述，因为被照物体表面的照度不能直接表达人眼的视觉感觉。只有眼睛的视网膜上形成的照度才能感觉出物体的亮度，公式（1-13）说明发光面积上直接射入人眼的光强部分才能反应物体的明亮程度，公式（1-14）和公式（1-15）则反映被照物体经过对光的折射、反射、透射等作用后，进入人眼部分的照度，令人感觉出物体的明亮程度。目前有些国家将亮度作为照明设计的内容之一。

1.2.6　发光效率

光源的发光效率通常简称为光效，或光谱光效能，即前面讨论光谱光（视）效率和光通量两个参数中出现的光谱光效能 $K(\lambda)$ 和最大光谱光效能 K_m，若针对照明灯而言，它是指光源发出的总光通量与灯具消耗电功率的比值，也就是单位功率的光通量。例如，一般白炽灯的发光效率约为 $7.1 \sim 17\mathrm{lm/W}$，荧光灯的发光效率约为 $25 \sim 67\mathrm{lm/W}$，荧光灯的发光效率比白炽灯高，发光效率越高，说明在同样的亮度下使用功率小的光源即可节约电能。

1.3　材料的光学性质

光线未遇到物体时，总是以直线方向进行传播；当遇到某种物体时，光线可能被反射，或者被吸收、被透射。光投射到非透明的物体时，光通量的大部分被反射，小部分被吸收；光投射到透明物体时，光通量除被反射与吸收一部分外，大部分则被透射。因此，材料不同，所反映出来的光学性质也不同。

1.3.1　反射比、透射比和吸收比

材料对光的反射、吸收和透射性质可用相应的系数表示，即材料的反射比、透射比和吸收比参数。

反射比
$$\rho = \frac{\Phi_\rho}{\Phi_i} \tag{1-16}$$

透射比
$$\tau = \frac{\Phi_\tau}{\Phi_i} \tag{1-17}$$

吸收比
$$\alpha = \frac{\Phi_\alpha}{\Phi_i} \tag{1-18}$$

式中　Φ_i——投射到物体材料表面的光通量；

Φ_ρ——Φ_i 之中被物体材料反射的光通量；

Φ_τ——Φ_i 之中被物体材料透射的光通量；

Φ_α——Φ_i 之中被物体材料吸收的光通量。

根据能量守恒定律，则有
$$\rho + \tau + \alpha = 1 \tag{1-19}$$

1.3.2　光的反射

当光线遇到非透明物体表面时，大部分光被反射，小部分光被吸收。光线在镜面和扩散面上的反射状态有规则反射、散反射、漫反射、混合反射四种。

1. 规则反射

在研磨很光的镜面上，光的入射角等于反射角，反射光线总是在入射光线和法线所决定的平面内，并与入射光分处在法线两侧，称为反射定律，如图 1-1 所示。在反射角以外，人眼是看不到反射光的，这种反射称为规则反射（regular reflection），亦称镜面反射（specular reflection）。它常用来控制光束的方向，灯具的反射罩就是利用这一原理制作的，但一般由比较复杂的曲面构成。

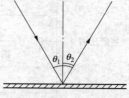

图 1-1　规则反射

2. 散反射

当光线从某方向入射到经散射处理的铝板、经涂刷处理的金属板或毛面白漆涂层时，反射光向各个不同方向散开，但其总的方向是一致的，如图 1-2，其光束的轴线方向仍遵守反射定律。这种光的反射称为散反射（spread reflection）。

3. 漫反射

光线从某方向入射到粗糙表面或涂有无光泽镀层的表层时，光线被分散在许多方向，在宏观上不存在规则反射，这种光的反射称为漫反射（diffuse reflection）。当反射遵守朗伯余

弦定律，即向任意方向的光强 I_{θ} 与该反射面的法线方向的光强 I_{0} 所成的角度护的余弦成比例，而与光的入射方向无关，从反射面的各个方向看去，其亮度均相同，这种光的反射称为各向同性漫反射，如图 1-3 所示。

  4. 混合反射

  光线从某一方向入射到瓷釉或带有高度光泽的漆层上时，其反射特性介于规则反射与漫反射（或散反射）之间，则称之为混合反射（Mixed reflection），如图 1-4 所示。混合反射又分为漫反射与规则反射的混合；散反射与漫反射的混合以及散反射与规则反射的混合。第三种混合反射在规则反射方向上的发光强度比其他方向要大得多，且有最大亮度，而在其他方向上也有一定数量的反射光，但亮度分布不均匀。

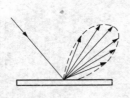 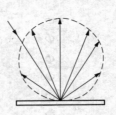 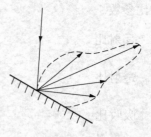

图 1-2　散反射　　　　　　图 1-3　各向同性漫反射　　　　　图 1-4　混合反射

  灯具采用反射材料制作的目的是把光源的光反射到需要照明的方向，这样反射面就成为二次发光面，为提高效率，一般宜采用反射比较高的材料。表 1-2 为各种材料的反射比与吸收比。

表 1-2　　　　　　　　　　　各种材料的反射比与吸收比

材料		反射比	吸收比
规则反射	银	0.92	0.08
	铬	0.65	0.35
	铝（普通）	0.60～0.73	0.27～0.40
	铝（电解抛光）	0.75～0.84（光泽）0.62～0.70（无光）	
	镍	0.55	0.45
	玻璃镜	0.82～0.88	0.12～0.18
漫反射	硫酸钡	0.95	0.05
	氧化镁	0.975	0.025
	碳酸镁	0.94	0.06
	氧化亚铅	0.87	0.13
	石膏	0.87	0.13
	无光铝	0.62	0.38
	喷漆铝	0.35～0.40	0.65～0.60

续表

材料		反射比	吸收比
建筑材料	木材（白木）	0.40~0.60	0.60~0.40
	抹灰、白灰粉刷墙壁	0.75	0.25
	红墙砖	0.30	0.70
	灰墙砖	0.24	0.76
	混凝土	0.25	0.75
	白色瓷砖	0.65~0.80	0.35~0.20
	透明无色玻璃（1~3mm）	0.08~0.1	0.01~0.03

1.3.3　光的透射

光线入射到透明或半透明材料表面时，一部分被反射、被吸收，而大部分可以透射过去。例如，光在玻璃表面垂直入射时，入射光在第一面（入射面）反射 4%，在第二面（透过面）反射 3%~4%，被吸收 2%~8%，透射率为 80%~90%。透射光在空间分布的状态有规则透射、散透射、漫透射、混合透射四种：

1. 规则透射

当光线照射到透明材料上时，透射光是按照几何光学的定律进行透射，这就是规则透射（regular transmission）如图 1-5 所示，图 1-5（a）为平行透光材料（图中为平板玻璃），透射光的方向与原入射光方向相同，但有微小偏移；图 1-5（b）为非平行透光材料（图中为三棱镜），透射光的方向由于光折射而改变了方向。

2. 散透射

光线穿过散透射材料（如磨砂玻璃）时，在透射方向上的发光强度较大，在其他方向上发光强度较小，表面亮度也不均匀，透射方向较亮，其他方向较弱，这种情况称为散透射（spread transmission），亦称为定向扩散透射，如图 1-6 所示。

3. 漫透射

光线照射到散射性好的透光材料上时（如乳白玻璃等），透射光将向所有的方向散开并均匀分布在整个半球空间内，这称为漫透射（diffuse transmission）。当透射光服从朗伯定律，即发光强度按余弦分布，亮度在各个方向上均相同时，即称为均匀漫透射或完全漫透射，如图 1-7 所示。

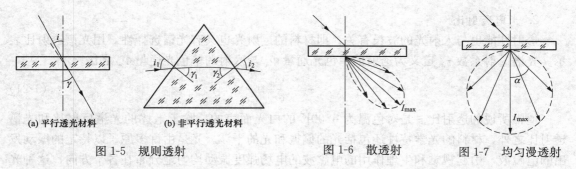

(a) 平行透光材料	(b) 非平行透光材料		
图 1-5　规则透射		图 1-6　散透射	图 1-7　均匀漫透射

4. 混合透射

光线照射到透射材料上，其透射特性介于规则透射与漫透射（或散透射）之间的情况，称为混合透射（mixed transmission）。

1.3.4 材料的光谱特征

光谱是复色光经过色散系统（如棱镜、光栅）分光后，被色散开的单色光按波长（或频率）大小而依次排列的图案，全称为光学频谱。由于每种原子都有自己的特征谱线，因此可以根据光谱来鉴别物质和确定它的化学组成，这种方法叫作光谱分析。做光谱分析时，可以利用发射光谱，也可以利用吸收光谱。材料的光谱特征包括光谱反射比和光谱透射比。

1. 光谱反射比

材料表面具有选择性地反射光通量的性能，即对于不同波长的光，其反射性能也不同，这就是在太阳光照射下物体呈现各种颜色的原因。光谱反射比 ρ_λ 用来说明材料表面对一定波长光的反射特性。光谱反射比 ρ_λ 定义为物体反射的单色光通量 $\Phi_{\lambda\rho}$ 对于入射的单色光通量 $\Phi_{\lambda i}$ 之比，即

$$\rho_\lambda = \frac{\Phi_{\lambda\rho}}{\Phi_{\lambda i}} \tag{1-20}$$

图 1-8 是几种颜色的光谱反射比 $\rho_\lambda = f(\lambda)$ 的曲线，由图可见，有色彩的表面在和其他色彩相同的光谱区域内具有最大的光谱反射比。

通常所说的反射比 ρ 是指对色温为 5500K 的白光而言。

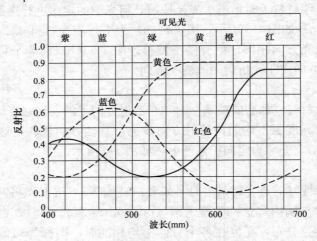

图 1-8　几种颜色的光谱反射系数

2. 光谱透射比

透射性能也与入射光的波长有关，即材料的透射光也具有光谱选择性，用光谱透射比表示。光谱透射系数 τ_λ 定义为透射的单色光通量 $\Phi_{\lambda\tau}$ 与入射的单色光通量 $\Phi_{\lambda i}$ 之比。

$$\tau_\lambda = \frac{\Phi_{\lambda\tau}}{\Phi_{\lambda i}} \tag{1-21}$$

通常所说的透射比 τ 是对色温为 5500K 的白光而言的。除了上述的光谱反射比和光谱透射比之外，材料的光学特性还包括光的偏振和光的干涉。光是由许多原子以特定的振动发出的电磁波，引起视觉和生理作用的电磁波的电场强度振动均匀地分布在各个方向，这种光

称为自然光，或称为非偏振光。自然光在被某些材料反射或透射的过程中，这些材料能消除自然光的一部分振动，使反射和透射出来的光线中，在某一方向的振动较强，而在另一方向的振动较弱，这种现象称为光的偏振，这种光称为偏振光（polarization light）。仅在一个方向上振动的偏振光称为直线偏振光，而除了在一个方向上有较强的振动外，还包括其他方向上较小的振动，这种光称为部分偏振光。从材料表面反射出来的光，通常可看作是由直线偏振光和漫射光合成的，漫射光部分是进行视力工作所必需的，而偏振光却是产生眩光作用的重要因素。如果能将反射光中的偏振成分加以消除或减弱，就可以在很大程度上减少反射眩光作用。如果在灯具中采用特殊设计的反射罩，使其射出的光线成为竖直方向振动的偏振光，这种光在工作面上反射时，没有水平方向振动的偏振光，因而就没有眩光。两个分开而又"相干"的光源照射在同一屏幕上时，就会出现光的干涉现象。"相干"的光源是指两个光源辐射出波长完全相同的光，并且有固定的相位关系。当这两个光源的光互相合并时，能使屏幕上某些地方两个光波同相位而彼此相加，而在另外一些地方两个光波异相位而互相抵消或减弱，其结果在屏幕上显出明暗相间的条纹，这就是光的干涉（interference of light）。利用光干涉现象的光干涉涂层，在摄影机、投影机和其他光学仪器及灯具上获得广泛应用，它能减少透射表面的光反射，从光线中把热分离出来，依照颜色透射或反射光，增加反射器的反射和完成其他的光控制作用。

1.4　视　觉　与　颜　色

人从外界获取信息主要是通过视觉来完成，光与色彩对于人的工作环境以及心理影响很大，了解光与色彩的形成机理，视觉的作用机理，需要对于光与色彩有较为深入的了解，这样在照明设计时才能让设计较好地符合人的使用。

1.4.1　光与视觉

照明设计的主要目的是为空间使用者提供适当的光以从事各类视觉性活动，因此人的视觉功效即预设了照明系统的设计标准，并籍以评判照明环境是否使人视觉舒适及改善视觉品质。整个视觉体系最重要的部分即为眼睛，眼睛如何对光做出反应，其间的互动关系常为照明设计最基本的考虑。

1. 人眼与视觉

眼睛是一个复杂而又精密的感觉器官，如图 1-9 所示。光线进入人眼是产生视觉的第一阶段，作为一种光学仪器，人眼的工作状态在很多方面与照相机相似。把倒像投射到视网膜上的透镜是有弹性的，它的曲率和焦距由睫状肌控制，其控制过程就叫作调节。透镜的孔径即瞳孔的大小由虹膜控制，像自动照相机那样，在低照度下瞳孔孔径变大，在高照度下瞳孔孔径缩小。

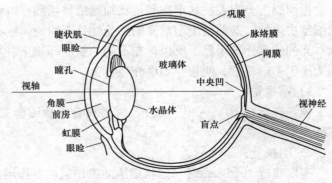

图 1-9　人眼的剖面图

视觉并不是瞬息即逝的过程，它是多步编码和分析的最终产物，这些编码和分析的过程综合起来为人们提供环境亮度和色度变化图样的含义。照明设计师正是在满足人们视觉需求的基础上，营造舒适高效节能的光环境。

在光辐射中有一部分是人眼能够看见的。人眼怎么会感到这部分光呢？原来在人眼的视网膜上布满了大量的感光细胞。感光细胞有两种：锥状细胞和柱状细胞，如图 1-10 所示。

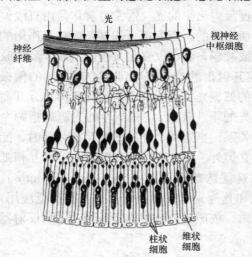

图 1-10　视网膜的剖面图

（1）锥状细胞。

锥状神经的实际数量达几百万个，以中心凹区域分布最为致密。锥状神经的功能是在昼间看物体，而且可看到物体的颜色。

（2）柱状细胞。

柱状神经的数量也达几百万个，它们呈扇面形状分布在黄斑到视网膜边缘的整个区域内。柱状神经在黄昏光线下活跃，在夜视中起作用，但它们不能感知颜色。在照度低的情况下，柱状神经对蓝色光的敏感度要比锥状神经高许多倍。

（3）视觉产生。

当 380～780nm 的电磁波进入眼睛的外层透明保护膜后，发生折射，光线从角膜进入水样体和瞳孔。进入的光量通过瞳孔的收缩或者扩张自动地得到调节，光线通过瞳孔和晶状体后，由晶状体和透明玻璃状体液将光线聚集在视网膜上。视网膜的柱状细胞和锥状细胞里都含有一种感光物质，当光线照到视网膜上时，感光物质发生化学变化，柱状和锥状神经开始起作用，接着发生一个电化学过程：柱状和锥状神经产生的脉冲传输至视神经，再由视神经传输至大脑，产生光的感觉或者引起视觉。

（4）视野。

当人的头部不动时，眼睛能看见的范围称为视野。单眼的综合视野水平方方向为 $180°$，垂直方向为 $130°$，水平面上方为 $60°$，水平面下方为 $70°$。

2. 视觉特性

（1）暗视觉、明视觉和中介视觉。

视网膜上分布着柱状细胞和锥状细胞两种细胞，边缘部位柱状细胞占多数，中央部位锥状细胞占多数，这两种细胞对光的感受性是不同的，柱状细胞对光的感受性很高，而锥状细胞对光的感受性却很低。所以，在不同的照度环境下柱状细胞和锥状细胞的工作状态不同，因为产生了暗视觉、明视觉和中介视觉。

1）暗视觉。

视场亮度在 $10^{-6}\sim10^{-2}\,cd/m^2$ 时，只有柱状细胞工作，锥状细胞不工作，这种视觉状态称为"暗视觉"。

2）明视觉。

亮度超过 $10\,cd/m^2$ 时，锥状细胞的工作起主要作用，这种视觉状态称为"明视觉"。

3）中介视觉。

亮度在 $10^{-2}\sim10\,cd/m^2$ 时，柱状细胞、锥状细胞同时起作用，这种视觉状态称为"中介视觉"。

明视觉主要是中央视觉，而暗视觉则是边缘视觉。因此在微光条件下，如想发现发光暗淡的星星，把目标保持在视觉注视中心反而不如以边缘视觉观察时清楚。在明视觉的情况下，人眼能分辨物体的细节，也能分辨颜色，但对不同波长可见光的感受性不同，因此能量相同的不同色光表现出不同的明亮程度。

（2）光谱灵敏度。

不同观察者的眼睛对各种波长光的灵敏度稍有不同，而且还随着时间、观察者的年龄和健康状况而变。因此，只能从许多人的大量观察结果中取平均。国际照明委员会（Committee of Illuminating Engineering，CIE）承认的平均人眼对各种波长 λ 的光的光谱灵敏度（简称光谱光视效率），如图 1-11 所示。图中，$V(\lambda)$ 为明视觉的光谱光视效率曲线、$V'(\lambda)$ 则为暗视觉的光谱光视效率曲线。

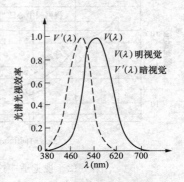

图 1-11　光谱光视效率

柱状细胞的最大灵敏度在波长为 507nm 处，而锥状细胞的最大灵敏度在波长为 555nm 处。因此，黄昏亮度低，暗视觉柱状细胞工作时，绿光与蓝光显得特别明亮；而在白天亮度高，明视觉锥状细胞工作时，波长较长的光谱（如黄光与红光）显得明亮。

如同感光片对各种颜色光的感光灵敏度不同一样，人眼对各种颜色光的灵敏度也不一样，它对绿光的灵敏度最高，而对红光的灵敏度则低得多，也就是说，相同能量的绿光和红光，前者在人眼中引起的视觉强度比后者所引起的大得多。

虽然柱状细胞对光的感受性很高，但它却不能分辨颜色，只有锥状细胞在感受光刺激时，才有颜色感。因此，只有在照度较高的条件下，才有良好的颜色感，在低照度的暗视觉中，颜色感很差，此时，各种颜色的物体都给人造成蓝、灰的颜色感。

3. 视觉阈限

光刺激必须达到一定的数量才能引起光的感觉，能引起光感觉的最低限度的亮度称为视觉的绝对阈限。对于在人眼中长时间出现的大目标，视觉阈限亮度为 $10^{-6}\,\text{cd/m}^2$。在呈现时间少于 0.1s，视角不超过 1° 的条件下，其视觉阈限值遵守里科定律，即亮度×面积＝常数；也遵守帮森—罗斯科定律，即亮度×时间＝常数。也就是说，目标越小，或呈现的时间越短，越需要更高的亮度才能引起视觉。视觉可以忍受的亮度上限约为 $10^6\,\text{cd/m}^2$，超过这个数值，视网膜就可能因辐射过强而受到损伤。

绝对阈限的倒数表明感觉器官对最小光刺激的反应能力，称之为"绝对感受性"。实验证明，在充分适应黑暗的条件下，人眼的绝对感受性非常高，即人眼视觉阈限十分小。

4. 视觉适应

视觉器官的感觉随着接收的亮度和颜色的刺激而变化的过程，称为"视觉适应"。它可分为明适应与暗适应。

（1）明适应。

视觉系统适应高于几个 cd/m^2 亮度变化过程及终极状态称为"明适应"。

（2）暗适应。

视觉系统适应低于百分之几 cd/m^2 亮度变化过程及终极状态称为"暗适应"。

对人眼来说，视觉适应过程不仅是一个生理光学过程，同时也是一个光化学过程。开始是瞳孔大小的变化，继之是视网膜上的光化学反应。明视觉是视网膜中心锥体细胞为主的视觉，而暗视觉则是以边缘的柱体细胞为主，视觉适应则包含这两种细胞工作的转化过程。

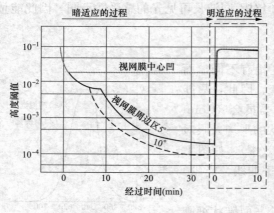

图 1-12　视觉适应过程

一般说来，暗适应所需过渡时间较长。图 1-12 所示的变化曲线是在短时间内能看清白色测试目标所需的最低亮度界限（即亮度阈值）。可见，整个过程的开始阶段感受性增长很快，以后变得越来越慢，大约 30min 后才能趋于稳定。

明适应发生在由暗处到亮处的时候。开始时人眼也不能辨别物体，几秒到几十秒后才能看清物体。这个过程也是人眼的感受性降低的过程，起初瞳孔缩小，视网膜上感受性降低，柱状细胞退出工作，而锥状细胞开始工作。由图 1-12 可以看出，明适应时间较短，开始时感受性迅速降低，30s 以后变化很缓慢，几百秒后则趋于稳定。

当视场内明暗急剧变化时，人眼不能很快适应，视力下降。为了满足眼睛适应性的要求，在隧道入口处必须有一段明暗过渡照明，以保证一定的视力要求；而隧道出口处因明适应时间很短，一般在 1s 以内，故可不作其他处理。

5. 眩光

由于视野中的亮度分布或亮度范围的不适宜，或存在极端的对比，以致引起人眼的不舒适感觉或者降低观察细部（或目标）的能力，这种视觉现象统称为"眩光"。前者称为"不舒适眩光"，后者称为"失能眩光"。

影响眩光的因素有：

（1）周围环境较暗时，眼睛的适应亮度很低，即使是亮度较低的光，也会有明显的眩光。

（2）光源表面或灯具反射面的亮度越高，眩光越显著。

（3）光源的大小。

一个明亮光源发出的光线，被一个有光泽的或半光泽的表面反射进入观察者眼睛，可能产生轻度分散注意力直至不舒适的感觉。当这种反射发生在作业面上时，就称为"光幕反射"；若发生在作业面以外则称为"反射眩光"。光幕反射会降低作业面的亮度对比，使目视工作效果降低，从而也就降低了照明效果。

6. 视觉功效

人的视觉器官完成给定视觉作业能力的评价，称为视觉功效。视觉作业一般用完成作业的速度和精度表示，它既取决于作业固有的特性（大小、形状、作业细节与背景的对比等），又与照明条件有关。一般用对比敏感度与可见度、视觉敏锐度以及视亮度等参数来进行指标评价。

（1）对比敏感度与可见度。

任何视觉目标都有它的背景。目标和背景之间在亮度或颜色上的差别，是人在视觉上能认知世界万物的基本条件。前者是亮度对比，后者为颜色对比。

1) 亮度对比。

视野中目标亮度和背景亮度的差与背景亮度之比称为亮度对比 C，即

$$C = \frac{L_o - L_b}{L_b} = \frac{\Delta L}{L_b} \tag{1-22}$$

式中　L_o——目标亮度，cd/m^2；

　　　L_b——背景亮度，cd/m^2。

2) 对比敏感度。

人眼刚刚能够识别目标与背景的最小亮度差称为亮度差别阈限 ΔL_t，即

$$\Delta L_t = (L_o - L_b)_t \tag{1-23}$$

式中　ΔL_t——亮度差别阈限，cd/m^2。

亮度差别阈限与背景亮度之比称为阈限对比 C_t，即

$$C_t = \frac{(L_o - L_b)_t}{L_b} = \frac{\Delta L_t}{L_b} \tag{1-24}$$

阈限对比的倒数称为对比敏感度（或对比灵敏度），用符号 S_c 表示

$$S_c = \frac{1}{C_t} = \frac{L_b}{\Delta L_t} \tag{1-25}$$

S_c 不是一个固定不变的常数，它随照明条件而变化；同观察目标的大小和呈现时间也有关系。在理想条件下，视力好的人能够分辨 0.01 的阈限对比，即对比敏感度最大可达 100。由式（1-25）可知，要提高对比敏感度，就必须增加背景的亮度。

3) 可见度。

人眼确定物体存在或形状的难易程度称为可见度（或能见度）。在室内应用时，以目标与背景的实际亮度对比 C 与阈限对比 C_t 之比来描述，用符号 V 表示

$$V = \frac{C}{C_t} = \frac{\Delta L}{\Delta L_t} \tag{1-26}$$

在室内应用时，以人眼恰可看到标准目标的距离定义。

(2) 视觉敏锐度（视力）。

被识别的物体或细节对观察点所形成的张角称为视角，通常以弧分来度量。

视觉敏锐度是人眼区分物体细节的能力，以眼睛刚好可以分辨的两个相邻物体（点或线）的视角倒数定量表示，也称为视力。

视力与视觉系统的功能有关，随着年龄的增长而逐渐变差。特别是 50 岁以后，白内障使水晶体变混浊，视网膜功能衰竭，视力下降，即使背景亮度再高视力也很难提高。

视力也同视觉对象的亮度及观看时间有关。视目标的亮度越低，一定的视力所需的视觉认知的提示时间也就越长，而且还决定于视目标的明亮程度，在约 0.1s 以下的提示时间内，视力的提高与时间成正比。

(3) 视亮度。

人眼对物体明亮程度的主观感觉即为视觉亮度，它受适应亮度水平和视觉敏锐度的影响，没有量纲。对于一个固定成分的光，在不同适应亮度条件下，其感觉亮度和实际亮度不同，或者在同一亮度条件下，不同成分的光，其亮度感觉也不同。也就是说，客观的亮度与感受到的亮度之间会有差异。

1. 4. 2　光与颜色

人们之所以能看到并能辨认物体的色彩和形体，是因为光的照射反映到我们视网膜的成果，若光一旦消失，那么色彩就无从辨认。所以说，色彩是光的产品，没有光就没有色彩感触。对于室内照明设计，灯光的色彩有重要的意义，其特有的表现力可以烘托室内的气氛，影响人的生理机能和心理状态。

1. 颜色特性

（1）颜色的形成。

颜色是光作用于人的视觉神经所引起的一种感觉，颜色起源于光。因发光体发出的光而引起人们色觉的颜色称为光源色，光的波长不同，颜色也不同，表 1-3 是各种颜色的中心波长及光谱的范围。

表 1-3　　　　　　　　　　　　　光谱中各种颜色的波长及其范围

颜色	波长（nm）	波长区域（nm）
紫	420	380~450
蓝	470	450~480
绿	510	480~550
黄	580	550~600
橙	620	600~640
红	700	640~780

通常一个光源发出的光是由许多不同波长单色光组成的复合光，其光源色取决于它的光谱能量分布。光源的光谱辐射能量（功率）按波长的分布称为光谱能量（功率）分布，以光谱能量的任意值来表示光谱能量分布称为相对光谱能量分布。非发光体的颜色称为物体的表面色，可简称物体色或表面色。物体色是物体在光源照射下，其表面产生的反射光或透射光所引起的色觉。物体的颜色是物体对光源的光谱辐射有选择地反射或透射对人眼所产生的感觉。

（2）颜色的分类。

颜色可以分为彩色和非彩色两大类。

1）非彩色。

非彩色是指白色、黑色和中间深浅不同的灰色，它们可以排列成一个系列，称之为黑白系列或无色系列。

纯白是反射比 $\rho=1$（即 $\Phi_\rho/\Phi_i=1$）的理想的完全反射物体，接近纯白的有氧化镁。纯黑是 $\rho=0$ 的无反射物体，它们在自然界中不存在，接近纯黑的有黑绒。黑白系列的非彩色代表物体的反射比的变化，在视觉上表现为明度的变化（相应于视亮度 $M=\rho E$ 的变化），越接近白色，明度越高；越接近黑色，明度越低。白色、黑色和灰色物体对光谱各波长的反射没有选择性，故称它们是中性色。

2）彩色。

彩色是指黑色系列以外的各种颜色。任何一种彩色的表观颜色，都可以按照 3 个独立的主观属性即彩色的 3 个特性分类描述，这就是色调、明度和彩度。

①色调（Hue）。也叫色相或色别，是各彩色彼此区别的特性，它反映不同颜色各自具

有的相貌。红、橙、黄、绿、青、紫等色彩名称就是色相的标志。可见光谱中不同波长的光，在视觉上表现为不同的色相，各种单色光在白色背景上呈现的颜色，就是光谱色的色相。光谱色按顺序和环状形式排列即组成色相环，色相环包括六个标准色以及介于这六个标准色之间的颜色，即红、橙、黄、绿、青、紫以及红橙、橙黄、黄绿、青绿、青紫和红紫12 种颜色，也称 12 色相。

②明度（Lightness）。即色彩的明暗程度，不同色相的明暗程度是不同的。光谱中的各种色彩，黄色的明度最高，由黄色向两端发展，明度逐渐减弱，紫色的明度最低。同一色相的彩度，由于受光强弱的不同，明度也是不一样的。彩色光的亮度越高，人眼越感觉明亮，它的明度就越高。物体颜色的明度则反映为光反射比的变化，反射比大的颜色明度高，反之明度低。

③彩度（Chroma）。又称纯度或饱和度，指颜色的深浅程度。彩度反映颜色色相的表现程度，也可反映光线波长范围的大小，可见光谱中各种单色光彩度最高，黑白系列的彩度为零，或可认为黑白系列无彩度。彩度也表示彩色的纯洁性，可见光谱的各种单色光彩度最高。当光谱色渗入白光成分越多时，其彩度越低；当光谱色渗入白光成分比例很大时，在眼睛看来，彩色光就变成了白光。当物体表面的反射具有很强的光谱选择性时，这一物体的颜色就具有较高的彩度。

非彩色只有明度的差别，没有色调和彩度这两个特性。因此，对于非彩色只能根据明度的差别来辨认物，而对于彩色，可以从明度、色调和彩度 3 个特性来辨认物体，这就大大提高了人们识别物体的能力。

（3）颜色的混合。

颜色的混合是指将两种或更多种不同的颜色混合，从而产生一种新的颜色。颜色光的混合与物体色（颜料）的混合有很大的不同，颜色光的混合遵循加法混色，物体色的混合遵循减法混色，如图 1-13 所示。

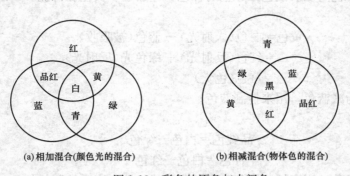

(a) 相加混合(颜色光的混合)　　　(b) 相减混合(物体色的混合)

图 1-13　彩色的原色与中间色

1）颜色光的混合。

实践证明，人眼能够感知和辨认的每一种颜色都能从红、绿、蓝三种颜色匹配出来，而这三种颜色中无论哪一种都不能由其他两种颜色混合产生，因此，在色度学中将红（700nm）、绿（546.1nm）、蓝（435.8nm）称为三原色。

在三原色中，若将红色光与绿色光混合可得出另一种中间色，将红、绿两种光强度任意调节，可得出一系列的中间色，如：红橙色、橙黄色、橙色、黄橙色、黄色、黄绿色、绿黄色等。当绿色光与蓝色光混合时可得出一系列介于绿与蓝之间的中间色。蓝与红混合时，可得出一系列介于蓝与红之间的中间色。上述光色只要比例合适，相加可得出：

$$红色＋绿色＝黄色$$
$$绿色＋蓝色＝青色$$
$$蓝色＋红色＝品红色$$
$$红色＋绿色＋蓝色＝白色$$

光的混合遵循以下规律：

①补色律。凡两种颜色按适当比例混合能产生白色或灰色，这两种颜色称为互补色。如黄色光和蓝色光混合可获得白色光，故黄色光与蓝色光为互补色，黄色是蓝色的补色，蓝色也是黄色的补色。同样，红和青、绿和品红为互补色。

②中间色律。两种非互补色的光混合，可产生中间色。色调决定两种光色的相对比例，偏向于比重大的光色。

③替代律。表观颜色相同的光，不管其光谱组成是否相同，在颜色相加混合中具有同样的效果。例如，颜色 A＝颜色 B，颜色 C＝颜色 D，则颜色 A＋颜色 C＝颜色 B＋颜色 D。

④亮度叠加律。由几种颜色光组成的混合色的亮度，是各种颜色光亮度的总和。

光色的相加混合应用于不同类型光源的混光照明、舞台照明等。

2）物体颜色的混合。

物体表面色是由其他光源照射物体表面产生反射光，该反射光射入人眼睛而引起的色觉，因此这种色觉主要取决于物体表面的光谱吸收比。为了获得真实的色觉，我们常用白光（也可用三原色混合而成的白光）来照射物体，物体从照射在其上的白色光中吸收了哪些成分，反射了哪些成分，就形成了物体色。如：用白光照射物体，反射在人眼中是黄色，说明物体吸收了蓝色光，反射了红色光和绿色光从而形成黄色。

减法混色的三原色是加法混色三原色的补色，即品红、黄色和青色。

以黄色为例：

$$黄色＝白色（入射光）－蓝色（被吸收）$$
$$＝红色（反射光）＋绿色光（反射光）$$
$$＝黄色（色觉）$$

因此，黄色称为减蓝色，用来控制蓝色。

同样：

$$品红色＝白色－绿色$$
$$青色＝白色－红色$$

品红色称为减绿色，用来控制绿色，青色称为减红色，用来控制红色。

将减法混色中的三原色相混合，可以得出颜料混合规律：

$$品红（颜料）＋黄色（颜料）＝白色（入射光）－绿色（被品红颜料吸收）－蓝色（被黄色颜料吸收）$$
$$＝红色（反射光，色觉）$$

同样：

$$黄色＋青色＝白色－蓝色－红色$$
$$＝绿色$$
$$青色＋品红＝白色－红色－绿色$$

$$=蓝色$$
$$品红＋青色＋黄色＝白色－红色－绿色－蓝色$$
$$=黑色$$

根据上述规律，我们将黄色滤光片与青色滤光片混合，由于黄片减蓝，青片减红，重叠相减只透过绿色；将品红和黄色颜料混合，因品红减绿，黄色减蓝而呈现红色；将品红、黄、青混合在一起，则呈黑色。

掌握颜色混合的规律，一定要注意颜色相加混合与颜色相减混合的区别，而不能误用日常配色经验。切忌将减法原色的品红色误为红色，将青色误称为蓝色，并以为红、黄、蓝是减法三原色，而造成与加法原色的红、绿、蓝混淆不清。

（4）色彩的效应。

色彩直接影响到人的情绪、心理状态，甚至工作效率，色彩还可以改变空间体量，调节空间情调。正确运用色彩对于提高室内的视觉感受，创造一个良好的视觉环境具有重要的作用。

1）色彩的物理效应。

①温度感。色彩的温度感是人们长期生活习惯的反应。例如，人们看到红色、橙色、黄色产生温暖感；看到青、蓝、绿产生凉爽感。通常将红、橙、黄之类的颜色称为暖色，把青、蓝、绿的颜色叫冷色，黑、白、灰称为中性色。

色彩的温度感是相对而言的。无彩色与有彩色比较，后者较前者暖；由无彩色本身来看，黑色比白色暖；从有彩色来看，同一色彩含红、橙、黄等成分偏多时偏暖，含青的成分偏多时偏冷。

色彩的冷暖和明度有关。含白的明色具有凉爽感，含黑的暗色具有温暖感。

色彩的冷暖还和彩度有关。在暖色中，彩度越高越具有温暖感；在冷色中，彩度越高越具凉爽感。

色彩的冷暖还与物体表面的光滑程度有一定的联系。一般说来，表面光滑时色彩显得冷，表面粗糙时，色彩就显得暖。

②重量感。重量感即通常所说的色彩的轻、重。色彩的重量感主要取决于明度，明度高的色轻，低的色重，明度相同，彩度高的一方显轻，低的一方显重。

③体量感。体量感是指由于颜色作用使物体看上去比实际的大或者小。从体量感的角度看，可将色彩划分为膨胀色和收缩色。由于物体具有某种颜色，使人看上去增加了体量，该颜色即属膨胀色；反之，缩小了物体的体量，该颜色则属收缩色。色彩的体量感取决于明度，明度越高，膨胀感越强；明度越低，收缩感越强。面积大小相同的色块，黄色看起来最大，其他依次为：橙、绿、红、蓝、紫。

④距离感。明度高的色给人以前进的感觉，明度低的色给人以后退的感觉。把前者叫做前进色，后者叫做后退色。暖色属前进色，冷色属后退色；就彩度而言，彩度高的前进，彩度低者后退；在色相方面，主要色彩由前进到后退的排列次序是：红＞黄＞橙＞紫＞绿＞青。

2）色彩的心理效果。

色彩的心理效果主要表现在两个方面：一是它的悦目性；二是它的情感性。它不仅能给人以美感，还能影响人的情绪，引起联想，具有某种象征作用。

①红色：血与火的颜色，最富刺激性。它意味着热情、奔放、喜悦、吉祥、活力和忠诚，也象征危险、动乱、卑俗的浮躁。

②黄色：阳光之色，中国古代帝王的服饰和宫殿用色。它给人以崇高、华贵、威严、娇媚、神秘的印象，还可以使人感到光明、辉煌、灿烂、希望和喜悦。

③橙色：红黄结合色，丰收之色。它具有明朗、甜美、兴奋、温暖、活跃、芳香的感觉，象征着成熟和丰美。使用过多，易引起烦燥。

④绿色：大自然之色，富有生机。它象征着生命、青春、春天、健康和活力，代表着和平和安全，还给人公平、安祥、宁静、智慧、谦逊的感觉。

⑤蓝色：大海之色。它使人想到深沉、远大、悠久、纯洁、理智和理想。蓝色是一种极其冷静的颜色，也容易引起阴郁、贫寒、冷淡等感觉。

⑥紫色：代表着神秘和幽雅。它易使人产生高贵、优雅和庄重的感觉，也可使人想到阴暗、污秽和险恶。

⑦白色：象征着纯洁，表示和平与神圣。它给人以明亮、干净、坦率、纯真、朴素、光明、神圣的感觉，也可使人想到哀怜、凄凉、虚无和冷酷。

⑧黑色：可以使人感到坚实、含蓄、庄严、肃穆，也可以使人联想起忧伤、消极、绝望、黑暗、罪恶与阴谋。

⑨灰色：具有朴实感，更多的是使人想到平凡、空虚、沉默、阴冷、忧郁和绝望。

除此之外，色彩还会引起人的生理发生变化。如：红色能刺激神经系统，加快血液循环；橙色能产生活力，诱人食欲；黄色可刺激神经系统和消化系统；绿色有助于消化和镇静；蓝色能缓解紧张情绪，调整体内平衡；紫色对运动神经、淋巴系统和心脏系统有抑制作用等。因此，我们要正确运用各种色彩，来满足人的心理和生理需求。

2. 表色系统

颜色的种类很多，日常用不同的名称命名如红、大红、朱红、粉红、紫红、桃红等。由于人们感受的差别，这种命名往往会造成不确切的结果，因此将颜色进行分类，并用数字、字母加以表示是很必要的。表色系统可分两大类：一类是以颜色的三个特征为依据，即按色调、明度和彩度来分类；另一类是以三原色说为依据，即任一给定颜色可以用三种原色按一定比例混合而成。属于前一类的表色系统称为单色分类系统，这是一个由标准的颜色样品系列组成，并将它们按序排列予以命名的系统，需要说明的颜色只要与这类系统中的某一种颜色样品相一致就可确定其颜色，目前用得最广泛的是孟塞尔表色系统。属于后一类的表色系统称为三色分类系统，这是以进行光的等色实验结果为依据的、由色刺激表示的体系，用得最广泛的是国际照明委员会 CIE 表色系统。

(1) 孟塞尔表色系统。

1) 色调 H（孟塞尔色调）。

按红（5R）、黄红（5YR）、黄（5Y）、黄绿（5GY）、绿（5G）、蓝绿（5BG）、蓝（5B）、蓝紫（5PB）、紫（5P）、红紫（5RP）分成 10 个色调，每一色调又各自分成从 0～10 的感觉上的等距指标，共有 40 个不同的色调。

2) 明度 V（孟塞尔明度）。

对同一色调的色来说，浅的明亮，深的阴暗，其中光波被完全吸收而不反射者为最暗，明度定为零，光被全部反射而不吸收者为最亮，明度定为 10，在它们之间按感觉上的等距指标分成 10 等分来表示其明度值。

　　3）彩度 C（孟塞尔彩度）。

　　对相同明度的色彩来说，又有鲜艳和阴沉之分，鲜艳的程度称为彩度。如红旗的红，其彩度高，红小豆的红，其彩度就低，而一般光谱色的彩度最高。

　　色调和明度具有一定的颜色，在图册排列中把无彩色的彩度作为零，彩度按感觉上的等距指标增加。彩度不像明度那样规定为 11 个等级，不同的色调所分的等级也不同。例如蓝色为 1～6，红色为 1～16。在一种色内，数字大的彩度就高。

　　按上述色调、明度和彩度的分类，孟塞尔表色系统用数字和符号表示颜色的方法是：先写色调，其次写明度，然后在斜线下写出彩度（HV/C）。如红旗要表示为 5R5/10。对于无彩色用符号 N，再标上明度值，如 N5。

　　（2）CIE 表色系统。

　　眼睛受单一波长的光刺激产生一种颜色感觉，而受一束包含各种波长的复合光刺激也只产生一种颜色感觉，这说明视觉器官对刺激具有特殊的综合能力。研究证明，光谱的全部颜色可以用红、绿、蓝 3 种光谱波长的光混合得到，这就是颜色视觉的三原色学说。这种学说认为锥体细胞包含红、绿、蓝 3 种反应色素，它们分别对不同波长的光发生反应，视觉神经中枢综合这 3 种刺激的相对强度而产生一种颜色感觉。3 种刺激的相对强度不同时，就会产生不同的颜色感觉。据此，可通过不同比例的 3 种原色相加混合来表示某种特定颜色，即

$$[C] \equiv r[R] + g[G] + b[B] \tag{1-27}$$

式中　　　　　[C]——某种特定颜色（或被匹配的颜色）；

[R]、[G]、[B]——红、绿、蓝三原色；

　　r、g、b——红、绿、蓝三原色的比例系数，且满足 $r+g+b=1$；

　　　　　　≡——表示匹配关系，即在视觉上颜色相同，而能量或光谱成分却不同。

　　例如，蓝绿色用颜色方程式表示时，可写成 $[C] \equiv 0.06[R] + 0.31[G] + 0.63[B]$。

　　另外，匹配白色或灰色时，三原色系数必须相等，即满足 $r=g=b$。

　　如果 [R]、[G]、[B] 三原色相加混合得不到相等的匹配时，可将三原色之一加到被匹配颜色的一方，以达到相等的颜色匹配。此时，式 1-27 中有一项必为负值（假设为 [B]），这可以理解为该原色将被滤去，即 $[C] \equiv r[R] + g[G] - b[B]$。

　　由于 RGB 系统可能出现负值，故 CIE 另用 3 个假想的原色 X、Y、Z 来代替 RGB，任何一种颜色（光）的 X、Y、Z 比例都是不同的。颜色的色（度）坐标可以通过计算 X、Y、Z 各在（$X+Y+Z$）总量中的比例来获得，即

$$x = \frac{X}{X+Y+Z} \tag{1-28}$$

$$y = \frac{Y}{X+Y+Z} \tag{1-29}$$

$$z = \frac{Z}{X+Y+Z} \tag{1-30}$$

　　1931 年 CIE 制定了色度图，它用三原色比例 x、y、z 来表示一种颜色，如图 1-14 所示。

　　由于 $x+y+z=1$，x、y 确定以后，z 就可以确定了。因此，在色度图中只有 x、y 两

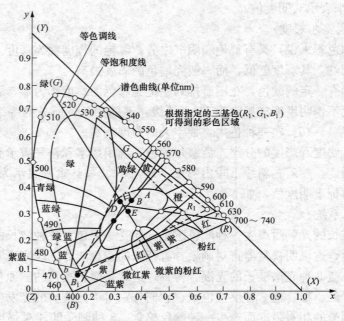

图 1-14 CIE 色度图

个坐标，而无 z 坐标，x、y 坐标分别相当于红原色、绿原色的比例。

1）一个颜色都可以用色度图上的一点来确定，这一点的色坐标为（x，y）。

2）马鞍形的曲线表示光谱色，称为"光谱轨迹"。

3）连接光谱轨迹末端的直线称为"紫色边界"，它是光谱中所没有但自然界存在的颜色。

4）通过 D 点的弧形曲线称为"黑体轨迹"，它表示黑体温度和色度的关系。

每种颜色在 CIE 色度图上都有一个对应的点。假就视觉而言，当颜色的坐标位置变化微小时，人眼仍认为它是原来的颜色，而感觉不出它的变化。也就是说，这个范围内的颜色在视觉上是等效的，这种人眼感觉不出来的颜色变化范围称之为"颜色宽容量"。

3. 光源的显色性

在照明设计中，光源的颜色常用色表和显色性来衡量。

（1）光源的色表。

色表是指用 CIE 1931 标准色度系统所表示的颜色性质。在照明应用领域里，常用色温或相关色温描述光源的色表。

当一个光源的颜色与完全辐射体（黑体）在某一温度发生的光色相同时，完全辐射体的温度（绝对温度，单位为开尔文，用 K 表示）就叫作此光源的色温。

完全辐射体（黑体）是特殊形式的热辐射体，它既不反射，也不透射，能把投射在它上面的辐射全部吸收。黑体加热到高温便产生辐射，黑体辐射的光谱功率分布完全取决于它的温度。在 800～900K 温度下，黑体辐射呈红色，3000K 时呈黄白色，5000K 左右呈白色，在 8000～10 000K 之间呈淡蓝色。

热辐射光源，如白炽灯，其光谱功率分布与黑体辐射非常相近，用色温来描述它的色品很恰当；气体放电光源，如荧光灯、高压钠灯，它们的光谱功率分布形式与黑体辐射有一定的差距，只能用黑体在某一温度辐射最接近的颜色来近似地确定这类光源的色温，这称为相关色温。

色温为 2000K 的光源所发出的光呈橙色，2500K 左右呈浅橙色，3000K 左右呈橙白色，4000K 呈白中略橙色，4500～7500K 近似白色（其中 5500～6000K 最接近白色），日光的平均色温约为 6000～6500K。

光源色温高低会使人产生冷暖的感觉，为了调节冷暖感，可根据不同地区不同场合，采取与感觉相反的光源来处理。如在寒冷地区宜使用低色温的暖色光源，在炎热地区宜使用高色温冷色调光源等。

光源的色标或色温是表示灯光的颜色品质的主要参数之一，它是衡量照明质量的参数之一。

（2）光源的显色性。

显色性主要用来表示光照射到物体表面时，光源对被照物体表面颜色的影响作用。物体表面色的显示除了决定于物体表面特征外，还取决于光源的光谱能量分布。不同的光谱能量分布，其物体表面显示的颜色也会有所不同。我们把物体在待测光源下的颜色同它在参照光源下的颜色相比的符合程度，定义为待测光源的显色性。

参照光源是能呈现出物体"真实"颜色的光源，一般公认中午的日光是理想的参照光源。实际上，日光的光谱组成在一天中有很大的变化，但这种变化被人眼的颜色补偿了，所以我们觉察不到物体颜色的相应变化。因此，日光作为参照光源是比较合适的。

CIE 及我国制订的光源显色评价方法，都规定相关色温低于 5000K 的待测光源以完全辐射体作为参照光源，它与早晨或傍晚时日光的色温相近；色温高于 5000K 的待测光源以组合昼光作为参照光源，它相当于中午的日光，因此就用日光或与日光极为接近的人工光源作为参照光源。

光源显色性的优劣用显色指数来表示。显色指数包括一般显色指数（符号 R_a）与特殊显色指数（符号 R_i）两组数据。R_a 的确定方法是以选定的一套共 8 个有代表性的色样在待测光源与参照光源下逐一进行比较，确定每种色样在两种光源下的色差 ΔE_i，然后按照约定的定量尺度，计算每一色样的特殊显色指数。

$$R_i = 100 - 4.6\Delta E_i \tag{1-31}$$

一般显色指数是 8 个色样显色指数的算术平均值，即

$$R_a = \frac{1}{8}\sum_{i=1}^{8} R_i \tag{1-32}$$

若将日光的一般显色指数 R_a 定为 100（最大值），则其他光源的显色指数低于 100，具有各种颜色的物体受某光源照射后的效果若和标准光源相接近，则认为该光源的显色性好，即显色指数高。反之，若物体被照射后表面颜色出现明显失真，则说明该光源与标准光源在显色性方面存在一定的差别，其显色性差，显色指数也低。一般认为 R_a 在 100～80 范围内，显色性优良；R_a 在 79～50 之间则显色性一般；$R_a < 50$ 显色性较差。

光源的显色性能也是反映灯光的颜色品质的主要参数，在进行照明设计选择光源的时候要根据规范要求选择显色指数。

光源的色温和显色性之间没有必然的联系，因为具有不同的光谱分布的光源可能有相同

的色温，但显色性却可能差别很大。同样，色品有明显区别的光源，在某种情况下，还可能具有大体相等的显色性。

思 考 题

1. 光的本质是什么？人眼可见光的波长范围是多少？
2. 辐射量特性包括哪些，各自的含义是什么？
3. 常用的光度量的定义及其单位？
4. 材料的反射比、透射比和吸收比三者之间的关系是什么？
5. 请述光的反射、投射各有的几种状态，并对每种状态加以简单说明。
6. 材料的光谱特性是什么？
7. 人的视觉特性包括什么？各自的含义是什么？
8. 视觉适应有哪几种？区别是什么？
9. 影响眩光的因素有哪些？
10. 孟塞尔表色系统是如何表示颜色的？
11. CIE 表色系统是如何表示颜色的？
12. 光源的显色性是如何表示的？

第2章 照明光源与附件

照明光源是灯具的主要组成，按发光原理的不同有不同的光源，不同的光源具有不同的光学性能，熟悉各种光源的性质对建筑照明设计是十分必要的。本章主要介绍光源的分类与型号的命名，常见的光源如白炽灯、荧光灯、LED 等光源的相关信息，光源的主要附件如镇流器等，最后对所介绍的光源进行了性能比较。

2.1 光源分类及光源型号命名

2.1.1 电光源分类

电光源按照其发光物质分类，可分为热辐射光源、固态光源和气体放电光源3类，详细分类见表2-1。

表 2-1   电光源分类及示例表

分　类			示　例
热辐射光源			白炽灯
			卤钨灯
固态光源			场致发光灯（EL）
			半导体发光二极管（LED）、有机半导体发光二极管（OLED）
气体放电光源	辉光放电		氖灯
			霓虹灯
	弧光放电	低气压灯	荧光灯
			低压钠灯
		高气压灯	高压汞灯
			高压钠灯
			金属卤化物灯
			氙灯

1. 热辐射发光光源

热辐射发光光源也可称为固体发光光源，是利用灯丝通过电流时被加热而发光的一种光源。白炽灯和卤钨灯都是以钨丝作为辐射体，钨丝被电流加热到白炽程度时产生热辐射。

2. 固态光源

固态光源是一种以半导体发光二极管、有机发光二极管或聚合物发光二极管为光源的照明方法。不同于传统的真空管或气体管，固态光源利用了半导体这种固态对象，把电能转为光。与白炽灯等照明方法相比较，固态光源产生的热量更少，因而更加省电。同时，固态光源灯具也比传统灯具使用寿命更长，更耐用。

（1）EL（Electro Luminescences）即场致发光，是将电能直接转换为光能的发光现象，由于场致发光是在电场激发下产生的，通常将场致发光称为电致发光。

（2）LED（Lighting Emitting Diode）即发光二极管，是一种半导体固体发光器件。它是利用固体半导体芯片作为发光材料，在半导体中通过载流子发生复合放出过剩的能量而引起光子发射，直接发出红、黄、蓝、绿、青、橙、紫、白色的光。

（3）OLED（Organic Lighting Emitting Display，有机发光显示）是指有机半导体材料在电场作用下发光的技术，为全固态结构，主动发光，无需背光源。OLED的基本结构是由一薄而透明具半导体特性的铟锡氧化物（ITO），与电源的正极相连，再加上另一个金属阴极。整个结构层中包括：空穴传输层、发光层与电子传输层。有机发光二极体的发光原理和无机发光二极体相似，在一定电场驱动下，电子和空穴分别从阴极和阳极注入电子发射层和空穴导电层，并在发光中相遇，形成的激子最终导致可见光的发射。

3. 气体放电光源

气体放电光源的发光原理完全不同于白炽灯类热辐射光源，主要是利用电流通过气体而发射光通过灯管中的水银蒸气放电，辐射出肉眼看不到的波长为254nm为主的紫外线，然后照射到管内壁的荧光物质上，再转换为某个波长段的可见光。

气体放电光源又可按放电的形式分为弧光放电灯和辉光放电灯，常用的弧光放电灯有荧光灯、钠灯、氙灯、汞灯和金属卤化物灯，辉光放电灯有霓虹灯、氖灯。气体放电光源工作时需要很高的电压，其特点是具有发光效率高、表面亮度低、亮度分布均匀、热辐射小、寿命长等诸多优点。

2.1.2 电光源型号命名

电光源的型号命名由多部分组成，第1部分为一般字母，由表示电光源名称主要特征的3个以内词头的汉语拼音字母组成；第2部分和第3部分一般是电光源的关键参数，规定了这些参数的计量单位，其他部分应符合相关产品标准的规定。表2-2～表2-4列出了热辐射光源、固态光源和气体放电光源的分类和型号命名。

表2-2　常用热辐射光源的分类和型号命名

电光源名称	型号的组成			相关标准
	第1部分	第2部分	第3部分	
普通照明用钨丝灯	PZ	额定电压（V）	额定功率（W）	GB/T 10681
局部照明灯泡	JZ	额定电压（V）	额定功率（W）	QB/T 2054
装饰灯泡	ZS	额定电压（V）	额定功率（W）	QB/T 2055
红外线灯泡	HW	额定电压（V）	额定功率（W）	GB/T 23140
道路机动车辆灯泡—灯丝灯泡（前照灯、雾灯、信号灯）	—	额定电压（V）	额定功率（W）	GB/T 15766.1
铁路信号灯泡	TX	额定电压（V）	额定功率（W）	—
家用及类似电器照明灯泡	DZ	额定电压（V）	额定功率（W）	—

续表

电光源名称		型号的组成			相关标准
		第 1 部分	第 2 部分	第 3 部分	
卤钨灯（非机动车辆用）	投影灯	LTY		额定电压（V）	GB/T 14094
	摄影灯（摄影棚用灯）	LSY		电压范围（B 或 C）	
	泛光灯（管形卤钨泛光灯）	LZG		额定电压（V）	
	特殊用途灯 飞机场用灯	FJ	额定功率（W）	额定电压（V）	
	特殊用途灯 交通信号卤钨灯	LJT		额定电压（V）	
	特殊用途灯 带介质膜反光碗特殊用途灯	LTS		额定电压（V）	
	普通用途灯 双插脚卤钨灯、带反光碗的卤钨灯	LW		额定电压（V）	
	普通用途灯 带电压符合 B 和 C 的卤钨灯			电压范围（B 或 C）	
	舞台照明灯（双插脚灯）	LWT		电压范围（B 或 C）	
仪器灯泡	白炽灯	YQ	额定电压（V）	额定功率（W）	QB 1116.1
	卤钨灯	LYQ			QB 1116.2
标准灯泡	发光强度标准灯泡	BDB	不同规格序号	—	GB/T 15039
	总光通量标准灯泡	DTQ	不同规格序号	—	GB/T 15039
	普通测光标准灯泡	BDP	额定功率（W）		GB/T 15040
	光谱辐射照度标准灯泡	BFZ	额定电压（V）	额定功率（W）	
	温度标准灯泡	BW	温度范围（K）	额定功率（W）	
	辐射能量标准灯泡	BDW	温度范围（K）	额定功率（W）	
水下灯泡	普通水下灯泡	SX	额定电压（V）	额定功率（W）	
	反射型彩色水下灯泡	SSF			

表 2-3 　　　　　　　　　　固态光源的分类和型号命名

电光源名称		型号的组成			相关标准
		第 1 部分	第 2 部分	第 3 部分	
普通照明用模块 LED 灯		SSL	额定电压（额定电流）/频率 [V(mA)/Hz]	额定功率（W）	GB/T 24823
普通照明用自镇流 LED 灯	普通照明用非定向自镇流 LED 灯	BPZ	光通量规格（lm）	配光类型（O、Q、S）	GB/T 24908
	反射型自镇流 LED 灯			光束角规格	GB/T 29296
普通照明用单端 LED 灯		BD	光通量规格（lm）	额定功率（W）	—
装饰照明用 LED 灯		BZ	额定电压（V）	额定功率（W）	GB/T 24909
道路照明用 LED 灯		BDZ	额定电压/额定功率（V/W）	色调	GB/T 24907
普通照明用双端 LED 灯		BS	光通量规格（lm）	额定功率（W）	—

电光源名称	型号的组成			相关标准
	第1部分	第2部分	第3部分	
普通照明用自镇流双端LED灯	BZS	光通量规格（lm）	额定功率（W）	—
普通照明用低压自镇流LED灯	BZA	—	—	—
普通照明用低压非自镇流LED灯	BA	—	—	—
普通照明用电压50V以下OLED平板灯	BYA	—	—	—

表 2-4　　　　常用气体放电光源的分类和型号命名

电光源名称		型号的组成			相关标准
		第1部分	第2部分	第3部分	
一、低气压荧光灯					
双端荧光灯	普通直管型	YZ	额定功率（W）	色调	GB/T 10682
	快速启动型	YK			GB/T 10682
	瞬时启动型	YS			GB/T 10682
U形双端荧光灯（杂灯类）		YU	额定功率（W）	色调	GB/T 21092
彩色双端荧光灯		YZ	额定功率（W）	色调	—
普通测光标准荧光灯		YCB	额定功率（W）	色调	—
自镇流双端荧光灯		YZZ	额定功率（W）	色调	—
单端荧光灯	单端内启荧光灯	YDN	标称功率（W）	色调	GB/T 17262
	单端外启荧光灯	YDW			
	环性荧光灯	YH			
普通照明用自镇流荧光灯		YPZ	额定电压（V） 额定功率（W） 额定频率（Hz） 工作电流（A）	结构形式	GB/T 17263
冷阴极荧光灯		YL	管径（10⁻¹mm） 管长（mm）	色温（K）	—
自镇流冷阴极荧光灯		YLZ	标称电压/功率（V/W）	透明罩（T）漫射罩（M）反射罩（F）	GB/T 22706
单端无极荧光灯		WJY	标称功率（W）	玻壳形状	—
普通照明用自镇流无极荧光灯		WZJ	额定电压/频率（V/Hz）	额定功率（W）	GB/T 21091
二、低气压紫外灯					
紫外线杀菌灯		ZW	标称功率（W）	单端（D） 10双端（S） 或自镇流（Z）	GB/T 19258
冷阴极紫外线杀菌灯		ZWL	标称功率（W）	单端（D） 10双端（S） 或自镇流（Z）	GB/T 28795
紫外保健灯		ZWJ	标称功率（W）	—	—

电光源名称		型号的组成			相关标准
		第 1 部分	第 2 部分	第 3 部分	
三、高压汞灯					
	自镇流高压汞灯	GGZ	标称功率（W）	玻壳形状	QB/T 2050
	荧光高压汞灯	GGY	标称功率（W）	玻壳形状	—
	反射型荧光高压汞灯	GYF	标称功率（W）	玻壳形状	—
紫外线高压汞灯	直管型紫外线高压汞灯	GGZ	标称功率（W）		QB/T 2988
	U 形紫外线高压汞灯	GGU			
	专用高压汞灯	GGX	标称功率（W）	玻壳形状	—
四、超高压汞灯					
	超高压短弧汞灯	GGQ	标称功率（W）	直流（DC）	QB/T 4540
	毛细管超高压汞灯	GCM	标称功率（W）	灯头形式（A、B、C）	GB/T 24332
	球形超高压汞氙灯	GXQ	标称功率（W）	—	—
五、氙灯					
	光化学、光老化长弧氙灯	XC	额定功率（W）	冷却方式（S 为水冷型 F 为风冷型）	GB/T 23141
	高压短弧氙灯	XHA	额定功率（W）	顺序（A、B、C、D、E）	GB/T 15041
	管形高压氙灯	XG	额定功率（W）	水冷（SL）	—
六、钠灯					
高压钠灯	普通型	NG		灯的启动方式（N 为内启动，外启动可省略）	GB/T 13259
	中显色	NGZ	额定功率（W）		
	高显色	NGG			
	漫反射	NGM			
	反射型	NGF			
	低压钠灯	DN	额定功率（W）		GB/T 23126
七、金属卤化物灯					
	石英金属卤化物灯	JLZ（单端）JLS（双端）	额定功率（W）	钪钠系列（KN）	GB/T 18661
				稀土系列（XT）	GB/T 24457
				铊铟系列（NTY）	GB/T 24333
	陶瓷金属卤化物灯	JLT	额定功率（W）	玻壳型号	GB/T 24458
	彩色金属卤化物灯	JLC	额定功率（W）	色调	QB/T 4058
	紫外线金属卤化物灯	JLZ	额定功率（W）	波长（mm）	GB/T 23112
八、霓虹灯管					
	氖灯	NE	灯电流（A）	色别（红）	GB/T 19261
	汞氩管	NH	—	色别（绿、蓝、白、黄）	

2.1.3 电光源型号命名示例

（1）通用型号为 XX36W/840，表示的是额定功率为 36W、显色指数 $R_a \geqslant 80$、色温为

4000K 的光源。

（2）36W 直管形荧光灯（冷白色、φ26mm 管径）的型号表示为 YZ36（YZ 36RL26）。

（3）2U 形冷白色 13W 单端内启动荧光灯的型号表示为 YDN13-2U·RL。

（4）220V、光通量规格为 500lm、半配光型、显色指数为 80、色温为 4000K、E27 灯头的普通照明用非定向自镇流 LED 灯的型号表示为 BPZ500-840.E27。

2.2　白炽灯与卤钨灯

2.2.1　白炽灯

白炽灯，又称电灯泡，是一种通过通电利用电阻把幼细丝线（现代通常为钨丝）加热至白炽，用来发光的灯。白炽灯外围由玻璃制造，把灯丝保持在真空或低压的惰性气体之下，防止灯丝在高温之下氧化，如图 2-1 所示。

图 2-1　白炽灯

白炽灯是利用钨丝通过电流时使灯丝处于白炽状态而发光的一种热辐射光源，它结构简单、成本低、显色性好、使用方便，有良好的调光性能，但发光效率很低，寿命短。白炽灯是人类电照明的最初光源，大部分白炽灯会把消耗能量中的 98% 转化成无用的热能，只有约 2% 的能量会成为光，故白炽灯的效率低下，能耗较高。随着新产品的不断出现，新型光源也不断诞生，白炽灯逐渐被高效的荧光灯、节能灯、如今的第四代照明光源或绿色光源的 LED 发光二极管所取代。一般情况下，室内外照明不应采用普通照明白炽灯，在特殊情况下需采用时，其额定功率不应超过 100W。

白炽灯常用灯丝结构有单螺旋和双螺旋两种，也有三螺旋形式。灯头可分为卡口灯头（B）、螺口灯头（E）和预聚焦灯头（P）三大类。同一规格的产品又有高光通量型和正常光通量型两类，高光通量型的产品比同功率的正常光通量型产品的光通量要高出 7%～20%。

局部照明灯泡又称低电压安全灯泡，它适用于安全低电压 6～36V 的局部照明场合，如机床工作照明及其他类似要求的场所。局部照明灯泡适用于额定电压为 6V、12V、24V 和 36V，直流或 50Hz 交流的白炽灯泡。

2.2.2　卤钨灯

卤钨灯全称为卤钨循环类白炽灯，如图 2-2 所示，是在白炽灯的基础上改进得到的，是填充气体内含有部分卤族元素或卤化物的充气白炽灯。为提高白炽灯的发光效率，必须提高钨丝的温度，但相应会造成钨的蒸发，使玻壳发黑。在白炽灯中充入卤族元素或卤化物，利用卤钨循环的原理可以消除白炽灯的玻壳发黑现象。

卤钨灯与白炽灯相比具有体积小、寿命长、光效高、光色好和光输出稳定的特点。根据应用场合的不同，卤钨灯的设计使用电压为 6～250V，功率为 12～10 000W，分单端卤钨灯、双端管形卤钨灯以及带介质膜或金属反光碗的 MR 形卤钨灯和反射形 PAR 卤钨灯等。

图 2-2　卤钨灯

由于其显色性好，色温相宜，特别适用于电视转播照明，并用于绘画、摄影和贵重商品重点照明等。它的缺点是光效低、对电压波动比较敏感、耐振性较差。

冷光束卤钨灯是由卤钨灯泡和介质膜冷光镜组合而成的，具有体积小、造型美观、工艺精致、显色性优良、光线柔和舒适等特点，广泛应用于商业橱窗、舞厅、展览厅、博物馆等室内照明。

2.3　荧　光　灯

荧光灯是应用最广泛、用量最大的气体放电光源，它具有结构简单、光效高、发光柔和、寿命长等优点。荧光灯的发光效率是白炽灯的 4～5 倍，寿命是白炽灯的 10～15 倍，是高效节能光源。

2.3.1　荧光灯的工作原理

1. 荧光灯的结构

荧光灯是低压汞蒸汽放电灯，其大部分光是由放电产生的紫外线激活管壁上的荧光粉涂层而发射出来。单管荧光灯电路接线图如图 2-3 所示，其中 S 表示启辉器，L 表示镇流器。

（1）启辉器。图 2-4 为启辉器的外观结构图。启辉器的作用是使电路接通和自动断开，它是一个充有氖气的玻璃泡，里面装有一对电极（触片），其中一个是固定的静触片，另一个是用双金属片制成 U 形的动触片。

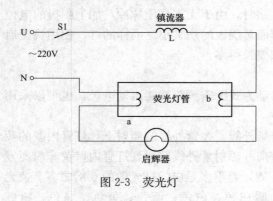

图 2-3　荧光灯

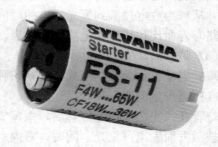

图 2-4　启辉器

为避免启辉器两触片断开时产生火花将触片烧坏，在氖气管旁有一只纸质电容器与触片并联。启辉器的外壳是铝质圆筒，起保护作用。

（2）镇流器。镇流器是一只绕在硅钢片铁芯上的电感线圈，与灯管串联。它有两个作用，一是在启动时由于启辉器的配合产生瞬时高电压，促使灯管放电；二是在工作时起限制灯管电流的作用。荧光灯的镇流器分为电子镇流器和电感镇流器，详见本章 2.8 节的内容。

2. 荧光灯的工作原理

荧光灯按启动方式分为预热启动、快速启动和瞬时启动三种类型。

（1）预热启动式。

预热启动式荧光灯是荧光灯中用量最大的一种，这种荧光灯在工作时，需要有镇流器、启辉器附件组成的工作电路。在开灯前，辉光启动器的双金属片的触点被一个小间隙隔开。当电源接通时，220V 电压虽不能使灯启动，但足以激发辉光启动器产生辉光放电，辉光放电产生的热量加热了双金属片，使双金属片弯曲直到接触。约 1～2s 后，电源通过辉光启动器、镇流器和电极灯丝形成了串联电路，一个相当强的触预热电流迅速地加热灯丝，使其达到热发射的温度。一旦双金属片闭合，辉光放电即刻消失，此时双金属片开始冷却。冷却到一定温度后，它们复原弹开，并使串联电路断开。两电极闭合的一段时间也就是灯丝的预热时间（约0.5～2s）。灯丝经过预热，发射出大量电子，使灯的启动电压大大降低（通常可降低到未预热时启动电压的1/2～1/3）。由于电路呈感性，当电路突然中断时，在灯管两端会产生持续时间约为1ms的600～1500V的脉冲电压。这个脉冲电压很快地使灯内的气体和蒸气电离，电流即在两个相对的发射电极之间通过，这样灯就被点燃。灯点亮后，加在辉光启动器上的电压（即灯管两端的电压）只有约100V，而辉光启动器的熄灭电压在130V以上，所以不足以使辉光启动器再次发生辉光放电。这就是荧光灯的预热启动过程。

（2）快速启动式。

快速启动式也称为阴极预热式，在这种电路中，变压器的主绕组跨接在灯管两端，二次绕组接到电极灯丝两头。电源接通，变压器一次绕组产生的高压虽不足以灯内产生放电，但二次绕组立即供给阴极加热。当阴极达到热电子发射温度时，灯就在高电压下击穿。灯点燃后，线路中的电流急剧增加。这时，在镇流器上建立起较高电压降，从而使灯管两端电压降到正常值。同时，灯丝变压器的电压随之降低，加热阴极的电流也降到较小的数值。由于放电灯管在管壁电阻很低或很高的情况下，灯的启动电压才最低，故可在灯管外的两端灯头之间敷设一条金属带，并将其中一个灯头接地，这样实现了减小管壁电阻，降低了灯的启动电压，从而达到可靠启动的目的。采用快速启动电路时，由于无需高压脉冲，加上阴极的电位降低，从辉光放电过渡到弧光放电的时间短，因而对阴极的伤害小。同样的灯，使用快速启动电路时寿命比预热启动电路和瞬时启动电路都要长得多。

（3）瞬时启动式。

瞬时启动也称为冷阴极式启动，该种那个启动方式无需预热就能启动电极，也可以采用漏磁变压器产生的高压瞬时启动灯管。

灯管在弧光放电点燃灯管后，汞蒸气辐射出紫外线。在紫外线的照射下，灯管内壁的荧光粉被激发而发出可见光。同时，管内汞蒸气游离并辐射紫外线照射到灯管内壁荧光粉而发射荧光。荧光粉可使灯的发光效率提高到80lm/W，差不多是白炽灯光效的6倍之多。荧光粉的化学成分可决定其发光颜色，有日光色、暖白色、白色、蓝色、黄色、绿色、粉红色等。

此外，荧光灯内还充有氩、氖、氪之类的惰性气体以及这些气体的混合气体，其气压在200～660Pa之间。由于室温下汞蒸气气压较低，惰性气体有助于荧光灯的启动，但由于气体放电灯具有负的伏安特性，因此荧光灯必须与镇流器配合，才能稳定工作。

2.3.2　荧光灯的工作特性

荧光灯在工作的时候会受到多方面因素的影响，例如电源电压变化的影响、环境温湿度的影响、控制电路的影响等，其光源参数可以根据材料的不同得到不同的光色、色温和显色指数，此外荧光灯还具有光通量衰减以及频闪效应等。

1. 电源电压变化的影响

电源电压变化对荧光灯光电参数是有影响的，供电电压增高时灯管电流变大、电极过热促使灯管两端早期发黑，寿命缩短。电源电压低时，启动后由于电压偏低工作电流小，不足以维持电极的正常工作温度，并加剧了阴极发射物质的溅射，使灯管寿命缩短，因此要求供电电压偏移范围为±10%。

2. 光色

荧光灯可利用改变荧光粉的成分来得到不同的光色、色温和显色指数。常用的是价格较低的卤磷酸盐荧光粉，它的转换效率较低，一般显色指数 R_a 为 $51\sim76$，有较多的连续光谱。另一种窄带光谱的三基色稀土荧光粉，它转换效率高、耐紫外辐射能力强，用于细管径的灯管可得到较高的发光效率（紧凑型荧光灯内壁涂的是三基色稀土荧光粉）。三基色荧光灯比普通荧光灯光效高 20%左右。不同配方的三基色稀土荧光粉可以得到不同的光色，灯管一般显色指数 R_a 为 $80\sim85$，线光谱较多。多光谱带荧光粉的 R_a 大于 90，但与卤磷酸盐粉、三基色粉相比，效率低。

无论涂哪种荧光粉，都可以调配出三种标准的白色，即暖白色（2900K）、冷白色（4300K）和日光色（6500K），还可以根据不同的需要而生产其他特殊的光色。

3. 环境温湿度的影响

环境温度对荧光灯的发光效率是有很大影响的。荧光灯发出的光通与汞蒸气放电激发出的 254nm 紫外辐射强度有关，紫外辐射强度又与汞蒸气压力有关，汞蒸气压力与灯管直径、冷端（管壁最冷部分）温度等因素有关（冷端温度与环境温度有关）。对常用的水平点燃的直管型荧光灯来说，环境温度 $20\sim30\text{℃}$，冷端温度 $38\sim40\text{℃}$时的发光效率最高（相对光通输出最高）。对细管荧光灯，汞自吸收量减少，最佳工作温度偏高一点；对充汞齐合金的紧凑型细管荧光灯，工作的环境温度就更高些。一般来说环境温度低于 10℃还会使灯管启动困难。灯管工作的最佳环境温度为 $20\sim35\text{℃}$。

环境湿度过高（75%～80%）对荧光灯的启动和正常工作也是不利的。湿度高时空气中的水分在灯管表面形成一层潮湿的薄膜，相当于一个电阻跨接在灯管两极之间，降低了荧光灯启动时两极间的电压，使荧光灯启动困难。由于启动电压升高，就使灯丝预热启动电流增大，阴极物理损耗加大，从而使灯管寿命缩短。一般相对湿度在 60%以下对荧光灯工作是有利的，75%～80%时是最不利的。

4. 控制电路的影响

荧光灯所采用的控制电路类型对荧光灯的效率、寿命等都有影响。在启辉器预热电路中灯的寿命极大地取决于开关次数。优质设计的电子启动器，可以控制灯丝启动前的预热，并当阴极达到合适的发射温度时，发出触发脉冲电压，使灯更可靠地启动，并较少地受荧光灯开关次数的影响，从而减少了对电极的损伤，有效地延长了荧光灯的寿命。

应用高频电子镇流器的点灯电路也同样对灯丝电极的损伤极小，不会因为频繁开关而影响灯管寿命。大多数的电路在灯燃点期间提供了一定的电压持续辅助加热，它帮助阴极灯丝维持所需的电子发射温度。当调光装置与电子镇流器结合成一体时，随着灯调暗，灯电流减小，控制电路可控地增加辅助阴极的加热电流。电极损耗的减少必然能提高荧光灯的总效率。

近年来国际上各大光源厂商在 T5 灯管配套的电子镇流器中使用的断流技术，即在灯管工作时切断灯丝回路的电源，使灯管寿命提高到 20 000h，而且由于灯丝消耗功率的减少，使光效达到 100lm/W 以上。

5. 寿命

控制灯管启动和工作的电路将对灯丝电极寿命起极大的影响作用。另一方面，荧光灯在高于额定电流下工作，或在低于额定电流下工作，不能充分地对电极提供附加加热电流，都会造成寿命的缩短，因此对供电电压偏移有一定的要求。同时，如果电极上的发射物质涂敷过少，排气时对电极的处理不当以及慢性漏气或排气不净等都会影响灯管的寿命。

6. 流明维持（光通衰减）

流明维持特性是指灯管在寿命期间光输出的减少。光通衰减的主要原因是由于荧光粉材料的变质。气体放电产生的极短波长紫外辐射（185nm）作用于荧光粉上，以及汞扩散进入荧光粉的晶格结构中，都会引起荧光粉变质。另外灯管玻璃中的钠含量也是一个不可忽视的因素。造成光通量衰减还有一个原因是在荧光灯启动和点燃时，灯丝上所散落的污染物质沉积在荧光粉的表面；此外，当荧光灯工作相当长一段时间后，金属汞微粒在表面的吸附和氧化亚汞在表面的沉积，使得荧光粉涂层表面呈明显的灰色。

为了防止荧光粉的恶化以及玻璃和汞反应引起的黑化，现代制灯的技术中，采用先在玻璃上涂一层保护膜、然后再涂荧光粉的工艺，这极大地改善了荧光灯的流明维持特性。

7. 闪烁与频闪效应

荧光灯工作在交流电源情况下，灯管两端不断改变电压极性，当电流过零时，光通量即为零，由此会产生闪烁感。这种闪烁感是由于荧光粉的余辉作用，人们在灯光下并没有明显的感觉，只有在灯管老化和近寿终前的情况下才能明显地感觉出来。当荧光灯这种变化的光线用来照明周期性运动的物体时，将会降低视觉分辨能力，这种现象称为"频闪效应"。

为了消除这种频闪效应，对于双管或三管灯具可采用分相供电，在单相电路中则采用电容移相的方法。此外，采用电子镇流器的荧光灯可工作在高频状态下，能明显地消除频闪效应；当然，采用直流供电的荧光灯管可以做到几乎无频闪效应。

2.3.3　荧光灯的分类

1. 按功率分类

（1）标准型：在标准点灯条件下（环境温度 20～25℃、湿度 65％以下），为获得应有的发光效率，将管壁温度设计在最佳值（约 40℃），管壁负荷约 300W/m²。

（2）高功率型：为了提高单位长度的光通输出，增加了灯的电流，管壁负荷设计约 500W/m²。

（3）超高功率型：为进一步提高光输出，管壁负荷设计约 900W/m²。为此，灯管内通常充入氖氩混合气和蒸气压低的汞齐，以控制汞蒸气压不要太高。

高功率型灯和超高功率型灯一般是采用快速启动的方式工作的。

2. 按灯管工作电源的频率分类

（1）工频灯管：即工作在电源频率为 50Hz 或 60Hz 回路的灯管，一般与电感镇流器配套使用。目前市场中生产的主要是此种灯管。

（2）高频灯管：工作在 20～100kHz 高频状态下的灯管，高频电流是与其配套的电子镇流器产生的。

（3）直流灯管：工作在直流状态下的灯管。点灯回路从市电取用工频（50Hz 或 60Hz）交流电源经整流成直流后向灯管供电。

3. 按灯管形状和结构分类

（1）直管型荧光灯。

其灯管长度 150～2400mm，直径 15～38mm，功率 4～125W，各种规格都可生产。普通照明中使用广泛的灯管长度为：600mm、1200mm、1500mm、1800mm 及 2400mm，灯管直径有 38mm(T12)、25mm(T8)、15mm(T5)（每一个 T 数表示 1/8 英寸即 3.175mm）。

T12 灯管多数是涂卤磷酸盐荧光粉，填充氩气，其规格有：20W(长 600mm)、30W(长 900mm)、40W（长 1200mm）、65W（长 1500mm）、75/85W（长 1800mm）、125W（长 2400mm），还有 100W(长 2400mm) 填充氖和氩气，它可以安装在 125W 荧光灯具里替代 125W 的灯管。

T8 灯管内充氪、氩混合气体，可用来直接取代以开关启动电路工作的充氩气 T12 灯管（有同样的灯管电压与电流），但取用的电功率比 T12 灯管少（氪气使电极的损耗减小）。

T5 灯管比 T8 灯管节电 20%，使用三基色稀土荧光粉，$R_a > 85$，寿命 7500h。

（2）高光通单端荧光灯。

这种灯管在一端有四个插脚，主要规格有 18W（255mm）、24W（320mm）、36W（415mm）、40W（535mm）、55W（535mm）。它与直管型荧光灯相比优点为：结构紧凑、光通输出高、光通维持好、在灯具中的布线简单、灯具尺寸与室内吊顶可以很好地配合。

（3）紧凑型荧光灯。

使用 10～16mm 的细管弯曲或拼结成一定形状，例如有 U 形、H 形、螺旋形等，以缩短放电管线形长度。它可广泛地替代白炽灯，在达到同样光输出的前提下，耗电为白炽灯的 1/4，故又称为节能灯。

1）自带镇流器或一体化紧凑型荧光灯：这种灯自带镇流器等全套控制电路，一般封闭在一个外壳里。有的灯管外装保护罩，保护罩可以是透明的、棱镜式的乳白色或带一个反射器，装有螺旋灯头或插式灯头，可以直接替代白炽灯泡。

2）与灯具中控制电路分离的灯管：这种灯管可以从灯具中拆卸下来，灯头是特制的，有两针和四针两种，用于专门设计的灯具中，借助与灯具结合成一体的控制电路工作。

3）配适配器的可拆离灯管：适配器内部有控制电路设备，一端是插座，它与灯管部分的灯头相适配。灯管损坏时只需更换灯管继续使用原来的适配器。

4. 特种荧光灯

（1）高频无极感应灯（又称无极荧光灯）。它不需要电极，是利用在气体放电管内建立的高频（频率可达几兆赫）电磁场，使灯管内气体发生电离而产生紫外辐射激发玻壳内荧光粉层而发光的气体放电灯。因为它没有电极，故寿命可以很长，市场上已有的灯达 60 000h。

（2）平板（平面）荧光灯。两个互相平行的玻璃平板构成的密闭容器，里面充入惰性气体和它的混合气体（如氙、氖-氙），内壁涂上荧光粉，容器外装上一对电极，就构成了平面荧光灯。当电极上加高频电压后，容器中开始形成介质阻挡放电，氙原子被激发并形成了氙准分子光，产生紫外线，紫外线激发荧光粉发出可见光，成为平面光源。它光线柔和、悦目，可以与室内墙面、顶棚融为一体，同时它不充汞，没有污染。

特殊结构和形状的荧光灯还有很多，如反射式荧光灯、缝隙式荧光灯等，还有特殊光色的荧光灯、特殊光谱的荧光灯、冷阴极荧光灯等等，根据使用场所的不同需要可以制作。

2.3.4　荧光灯的特点及选用原则

1. 荧光灯的特点

荧光灯具有发光效率高、显色性较好、寿命长、眩光影响小，光谱接近日光等特点，广泛用于家庭、学校、研究所、工业、商业、办公室、控制室、设计室、医院、图书馆等处的照明。近年推出的直管 T5 型荧光灯，较 T8、T12 型荧光灯光效高、省材料，更具有环保、节能效果。环形荧光灯具有光源集中、照度均匀及造型美观等优点，可用于民用建筑家庭居室照明。紧凑型节能荧光灯采用三基色荧光粉，集中了白炽灯和荧光灯的优点，具有光效高、耗能低、寿命长、显色性好、使用方便等特点。它与各种类型的灯具配套，可制成造型新颖别致的台灯、壁灯、吊灯、吸顶灯和装饰灯，适用于家庭、宾馆、办公室等照明之用。

荧光灯的缺点是功率因数低，发光效率与电源电压、频率及环境温度有关，有频闪效应，附件多，噪声大，不宜频繁开、关。

2. 荧光灯管的选用原则

（1）任何情况下，应采用细管径（管径不大于 26mm）灯管，即 T8、T5 等类型，取代T12 灯管，有明显的节能环保效果。

（2）任何情况下，都应采用三基色荧光灯，不应再选用卤粉荧光灯。三基色灯管具有光效高、显色好、寿命更长的优势。虽价格贵，但由于其光效高，不仅节能效果好，降低了运行成本，而且由于使用灯数减小，节省了灯具及镇流器的费用，反而使照明系统的总初建费用降低。

（3）采用大功率灯管：在功能照明场所（除外装饰性要求），应选择不小于 4 尺（近似1200mm）长灯管，即 T8 型 36W、T5 型 28W，其光效更高。

（4）一般情况宜采用中色温灯管。光源的色表（用相关色温表示）选择，除建筑色彩特殊要求外，一般可根据照度高低确定。简单说，高照度（＞750lx）宜用冷色温（高色温），中等照度（约 200～750lx）用中色温，低照度（≤200lx）用暖色温（低色温）。因为暖色温光在低照度下使人感到舒适，而在高照度下就感到燥热；而冷色温光在高照度下感到舒适，在低照度时感到昏暗、阴冷。多数场所的照度在 200～750lx 之间，用中色温光源更好，而且中、低色温的荧光灯光效比高色温灯更高，也有利节能。

2.4 金 属 卤 化 物 灯

2.4.1 金属卤化物灯的工作原理

金属卤化物灯也称为金卤灯，是在汞和稀有金属的卤化物混合蒸气中产生电弧放电发光的气体放电灯，是在高压汞灯基础上添加各种金属卤化物制成的光源。它具有高光效（65～140lm/W）、长寿命（5000～20 000h）、显色性好（一般显色指数 R_a 为 65～95）、结构紧凑、性能稳定等特点。它兼有荧光灯、高压汞灯、高压钠灯的优点，并克服了这些灯的缺点，金属卤化物灯汇集了气体放电光源的主要优点，尤其是具有光效高、寿命长、光色好三大优点。

金属卤化物灯在放电管中除充汞和稀有气体外，还充有金属卤化物（以碘化物为主）作为发光物质，金属卤化物的蒸气压比金属单体高得多，可满足使金属发光所要求的压力，同时可以抑制高温下金属单体与石英玻璃的反应。为了不使电极材料与卤素反应，采用钍和稀土金属氧化物作电极，但其逸出功比碱土金属高，使得金属卤化物灯的启动电压升高，为改善灯的启动，放电管中充入较易电离的氖、氩混合气体等。为了提高管壁温度，放电管设计成小型，为了控制最冷点温度（影响蒸气压），在管端部分涂以保护膜。放电管内设有帮助启动用的辅助电极或外泡壳内有双金属启动片。金属卤化物灯的主要辐射来自各种金属（如铟、镝、铊、钠等）的卤化物在高温下分解后产生的金属蒸气和汞蒸气混合物的激发。常见的金属卤化物灯如图 2-5 所示。

工作时，汞蒸发，电弧管内汞蒸气压达几个大气压；卤化物也从管壁上蒸发，扩散进入高温电弧柱内分解，金属原子被电离激发，辐射出特征谱线。当金属离子扩散返回管壁时，在靠近管壁的较冷区域中与卤原子相遇，并且重新结合生成卤化物分子。这种循环过程不断地向电弧提供金属蒸气。电弧轴心处的金属蒸气分压与

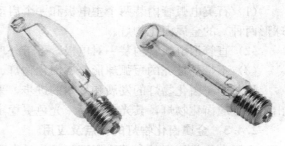

图 2-5　常见的金属卤化物

管壁处卤化物蒸气的分压相近，一般为 1330～13 300Pa。通常采用的金属平均激发电位为 4eV 左右，而汞的激发电位为 7.8eV。金属光谱的总辐射功率可以大幅度超过汞的辐射功率，典型的金属卤化物灯输出的谱线主要是金属光谱。充填不同金属卤化物可改善灯的显色性。汞电弧总辐射中仅有 23% 在可见光区域内，而金属卤化物电弧的总辐射则有 50% 以上。在可见光区域内，灯的发光效率可高达 120lm/W 以上。金属卤化物与电极、石英玻璃之间以及卤化物相互之间在高温下都会引起化学反应。金属卤化物容易潮解，极少量水的吸入可造成放电不正常，使灯管发黑。电极电子发射物质系采用氧化镝、氧化钇、氧化钪等，以防止发射物质与卤素发生反应。电弧管内有些金属如钠会迁移，结果会使卤素过量，导致卤素负电性极强，引起电弧收缩和启动电压、工作电压升高。金属卤化物灯仅靠触发电极的作用不能可靠启动，一般采用双金属片启动器，或者采用有足够高启动电压的漏磁变压器，也有采用电子触发器的。金属卤化物灯的点燃还需要限流器（即镇流器），其工作电流比同功率高压汞灯的要大一些。

2.4.2　金属卤化物灯的分类

1. 按填充物分类

金属卤化物灯中充入灯管内的低气压金属卤化物决定了灯的发光性能。充入不同的金属卤化物，可以制成不同特性的光源。金属卤化物灯按填充物可分为以下四大类：

（1）钠铊铟类。具有线状光谱，在黄、绿、蓝区域分别有 3 个峰值。光效较高，为 70～90lm/W；显色指数 R_a 较好，一般为 70～75；光通维持率较好；自身功耗较小；寿命可达数千小时。可以配一般电感镇流器，但不适用于电压变化大的场合（如电压低于额定电压的 90% 时，难以启动），常用于一般照明。

（2）钪钠类。在整个可见光范围内具有近似连续的光谱。光效高为 80～100lm/W，但显色指数为 60～70，光通维持率略低，但寿命较长，自身功耗较大，适用于电源电压范围较大的场合，能保持灯功率的稳定输出，但启动困难，必须配专用的超前顶峰式镇流器（CWA），不必另配触发器，CWA 尺寸大、质量大、功率因数高，常用作室内或道路、商场照明。

（3）镝钬类。在整个可见光范围内具有间隔极窄的多条谱线，近似连续光谱。光效为 50～80lm/W，色温为 3800～5600K，显色指数为 80～95，但灯的寿命较短，可用于电视摄像场所、体育场、礼堂等对显色性要求很高的大面积照明场所。

（4）卤化锡类。具有连续的分子光谱。这类灯显色性好，显色指数 R_a 在 90 以上，但光效较低，为 50～60lm/W，光色一致性差，灯的启动也较困难。

当前，金属卤化物灯的市场应用主要为钠铊铟灯和钪钠灯。

2. 灯按结构分类

金属卤化物灯按结构可分为三类：

（1）石英电弧管内装两个主电极和一个启动电极，外面套一个硬质玻壳（有直管形和椭球形两种）的金属卤化物灯。

（2）直管形电弧管内装一对电极，不带外玻壳，可代替直管形金属卤化物灯。

（3）不带外玻壳的短弧球形金属卤化物灯、单端或双端椭球形的金属卤化物灯。

随着金属卤化物灯的发展和技术的进步，采用透光性好、耐高温陶瓷管做放电管，研制出陶瓷金属卤化物灯，其光效更高、光色更稳定、寿命更长、显色性更好，得到广泛应用。

2.4.3　金属卤化物灯的特点及应用

金属卤化物灯产品参数采用国际领先的电弧管独特橄榄状外形设计，能够带来极佳的光色一致性，有效地解决因光色漂移引起的色彩分布不均现象。采用无焊点的支架安装结构，可以防止因高温氧化或振荡引起的支架焊点断裂，更加提高了灯泡的可靠性。电弧管不受燃点位置的限制，可以实现任意位置的燃点。发光效率极高，比普通金属卤化物灯光效高20%。型号为 HP1400/ED/UP/4K 的金属卤化物灯平均光效在 110lm/w，在合理的点灯线路上使用，对灯的电极有更好的保护作用，可以使灯的使用寿命更持久，最长可达 20 000h以上，高光效和长寿命，可以减少工程中使用光源、电器和灯具的数量，减少灯泡更换的次数，从而降低了整体维护成本，适合垂直燃点和水平燃点，垂直燃点效果更好，最适用于对光色一致性要求较高的厂房、大型卖场、购物中心、建筑物、广告、机场等场所的照明。

在工业照明领域，选用节能环保的照明方案替代传统高能耗光源仍是当前的主行线。要进行照明节能，节能灯并不是唯一能采用的光源。光源是否节能应从光效、光通维持率、金属卤化物灯平均寿命这三个方面来进行衡量。在不同的照明环境中采用最合适的节能光源才能在照明节能改造中事半功倍。要在中高顶棚的工业照明环境取得最佳节能效果，金属卤化物灯是最好的选择。市场上有的金属卤化物灯光效高达 106lm/W，并有优异的光通维持率：用钠灯配套件，12 000h 后光通量维持率可达 70%；用汞灯/金属卤化物灯配套件，12 000h后光通量维持率还高达 75%，优异的光通维持率确保了整个运行期间的照明效果。金属卤化物灯平均寿命高达 20 000h，减少了替换和维护的费用。

除了性能表现优秀之外，金属卤化物灯还具有良好的系统兼容性，可在汞灯或钠灯镇流器系统上使用，轻松方便地替换钠灯、汞灯，如飞利浦的 HPI-BUS 型不需要触发器就可以直接替换汞灯，因此工厂在不做任何电器改装、节省额外成本的情况下，能立刻完成节能改造和提升照明环境。飞利浦 HPI 金卤灯有多种色温可供选择，满足工业照明对不同光色的要求，特别是 6700K 的高色温 HPI 金属卤化物灯，照明效果如同白昼。另外，金属卤化物灯还有一大特点，启动电压只有 750V，更加安全。

2.5　高压钠灯与低压钠灯

2.5.1　高压钠灯的工作原理

高压钠灯是 20 世纪 60 年代才问世的，它是光效最高的高强度气体放电灯，被称为第三代照明光源。高压钠灯与低压钠灯不同，它的光谱不再是单色的黄光，而是展布在相当宽的频率范围内。通过谱线的放宽，高压钠灯发出金白色的光，这就可进行颜色的区别。

　　由于高压钠灯具有光效高、寿命长，可接受的显色
性以及不诱虫，不易使被照物褪色等特点，被广泛应用
于普通照明的各个角落，逐步取代相对耗能大的荧光高
压汞灯。最近开发出来的颜色改善型和高显色型高压钠
灯可代替白炽灯，获得极大的节能效果，如图 2-6 所示。

图 2-6　高压钠灯

　　高压钠灯启动后，在初始阶段是汞蒸气和氙气的低
气压放电。这时候，灯泡工作电压很低，电流很大；随着放电过程的继续进行，电弧温度渐
渐上升，汞、钠蒸气压由放电管最冷端温度所决定，当放电管冷端温度达到稳定，放电便趋
向稳定，灯泡的光通量、工作电压、工作电流和功率也处于正常工作状态。在正常工作条件
下，整个启动过程约需 10min 左右。当灯泡启动后，电弧管两端电极之间产生电弧，由于
电弧的高温作用使管内的液钠汞气受热蒸发成为汞蒸气和钠蒸气，阴极发射的电子在向阳极
运动过程中，撞击放电物质的原子，使其获得能量产生电离或激发，然后由激发态回复到
基态；或由电离态变为激发态，再回到基态无限循环，此时，多余的能量以光辐射的形
式释放，便产生了光。高压钠灯中放电物质蒸气压很高即钠原子密度高，电子与钠原子
之间碰撞次数频繁，使共振辐射谱线加宽，出现其它可见光谱的辐射，因此高压钠灯的
光色优于低压钠灯。高压钠灯是一种高强度气体放电灯泡。由于气体放电灯泡的负阻特
性，如果把灯泡单独接到电网中去，其工作状态是不稳定的，随着放电过程继续，它必
将导致电路中电流无限上升，最后直至灯管或电路中的零部件被过流烧毁。因此，在恒
定电源条件下，为了保证灯泡稳定地工作，电路中必须串联镇流器来平衡负阻特性，稳
定工作电流。

2.5.2　高压钠灯的分类与应用

　　(1) 普通型高压钠灯。该类灯用氙作为启动气体，放电管钠的蒸气压保证灯最大的发光
效率。其特点光效高、寿命长，但光色较差，一般显色指数只有 15～30。因此，只能用于
道路、厂区等处的照明。

　　(2) 直接替代荧光高压汞灯的高压钠灯。为便于高压钠灯的推广而生产的，它可直接使
用在相近规格的荧光高压汞灯镇流器及灯具装置上。

　　(3) 舒适型高压钠灯。为扩大高压钠灯在室内、外照明中的应用，对其色温与显色性进
行了改进，使高压钠灯适用于居民区、工业区、零售商业区及公众场合的使用。

　　(4) 高光效型的高压钠灯。在灯管内充入较高气压的氙气，使灯得到了极高的发光效
率，而且还提高了显色指数，可作为室内照明的节能光源，特别适合于工厂照明和运动场所
的照明。

　　(5) 高显色性高压钠灯。为了满足显色性较高的需要，开发的高显色性高压钠灯又称白
光高压钠灯。改进后的这种灯，一般平均显色指数提高到 85。另一个重要特点是色温提高
到 2500K 以上，十分接近白炽灯。因而，它具有暖白色的色调、显色性高、对美化城市、
美化环境有着很大的作用。这种灯可用于商业照明以及高档商品如黄金首饰、珠宝、珍贵皮
货等的照明，而且节能效果十分显著。

2.5.3　低压钠灯

　　低压钠灯是利用低压钠蒸气放电发光的电光源，如图 2-7 所示。在它的玻璃外壳内涂以
红外线反射膜，是光衰较小和发光效率最高的电光源。低压钠灯发出的是单色黄光，用于对

光色没有要求的场所，但它的透雾性表现得非常出色，特别适合于高速公路、交通道路、市政道路、公园、庭院照明，能使人清晰地看到色差比较小的物体。低压钠灯也是替代高压汞灯节约用电的一种高效灯种，应用场所也在不断扩大。

图 2-7　低压钠灯

低压钠灯是基于低压钠这种稀有气体放电原理而发光的电光源。因室温时钠是固体，单纯使用钠的气体放电灯不易启动，在玻管内充入氩氖混合气即潘宁气体后，灯放电时首先呈现氖的特征红光，并产生热量使放电管温度提高，导致钠开始蒸发；因钠的电离电位和激发电位比氖和氩低，放电很快转入钠蒸气中，辐射出可见光。低压钠放电辐射集中在 589.0nm 和 589.6nm 两条双 D 谱线上，它们非常接近光谱光视曲线的最高值（555nm），故其发光效率极高。

低压钠灯的结构有直管形和 U 形两种。直管形低压钠灯类似于荧光灯，有一个双端引线的电弧放电发光管，管内充有钠和氩氖混合气，两端各封有一个电极，放电管密封在一个真空外套管内，外套管两端各装一个双插脚灯头。U 形低压钠灯采用管径细而长的放电管并将其弯成 U 形以缩小灯的体积，并可使弯曲的两管端相互加热以减少热损耗。放电管玻壳采用抗钠蒸气侵蚀的抗钠玻璃制作。为减少由于传导、对流产生的热损耗，将放电管置于真空圆柱形外玻壳内，玻壳内壁涂覆一层能透过可见光并能反射红外线的膜，以减少放电管的热辐射损耗，提高低压钠灯的发光效率，这种透明反射红外线的膜层以氧化铟膜层居多。灯的外玻壳内还装有支架以支撑放电管。规格特点：功率有 18W、26W、35W、36W、55W、66W、90W、135W 等多种规格。低压钠灯的寿命因使用过程中燃点次数而异，一般为 19 000h，光衰比其他光源小，寿终时尚可达到 80％～85％的初始光通值。

低压钠灯到目前为止仍然是光效最高的一种电光源，发光效率高达 200lm/W，欧司朗公司所配置的 36W 低压钠灯系统，运用在 8m 高的路灯中时，照射在地面上的照度为 24.5lx；同样高度的路灯用 85W 的节能灯时，射到地面的照度只有 4.4lx。这种高光效很大程度是其产生的共振辐射波长和视见灵敏度曲线的峰值相近的缘故。低压钠灯发出的是单色黄光，透雾性好，该灯也适宜于多雾区域的照明。此外，低压钠灯具有高的发光效率，又在人眼中不产生色差，因此视见分辨率高、对比度好、不眩目等特点，适用于道路、高架桥、隧道和交叉路口等高能见度和显色性要求不高的地方。低压钠灯是太阳能路灯照明系统的最佳光源，与太阳能光伏发电技术的结合更能使其具有环保节能的双重效果。

2.6　高　压　汞　灯

高压汞灯是玻壳内表面涂有荧光粉的高压汞蒸汽放电灯，发出柔和的白色灯光，如图 2-8 所示，结构简单，低成本，低维修费用，可直接取代普通白炽灯，具有光效长，寿命长，省电经济的特点，适用于工业、仓库、街道、泛光及安全照明等。由于高压汞灯发出的光中不含红色，它照射下的物体发青，因此只适于广场、街道的照明。

有玻璃外壳的高压汞灯通常用辅助电极帮助启动，辅助电极通过一只 40～60kΩ 的电阻 R 与不相邻的电极相连接。当灯接入电网后，辅助电极与相邻的主电极之间加有交流 220V 的电压。这两电极之间的距离很近，通常只有 2～3mm，所以它们之间有很强的电场。在此强电场的作用下，两电极之间的气体被

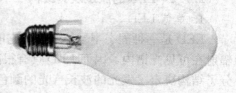

图 2-8　高压汞灯

击穿，发生辉光放电，放电电流由电阻 R 所限制，如 R 过小会使电极烧坏。主电极和相邻辅助电极之间的辉光放电产生了大量的电子和离子，这些带电粒子向两主电极间扩散，使主电极之间产生放电，并很快过渡到两主电极之间的弧光放电。在灯点燃的初始阶段，是低气压的汞蒸气和氩气放电，这时管压降得很低，约 25V 左右；放电电流很大，约为 5～6A，称为启动电流。低压放电时放出的热量使管壁温度升高，汞逐渐汽化，汞蒸气压和灯管电压逐渐升高，电弧开始收缩，放电逐步向高气压放电过渡。当汞全部蒸发后，管压开始稳定，进入稳定的高压汞蒸气放电。

高压汞灯从启动到正常工作需要一段时间，通常为 4～10min。高压汞灯熄灭以后，不能立即启动，因为灯熄灭后，内部还保持着较高的汞蒸气压，要等灯管冷却，汞蒸气凝结后才能再次点燃。冷却过程需要 5～10min。在高汞蒸气压下，灯不能重新点燃是由于此时电子的自由程很短，在原来的电压下，电子不能积累足够的能量来电离气体。

高压汞灯是高强气体放电灯中结构简单、寿命较长的产品，品种规格齐全，但高压汞灯光效低，特别是自镇流高压汞灯光效更低，已属限制使用的产品。高压汞灯分为透明外壳高压汞灯、荧光高压汞灯、反射型高压汞灯、自镇流荧光高压汞灯。荧光高压汞灯是玻壳内表面涂有荧光粉的高压汞蒸气放电灯，它的特点是寿命长耐振性较好，但显色指数低。自镇流荧光高压汞灯是利用汞放电管、钨丝和荧光质三种发光要素同时发光的一种复合光源。钨丝兼做镇流器，因此不需要外接镇流器，可以像普通灯泡那样直接接入灯座使用，非常方便。但该灯光效低，寿命因灯丝而缩短，故而不应推广使用。

2.7　LED 光 源

2.7.1　概述

半导体发光二极管（light emitting diode，LED），利用固体半导体芯片作为发光材料，当两端加上正向电压时，半导体中的载流子发生复合放出过剩的能量，从而引起光子发射产生光。

发光二极管发明于 20 世纪 60 年代，开始只有红光，随后出现绿光、黄光，其基本用途是作为指示灯。直到 20 世纪 90 年代，研制出蓝光 LED，很快就合成出白光 LED，从而进入照明领域成为一种新型光源。

当前，白光 LED 灯大多是用蓝光 LED 激发黄色荧光粉发出白光。近二十年来 LED 灯技术发展很快，光效不断提高，质量不断改进，价格不断下降，目前已广泛应用。LED 光源主要有环形光源、条形光源、线形光源、回形光源、背光源、外同轴反射光源、内同轴点状光源、半球形垄罩光源等几类。

2.7.2　LED 的原理及其结构

1. 单色 LED

LED 是一种固态半导体器件，它能将电能直接转为可见光。由于 LED 的大部分能量均辐射在可见光谱内，因而 LED 具有很高的发光效率。LED 是由发光片来产生光，其材料的分子结构决定了发光的波长（光的颜色）。

LED 的颜色和发光效率等光学特性与半导体材料及其加工工艺有着密切的关系。在 P 型和 N 型材料中掺入不同的杂质，就可以得到不同发光颜色的 LED。同时，不同外延材料也决定了 LED 的功耗、响应速度和工作寿命等光学特性和电气特性。

在 LED 制造工艺中，目前常用的有"气相晶体生长法"和"液相晶体生长法"两种。晶体生长法工艺的发展使人们可以选用具有结晶特性的 LED 材料，进而制成各种高纯度、高精度的发光器件。在这一方面，早期技术是难以做到的。最近，金属无机物气体的沉淀技术又有了新的突破，这使得"Ⅲ族"（如铝、镓、铟）的氮化合物的生产成本大为降低。高光效的蓝色 LED 正是由这种工艺实现的。

2. 白色 LED

现阶段，获取白光 LED 的技术途径大致可以分为光转换型、多色直接组合型、多量子阱型三种。

（1）光转换型。

目前，产生蓝光的半导体材料多数采用氮铟镓，材料，因此，超精细、亚微米的晶体结构对于提高光效至关重要。高强度的蓝光在周围高效荧光物质内散射时，被强烈吸收，并转化为光能较低的宽带黄色荧光，其中少部分蓝光则能透过荧光物质层，和宽带黄光一起形成色温可达 6500K 的白光。此时，蓝色 LED 通过荧光粉就变成了单片白色微型荧光灯，白色 LED 的光谱能量几乎不含红外与紫外成分，显色指数 R_a 达 85。另外，其光输出随输入电压的变化基本上呈线性，故调光简单、可靠。可以将多种光转换材料涂在以 GaN 基紫外 LED 芯片上，用 LED 发出的紫外光激发荧光材料，产生红、绿、蓝 3 种光，从而复合得到白光发射，这样获得的白光显色性好。若将多个单片白色 LED 组合在一起或采用光波导板，可制成超薄白色面光源，进而形成能用于普通照明的半导体光源。

（2）多色直接组合型。

该种方法是将红、绿、蓝三色 LED 芯片按一定方式排布集合成一个发白光的标准模组，从而直接复合出白光，具有效率高和使用灵活的特点。由于发光全部来自 3 种 LED，不需要进行光谱转换，因此其能量损失最小，效率最高。同时，由于 RGB 三色 LED 可以单独发光，其发光强度可以单独调节，故具有相对较高的灵活性。

（3）多量子阱型。

在芯片发光层的生长过程中，掺杂不同的杂质生长出能产生互补色的多量子阱，通过不同量子阱发出的多种光子复合发射白光。这种方法对半导体的加工技术要求很高，生长不同结构的量子阱比较困难。

2.7.3　LED 光源的优点

（1）发光效率高：整灯光效目前达到 60～120lm/W。同样照度水平的情况下，理论上不到白炽灯 10% 的能耗，LED 灯与荧光灯相比也可以达到 30%～50% 的节能效果。LED 一千小时仅耗电几千瓦时，而普通 60W 白炽灯 17h 耗电 1kWh，普通 10W 节能灯一百小时耗电 1kWh。LED 发热小，90%的电能转化为可见光，而普通白炽灯 80%的电能转化为热能，仅有 20%电能转化为光能。

（2）使用寿命长：LED 体积小，质量轻，环氧树脂封装，寿命可达 25 000～50 000h，可以大大降低灯具的维护费用。正常情况下使用 LED，其光衰可以减到 70%，标称寿命是10 万 h，减少了更换频率和其他维护工作。

（3）绿色环保：LED 的发光原理与白炽灯和气体放电灯的发光原理都不同，LED 光源的能量转化效率非常高。光效为 75lm/W 的 LED 较同等亮度的白炽灯耗电减少约 80%，节能效果显著，这对能源十分紧张的中国来说，无疑具有十分重要的意义。LED 还可以与太阳能电池结合起来应用，节能又环保，其本身不含有毒有害物质如汞，避免了荧光灯管破裂溢出汞的二次污染，同时又没有干扰辐射。

（4）光色纯正：由于典型的 LED 光谱范围都比较窄，不像白炽灯那样拥有全光谱。因此，LED 可以随意进行多样化的搭配组合，特别适用于装饰等方面。鲜艳饱和、纯正，无需滤光镜，可用红绿蓝三色元素调成各种不同的颜色，实现多变、逐变、混光效果，显色效果极佳。可实现亮度连续可调，色彩纯度高，色彩动态变换和数字化控制。此外，光线中不含紫外线和红外线，不产生辐射（普通灯光线中含有紫外线和红外线）。

（5）保护视力：直流驱动，无频闪（普通灯都是交流驱动，就必然产生频闪）。

（6）安全系数高：所需电压、电流较小，发热较小，不产生安全隐患，适于矿场等危险场所。

（7）防潮、抗震动：由于 LED 的外部多采用环氧树脂来保护，所以密封性能和抗冲击的性能都很好，不容易损坏，可以应用于水下照明。

（8）LED 光源尺寸小，为定向发光，便于灯具配套和提高灯具效率。

2.7.4　LED 光源存在的不足

（1）颜色质量不如人意，部分产品还存在以下问题：

1）色温偏高；

2）显色指数偏低；

3）蓝光成分偏多，红光成分偏低；

4）色容差和色偏差较大。

（2）表面亮度高，容易导致眩光。

（3）光通维持率偏低。

（4）有的驱动电源电路简单，谐波较大，功率因数低。

（5）优质产品成本较高。

2.7.5　选择 LED 灯的技术要求

对长时间有人工作的场所，选用 LED 灯应符合下列要求：

（1）显色指数不应小于 80（对所有光源）。

（2）同类光源的色容差不应超过 5SDCM（对所有光源）。

（3）特殊显色指数 R_9（饱和红色）＞0。

（4）色温不宜高于 4000K。

（5）寿命期内的色偏差不应超过 0.007（称为色维持）。

（6）不同方向的色偏差不应超过 0.004。

（7）灯具宜有漫射罩或有不小于 30°的遮光角。

（8）灯的谐波应符合 GB 17625.1—2012《电磁兼容 限值 谐波电流发射限值（设备每相输入电流≤16A)》的规定。

（9）灯的功率因数。功率 $P>25W$ 的，不小于 0.9；$5<P\leqslant25W$ 的，不小于 0.7；$P\leqslant5W$ 的，不小于 0.4。

（10）灯的使用寿命应符合产品标准规定，一般不应低于 25 000h。

（11）灯的光通维持率应符合产品标准规定。

（12）光效不低于中国能效标识 3 级，并应符合国家能效标准规定的能效限定值，最好达到节能评价值。

2.8　光源的主要附件

2.8.1　镇流器

镇流器是连接在电源和一个或多个放电灯之间，用于将灯的电流限制到要求值的一种部件。它包括改变供电电压或频率、校正功率因数的器件，既可以单独使用，也可以和启辉器一起给放电灯的点亮提供必要条件。

1. 镇流器的类别

图 2-9　镇流器

气体放电灯的镇流器主要分为电感镇流器和电子镇流器两大类。电感镇流器包括普通型和节能型。荧光灯用交流电子镇流器包括可控式电子镇流器和应急照明用交流/直流电子镇流器。

电感镇流器是一个铁芯电感线圈，如图 2-9 所示，当线圈中的电流发生变化时，则在线圈中将引起磁通的变化，从而产生感应电动势，其方向与电流的变化方向相反，因而阻碍着电流变化。

电感镇流器由矽钢片、漆包线圈、骨架端盖、底板（外壳）、接线端子等组成。线圈的主要作用是产生感生电动势。在通电情况下，因线圈存在一定的电阻，会产生电能损耗，产生的热能使电感镇流器温度上升，容易加快镇流器的老化。为了减少线圈中的电阻，尽量用高纯度的进口电解铜漆包线。矽钢片的作用是整块导体处于变化的磁场中，将在整块导体内部引起感生电流，俗称"涡流"，它将引起电能的消耗，温度上升。在电感镇流器中，为了增强磁感应强度都采用铁芯，但由于涡流的存在，必须使用很薄的彼此绝缘的矽钢片叠压形成的铁芯，而不用整块铁芯，以减少涡流带来的损耗。底板用来固定、安装作用。骨架用来固定线圈、芯片，方便接线的作用。接线端子起接线作用，把电感镇流器串联接到电路中去。

电子镇流器是镇流器的一种，是指采用电子技术驱动电光源，使之产生所需照明的电子设备。电子镇流器还可以通过提高电流频率或者电流波形（如变成方波）改善或消除日光灯的闪烁现象；也可通过电源逆变过程使日光灯可以使用直流电源。现代日光灯越来越多的使用电子镇流器，轻便小巧，甚至可以将电子镇流器与灯管等集成在一起，同时，电子镇流器通常可以兼具起辉器功能，故又可省去单独的起辉器。电子镇流器如图 2-10 所示。

2. 管形荧光灯镇流器的能效、能效限定值及能效等级

（1）镇流器的能效。

镇流器的效率（η_b）为灯参数表中的额定（典型）功率
与在标准规定测试条件下，经修订后镇流器与灯输入总功率
的比值。镇流器的效率是评价镇流器能效的指标，也是评定
镇流器和灯的组合体能效水平的参数。

图 2-10　电子镇流器

管型荧光灯电子镇流器的效率计算公式为

$$\eta_b = \frac{P_N}{P_c} = \frac{P_{m2}}{P_{m1}} \times \frac{L_m}{L_r} \qquad (2\text{-}1)$$

式中　P_c——修正后被测镇流器-灯输入总功率，W；

　　　P_{m1}——实测到的被测镇流器-灯输入总功率，W；

　　　P_N——高频工作时灯的额定（典型）功率，W；

　　　P_{m2}——用基准镇流器实测到的灯功率，W；

　　　L_r——由光电测试仪测量的基准镇流器—基准灯组合的光输出 cd/m²；

　　　L_m——由光电测试仪测量的被测镇流器—基准灯组合的光输出 cd/m²。

注：L_m/L_r 值不应小于 0.925。

电感镇流器的效率计算公式为

$$\eta_b = 0.95 \times \frac{P_N}{P_c} = \frac{0.95 P_N}{P_{m1}(0.95 P_{m2}/P_{m3}) - (P_{m2} - P_N)} \qquad (2\text{-}2)$$

式中　P_{m3}——被测镇流器的灯功率，W；

　　　P_N——灯的额定功率，W。

（2）镇流器的能效限定值及能效等级。

镇流器是一个高耗能器件，管形荧光灯的电子镇流器能效等级分为 3 级，其中 1 级能效
最高，损耗最低；3 级能效最低，为能效限定值。

在规定测试条件下，常见的 T8、T5 类管形荧光灯非调光电子镇流器各能效等级不应
低于表 2-5 的规定值，节能评价值不低于表 2-5 中 2 级的规定值；常见的 T8、T5 类管形
荧光灯调光电子镇流器在 100% 光输出时各能效等级不应低于表 2-5 的规定，节能评价值
至少应为表 2-5 中 2 级的规定值，在 25% 光输出时其系统输入功率（P_{in}）不应低于表 2-6
的规定值，节能评价值不低于表 2-6 中 2 级的规定值；电感镇流器的能效限定值为表 2-7
的规定值。

表 2-5　　　　　　　T8、T5 类管形荧光灯非调光电子镇流器能效限定值

与镇流器配套灯的类型、规格					镇流器效率（%）		
类别	标称功率（W）	形状描述	国际代码	额定功率（W）	1 级	2 级	3 级
T8	15	双端	FD-15-E-G13-26/450	13.5	87.8	84.4	75.0
T8	18	双端	FD-18-E-G13-26/600	16	87.7	84.2	76.2
T8	30	双端	FD-30-E-G13-26/900	24	82.1	77.4	72.7
T8	36	双端	FD-36-E-G13-26/1200	32	91.4	88.9	84.2
T8	38	双端	FD-38-E-G13-26/1050	32	87.7	84.2	80.0

续表

与镇流器配套灯的类型、规格					镇流器效率（%）		
类别	标称功率（W）	形状描述	国际代码	额定功率（W）	1级	2级	3级
T8	58	双端	FD-58-E-G13-26/1500	50	93.0	90.9	84.7
T8	70	双端	FD-70-E-G13-26/1800	60	90.9	88.2	83.3
T5	4	双端	FD-4-E- G5-16/150	3.6	64.9	58.1	50.0
T5	6	双端	FD-6-E-G5-16/225	5.4	71.3	65.1	58.1
T5	8	双端	FD-8-E-G5-16/300	7.5	96.9	63.6	58.6
T5	13	双端	FD-13-E-G5-16/525	12.8	84.2	80.0	75.3
T5-E	14	双端	FDH-14-G5-L/P-16/550	13.7	84.7	80.6	72.1
T5-E	21	双端	FDH-21-G5-L/P-16/850	20.7	89.3	86.3	79.6
T5-E	24	双端	FDH-24-G5-L/P-16/550	22.5	89.6	86.5	80.4
T5-E	28	双端	FDH-28-G5-L/P-16/1150	27.8	89.8	86.9	81.8
T5-E	35	双端	FDH-35-G5-L/P-16/1450	24.7	91.5	89.0	82.6
T5-E	39	双端	FDH-39-G5-L/P-16/850	34.7	91.0	88.4	82.6
T5-E	49	双端	FDH-49-G5-L/P-16/1450	49.3	91.6	89.2	84.6
T5-E	54	双端	FDH-54-G5-L/P-16/1150	53.8	92.0	89.7	85.4
T5-E	80	双端	FDH-80-G5-L/P-16/1150	80	93.0	90.9	87.0
T8	16	双端	FDH-16-L/P-G3-26/600	16	87.4	83.2	78.3
T8	23	双端	FDH-23-L/P-G3-26/600	23	89.2	85.6	80.4
T8	32	双端	FDH-32-L/P-G3-26/1200	32	90.5	87.3	82.0
T8	45	双端	FDH-45-L/P-G3-26/1200	45	91.5	88.7	83.4
T5-C	22	环形	FSCH-22-L/P-2GX13-16/225	22.3	88.1	84.8	78.8
T5-C	40	环形	FSCH-40-L/P-2GX13-16/300	39.9	91.4	88.9	83.3
T5-C	55	环形	FSCH-55-L/P-2GX13-16/300	55	92.4	90.2	84.6
T5-C	60	环形	FSCH-60-L/P-2GX11	60	93.0	90.9	85.7

表 2-6　　　　　25%光输出时调光电子镇流器等级对应的系统输入功率上限值

调光镇流器的能效等级	系统输入功率 P_{in}
1级	$0.5P_1/\eta_{b1}$
2级	$0.5P_1/\eta_{b2}$
3级	$0.5P_1/\eta_{b3}$

注　η_{b1} 为非调光电子镇流器 1 级能效值；η_{b2} 为非调光电子镇流器 2 级能效值；η_{b3} 为非调光电子镇流器 3 级能效值；P_1 为光源的额定功率。

表 2-7			T8、T5 类管形荧光灯非调光电感镇流器能效限定值		
与镇流器配套灯的类型、规格					镇流器效率
类别	标称功率（W）	形状描述	国际代码	额定功率（W）	（%）
T8	15	双端	FD-15-E-G13-26/450	15	62.0
T8	18	双端	FD-18-E-G13-26/600	18	65.8
T8	30	双端	FD-30-E-G13-26/900	30	75.0
T8	36	双端	FD-36-E-G13-26/1200	36	79.5
T8	38	双端	FD-38-E-G13-26/1050	38.5	80.4
T8	58	双端	FD-58-E-G13-26/1500	58	82.2
T8	70	双端	FD-70-E-G13-26/1800	69.5	83.1
T5	4	双端	FD-4-E-G5-16/150	4.5	37.2
T5	6	双端	FD-6-E-G5-16/225	6	43.8
T5	8	双端	FD-8-E-G5-16/300	7.1	42.7
T5	13	双端	FD-13-E-G5-16/525	13	65.0

3. 金属卤化物灯用镇流器的能效

（1）镇流器效率计算。

电感镇流器效率计算公式为

$$\eta_M = \frac{P_L}{P_L + P_{LOS}} \tag{2-3}$$

式中　η_M——电感镇流器效率，W；

　　　P_L——灯功率额定值，W；

　　P_{LOS}——镇流器损耗功率，W。

顶峰超前式及电子镇流器效率计算公式为

$$\eta_E = \frac{P_{Lm}}{P_t} \tag{2-4}$$

式中　η_E——顶峰超前式及电子镇流器效率，W；

　　P_{Lm}——镇流器输出功率（灯的实测功率），W；

　　　P_t——总输入功率，W。

（2）金属卤化物灯用镇流器能效限定值及能效等级。

金属卤化物灯用镇流器能效分为 3 级，其中 1 级能效最高，损耗最低；3 级为能效限定值。各能效等级金属卤化物灯用镇流器的效率不应低于表 2-8 的规定。

表 2-8	金属卤化物灯用镇流器的能效		（单位：%）
额定功率（W）	能效等级		
	1 级	2 级	3 级
20	86	79	72
35	88	80	74
50	89	81	75

额定功率（W）	能效等级		
	1 级	2 级	3 级
70	90	83	78
100	90	84	80
150	91	86	82
175	92	88	84
250	93	89	86
320	93	90	87
400	94	91	88
1000	95	93	89
1500	96	94	89

4. 高压钠灯用镇流器的能效

（1）镇流器能效因数（BEF）。

镇流器能效因数（BEF）是评价高压钠灯用镇流器和灯的组合体中镇流器的能效水平的参数，它是高压钠灯用镇流器流明系数与线路功率的比值，计算公式为

$$BEF = \frac{\mu}{P} \times 100 \qquad (2\text{-}5)$$

式中　BEF——镇流器能效因数，W^{-1}；

　　　　μ——镇流器流明系数；

　　　　P——线路功率，W。

（2）高压钠灯用镇流器能效限定值及节能评价值。

不同额定功率高压钠灯用镇流器的能效限定值和节能评价值不应小于表 2-9 中规定的能效限定值和节能评价值。

表 2-9　　　　　　　　　　高压钠灯用镇流器的能效限定值和节能评价值

BEF（W^{-1}）	额定功率（W）					
	70	100	150	250	400	1000
能效限定值	1.16	0.83	0.57	0.340	0.214	0.089
目标能效限定值	1.21	0.87	0.59	0.354	0.223	0.092
节能评价值	1.26	0.91	0.61	0.367	0.231	0.095

2.8.2　触发器

气体放电灯不能单独接到电路中，必须与触发器、镇流器等辅助电器一起接入电路才能启动和稳定工作。触发器只消耗很小的能量而产生较高的脉冲电压，该电压与镇流器输出电压相叠加将灯引燃，灯引燃后触发器停止工作。镇流器能够限制、稳定灯的工作电流，其效率较高。现在绝大多数触发器都是使用可控硅或高压触发二极管的电子触发器，常用的型号有：欧司朗 OSRAM 的 CD-7、飞利浦的 SI51SN5、爱伦的 ALK400 等。图 2-11 为 OSRAM 的型号为 CD-7H 的电子触发器。

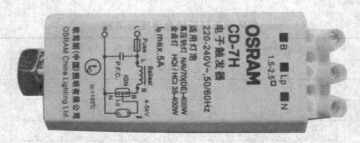

图 2-11　OSRAM 的型号为 CD-7H 的电子触发器

　　高强气体放电灯（HID）的启动方式有内触发和外触发两种。灯内有辅助启动电极或双金属启动片的为内触发；外触发则利用灯外触发器产生高电压脉冲来击穿灯管内的气体使其启动，但不提供电极预热的装置。如果既提供放电灯电极预热，又能产生电压脉冲或通过对镇流器突然断电使其产生自感电动势的器件，则称为启动器。

　　HID 光源电子触发器分为脉冲（半并联）和并联触发器，表 2-10 列出了飞利浦公司电子触发器的技术数据。

表 2-10　　　　　　　　　　　　　　　　电子触发器技术数据

型号	配光源功率（W）	峰值电压（kV）	最高功率损耗（W）	最高电缆电容（nF）	电缆最大长度（m）	最高温度（℃）	尺寸外形（$L \times W \times H$，$mm \times mm \times mm$）
SN56	SON/MH400～1800	2.8～5.0	1	10	100	60	114.5×41×38
SN57	SON50～70	1.8～2.5	0.2	6	60	90	84.5×41×38
SN58	SON100～600	2.8～5.0	0.2	2	20	90	84.5×41×38
SN58	CDM/MH100～400	2.8～5.0	0.2	2	20	90	84.5×41×38
SN58T5	SON100～1000	2.8～5.0	0.7	2	20	80	84.5×41×38
SN58T15	CDM/MH35～1800	2.8～5.0	0.7	1	10	80	84.5×41×38
SI51	HPI250～1000	0.58～0.75	0.5	150	1500	80	84.5×41×38
SI52	HPI1000～2000	0.58～0.75	0.5	35	350	80	84.5×41×38

　　注　表中 SN 系列为半并联，SI 系列为并联，电源电压均为 220～240V。

2.8.3　补偿电容器

　　气体放电灯电流和电压间有相位差，加之串接的镇流器为电感性的，所以放电灯照明线路的功率因数较低（一般为 0.35～0.55）。为提高线路的功率因数，减少线路损耗，利用单灯补偿更为有效，措施是在镇流器的输入端接入一适当容量的电容器，可将单灯功率因数提高到 0.85～0.9，如图 2-12 所示。

　　表 2-11、表 2-12 分别为气体放电灯补偿电容器的选用表和高压钠灯在不同电容量补偿下功率

图 2-12　补偿电容器

因数及工作电流值。

表 2-11   气体放电灯补偿电容器选用表

光源种类及规格		计算补偿电容量 (μF)	工作电流（A）		补偿后功率因数
			无电容补偿	有电容补偿	
普通高压钠灯	50W	10	0.76	0.3	≥0.90
	70W	12	0.98	0.4	
	100W	15	1.24	0.5	
	150W	22	1.8	0.8	
	250W	35	3.1	1.3	
	400W	50	4.6	2.0	
	1000W	110	10.3	5.0	
金属卤化物灯	150W	13		0.76	≥0.90
	175W	13		0.90	
	250W	18		1.26	
	400W	26		2.02	
	1000W	30		5.05	
	1500W	38		7.58	
荧光灯	18W	1.5	0.164	0.091	≥0.90
	30W	2.5	0.273	0.152	
	36W	3.0	0.327	0.182	

表 2-12   高压钠灯在不同电容量补偿下功率因数及工作电流值

普通高压钠灯功率（W）	无电容补偿		有电容补偿，$\cos\varphi \geq 0.85$		有电容补偿，$\cos\varphi \geq 0.90$	
	工作电流 (A)	功率因素	计算电流 (A)	计算电容补偿 (μF)	计算电流 (A)	计算电容补偿 (μF)
50	0.76	0.30	0.27	8.5	0.25	9.0
70	0.98	0.32	0.37	10.6	0.35	11.2
100	1.24	0.37	0.53	12.6	0.51	13.5
150	1.8	0.38	0.8	18.0	0.76	19.3
250	3.1	0.37	1.34	31.6	1.26	33.8
400	4.6	0.4	2.14	44.9	2.02	48.4
1000	10.3	0.44	5.35	93.0	5.05	101.9

2.8.4 超级电容器

超级电容器是一种介于传统电容与电池之间的新型储能器件。与传统化学电源相比，超级电容器具有高功率、长循环寿命、宽温度范围等特点，与化学电源如锂离子电池等性能上优劣互补，具有全寿命周期长、使用成本低、安全性高等应用优势，其能量密度为传统电容的 2000～6000 倍，功率密度为电池的 10～100 倍，可广泛应用于太阳能警示灯，航标灯等太阳能产品中代替充电电池。图 2-13 为超级电容太阳能路灯。

超级电容器光伏路灯利用超级电容器快速充电、超宽工作温度、深度充放电、低电压和低内阻等特性，无论在晴天、阴雨天或低温天气，都能将光伏板吸收的光能高效转化为电能，为 LED 路灯夜晚照明提供充足电能，是 365 天全天候照明的高效环保路灯。

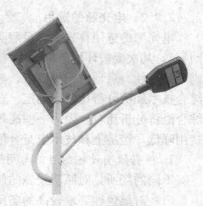

图 2-13　超级电容器

产品由光伏板、智能控制器、储能盒＋超级电容器、LED 光源、灯杆组成，具有以下优势特性：

（1）超长工作寿命（质保十年）。超级电容器静态循环寿命充放电高达 3 万次，为物理储能，频繁深度放电或长期亏电状态对其寿命不会产生任何影响。

（2）连续阴雨天正常照明。超级电容器储能电源内阻低，充放电压范围宽，可以从 0V 充电至模组额定电压。当阴雨天时，光伏板所产生的弱电流仍可涓流充入超级电容器。

（3）超宽工作温度（－40～600℃）。温度范围宽可使路灯完全适应严寒天气环境，不会受低温环境的影响产生亏电状况而无法工作。

（4）一体化集成便携安装。超宽温度范围的特性，使其圆柱单体形状可以自由排列组合成各种形式的模组，且通过合理设计可以将其与控制器一起平行贴在太阳能板背面安装，简化了走线方式，结构更加整体化，便于安装。

（5）防盗。智能控制器和超级电容器储能电源置顶安装。

（6）低碳无污染。超级电容器属于物理储能，无化学反应，属于全系列标准低碳核心产品。

2.9　光源的性能比较与选用

2.9.1　电光源性能比较

各种常用照明电光源的主要性能，如表 2-13 所示。从表中可以看出，光效较高的有高压钠灯、金属卤化物灯和荧光灯等；显色性较好的有白炽灯、卤钨灯、荧光灯、金属卤化物灯等；寿命较长的光源有荧光高压汞灯和高压钠灯；能瞬时启动与再启动的光源是白炽灯、卤钨灯等。输出光通量随电压波动变化最大的是高压钠灯，最小是荧光灯。

表 2-13　　　　　　　　　　　　　　各种常用照明电光源的主要性能

类型	功率范围（W）	光效（lm/W）	寿命（h）	显色指数 R_a	色温（K）
普通照明白炽灯	15～1000	10～15	1000	99～100	2400～2900
卤钨循环白炽灯	20～2000	15～20	1500～3000	99～100	2900～3000
T5、T8 荧光灯	20～100	50～80	6000～8000	67～80	3000～6500
紧凑型荧光灯	5～150	50～70	6000～8000	80	2700～6500
高压钠灯	70～1000	80～120	10 000～12 000	25～30	2000～2400
金卤灯	35～1000	60～85	4000～6000	50～80	4000～6500
陶瓷金卤灯	20～400	90～110	8000～12 000	80～95	3000～6000
白光 LED	1～5	50～70	＞10 000	50～70	4000～6000
高压汞灯	50～1000	32～55	10 000～20 000	30～60	5500

2.9.2　电光源的选用

电光源的选用首先要满足照明设施的使用要求（照度、显色性、色温、启动、再启动时间等），其次要按环境条件选用，最后综合考虑初期投资与年运行费用。当选择光源时，应满足显色性、启动时间等要求，并应根据光源、灯具及镇流器等的效率或效能、寿命等进行综合技术经济分析比较后确定。在选择光源时，不单是比较光源价格，更应进行全寿命期的综合经济分析比较，因为一些高效、长寿命光源，虽价格较高，但使用数量减少，运行维护费用降低，经济上和技术上是合理的。

1. 根据照明设施的目的与用途来选择光源

不同的场所，对照明设施的使用要求也不同。

（1）对显色性要求较高的场所应选用显色指数 $R_a \geqslant 80$ 的光源，如美术馆、商店、化学分析实验室、印染车间等。

（2）色温的选用。

色温的选用主要根据使用场所的需要。

1）办公室、阅览室宜选用高色温光源，使办公、阅读更有效率感。

2）休息的场所宜选用低色温光源，给人以温馨、放松的感觉。

3）转播彩色电视的体育运动场所除满足照度要求外，对光源的色温也有所要求。

（3）频繁开关的场所，宜采用白炽灯。

（4）需要调光的场所，宜采用白炽灯、卤钨灯；当配有调光镇流器时，也可以选用荧光灯。

（5）要求瞬时点亮的照明装置，如各种场所的事故照明，不能采用启动时间和再启动时间都较长的 HID 灯。

（6）美术馆展品照明，不宜采用紫外线辐射量多的光源。

（7）要求防射频干扰的场所，对气体放电灯的使用要特别谨慎。

2. 按照环境的要求选择光源

环境条件常常限制了某些光源的使用。

（1）低温场所，不宜选择配用电感镇流器的预热式荧光灯管，以免启动困难。

（2）在空调的房间内，不宜选用发热量大的白炽灯、卤钨灯等。

（3）电源电压波动急剧的场所，不宜采用容易自熄的 HID 灯。

（4）机床设备旁的局部照明，不宜选用气体放电灯，以免产生频闪效应。

（5）有振动的场所，不宜采用卤钨灯（灯丝细长而脆）等。

3. 按投资与年运行费用选择光源

（1）光源对初期投资的影响。

光源的发光效率对于照明设施的灯具数量、电气设备、材料及安装等费用均有直接影响。

（2）光源对运行费用的影响。

年运行费用包括年电力费、年耗用灯泡费、照明装置的维护费（如清扫及更换灯泡费用等）以及折旧费，其中电费和维护费占较大比重。通常照明装置的运行费用往往超过初期投资。

综上所述，选用高光效的光源，可以减少初期投资和年运行费用；选用长寿命光源，可减少维护工作，使运行费用降低，特别对高大厂房、装有复杂的生产设备的厂房、照明维护工作困难的场所来说，这一点显得更加重要。

2.9.3　常用光源的应用场所及选择光源的一般原则

1. 常用光源的应用场所

为便于设计选用，表 2-14 列出了常用 10 种常用光源的应用场所。

表 2-14　常用光源的应用场所

序号	光源名称	应用场所	备注
1	白炽灯	除严格要求防止电磁波干扰的场所外，一般场所不得使用	单灯功率不宜超过 100W
2	卤钨灯	电视播放、绘画、摄影照明，反光杯卤素灯用于贵重商品重点照明、模特照射等	
3	直管荧光灯	家庭、学校、研究所、工业、商业、办公室、控制室、设计室、医院、图书馆等照明	
4	紧凑型荧光灯	家庭、宾馆等照明	
5	荧光高压汞灯	不推荐应用	
6	自镇流荧光高压汞灯	不得应用	
7	金属卤化物灯	体育场馆、展览中心、游乐场所、商业街、广场、机场、停车场、车站、码头、工厂等照明、电影外景摄制、演播室	
8	普通高压钠灯	道路、机场、码头、港口、车站、广场、无显色要求的工矿企业照明等	
9	中显色高压钠灯	高大厂房、商业区、游泳池、体育馆、娱乐场所等的室内照明	
10	LED	博物馆、美术馆、宾馆、电子显示屏、交通信号灯、疏散标志灯、庭院照明、建筑物夜景照明、装饰性照明、需要调光的场所的照明以及不易检修和更换灯具的场所等	

2. 选择光源的一般原则

（1）细管（≤26mm）直管形三基色荧光灯光效高、寿命长、显色性较好，适用于灯具安装高度较低（通常情况灯具安装高度低于 8m）的房间，如办公室、教室、会议室、诊室等房间以及轻工、纺织、电子、仪表等生产场所。

（2）商店营业厅宜用细管（≤26mm）直管形三基色荧光灯代替粗管（＞26mm）荧光灯，以节约能源；小功率的金属卤化物灯因其光效高、寿命长和显色性好，可用于商店照明。发光二极管灯具有光线集中，光束角小的特点，更适合用于重点照明。

（3）灯具安装高度较高的场所（通常情况下灯具安装高度高于 8m）应采用金属卤化物灯或高压钠灯或高频大功率细管直管荧光灯。金属卤化物灯具有显色性好、光效高、寿命长等优点，因而得到普遍应用，而高压钠灯光效更高，寿命更长，价格较低，但其显色性差，可用于辨色要求不高的场所，如锻工车间、炼铁车间、材料库、成品库等。高频大功率细管直管荧光灯具有高光通、寿命长、高显色性等优点，特别是其可瞬时启动的特点，克服了金属卤化物灯或高压钠灯再启动时间过长的缺点。

（4）发光二极管灯和紧凑型荧光灯比白炽灯和卤钨灯光效高、寿命长，用于旅馆的客房节能效果非常显著。

（5）应急照明采用荧光灯、发光二极管灯等，因在正常照明断电时可在几秒内达到标准流明值，对于疏散标志灯可采用发光二极管灯，采用高强度气体放电灯达不到上述的要求。

（6）显色性要求高的场所，应采用显色指数高的光源，如采用 $R_a > 80$ 的三基色稀土荧光灯；显色指数要求低的场所，可采用显色指数较低而光效更高、寿命更长的光源。

思　考　题

1. 电光源有哪些分类？
2. 白炽灯、卤钨灯的工作原理是什么？
3. 荧光灯的结构及其工作原理是什么？
4. 荧光灯的分类有哪些？
5. 金属卤化物灯的结构、分类以及工作原理分别是什么？
6. 请思考高压钠灯、低压钠灯的工作原理及二者的区别。
7. LED 光源的优缺点有哪些？
8. 光源的主要附件有哪些？
9. 电光源应如何选用？

第3章 照 明 灯 具

根据国际照明委员会（CIE）的定义，灯具是透光、分配和改变光源光分布的器具，包括除光源外所有用于固定和保护光源所需的全部零、部件及与电源连接所必需的线路附件。灯具的作用是把光源发出的光线按需要重新加以分配，提高电光源光通量的利用率，并使被照射面获得良好均匀的照度。

照明灯具主要有以下作用：

（1）固定光源，使电流安全地流过光源，对于气体放电灯，灯具通常提供安装镇流器、功率因数补偿电容和电子触发器的地方；对于 LED 灯，通常还包括驱动电源装置。

（2）为光源和光源的控制装置提供机械保护，支撑全部装配件，并与建筑结构件连接起来。

（3）控制光源发出光线的扩散程度，实现需要的配光。

（4）限制直接眩光，防止反射眩光。

（5）电击防护，保证用电安全。

（6）保证特殊场所的照明安全，如防爆、防水、防尘等。

（7）装饰和美化室内外环境，特别是在民用建筑中，可以起到装饰品的效果。

3.1 照明灯具的特性

在照明设计中，仅选择光源是不够的，还必须正确地选择灯具，这样才能够使光源所产生的光辐射能够根据人们视觉工作需要合理地分配在被照工作面上。照明灯具的光学特性主要体现在光强分布（配光曲线）、遮光角（保护角）与亮度分布、照明灯具效率或灯具效能、灯具的利用系数以及最大允许距高比等方面。

3.1.1 照明灯具的配光曲线

任何灯具在空间各个方向上不同角度的发光强度都是不一样的，可以用数字和图形把灯具在空间的分布情况记录下来，这些图形和数字能帮助了解灯具光强分布的概貌，并用以照度、亮度与距离、高度比等各项照明计算。

灯具在空间各个方向上的光强重新分布称为配光，即光的分配。光源本身也有配光，但把光源装入灯具以后，光源原先的配光发生了改变，这主要是灯具的配光起了作用。

描述灯具在空间各个方向光强的分布曲线称为配光曲线，配光曲线是衡量照明器光学特性的重要指标，是进行照度计算和决定照明器布置方案的重要依据。配光曲线可用极坐标法、直角坐标法、灯光强曲线法来表示。

1. 极坐标配光曲线

对于室内照明灯具，常以极坐标表示灯具的光强分布。以极坐标原点为中心，把灯具在各个方向的发光强度用矢量表示出来，连接矢量的端点，即形成光强分布曲线（也称配光曲线）。根据灯具的形状是否是轴对称的旋转体将配光曲线分为对称配光曲线和非对称配光曲线两种。

（1）对称配光曲线。

因为绝大多数灯具的形状都是轴对称的旋转体，所以其光强分布也是轴对称的。这类灯具的光强分布曲线是以通过灯具轴线一个平面上的光强分布曲线，来表示灯具在整个空间的光强分布的。白炽灯的配光曲线就属于对称配光曲线，如图 3-1 所示。

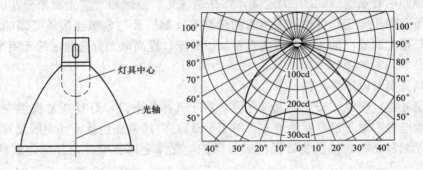

图 3-1　对称配光曲线

（2）非对称配光曲线。

对于非轴对称旋转体的灯具，如直管型荧光灯灯具，其发光强度的空间分布是不对称的，这时，则需要若干个测光平面的光强分布曲线来表示灯具的光强分布，通常取两个平面，即纵向（平行灯管平面）和横向（垂直灯管平面），必要时还可增加 45°平面，如图 3-2（b）所示。

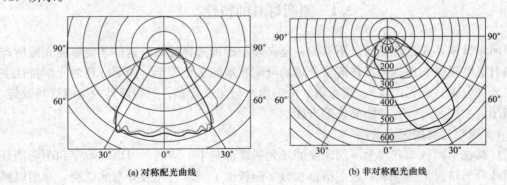

(a) 对称配光曲线　　　　　　　　(b) 非对称配光曲线

图 3-2　配光曲线

对于非对称配光的照明灯具，通常确定与灯具长轴相垂直的 C_0 平面为参考平面，与 C_0 平面成 45°、90°…平面角 C 的面相应的称为 C_{45}、C_{90}…平面。δ 角是照明灯具的安装倾斜角，水平安装时 $\delta=0°$。在 C 系列平面内，以 C 平面交线作为参考轴，其角度为 $\gamma=0°$，称夹角 γ 为投光角。

配光曲线上的每一点表示照明灯具在该方向上的光强。如果已知照明灯具计算点的投光角 γ，便可在配光曲线上查到照明灯具在该点上对应的光强 I_γ。

为了便于对各种灯具的光强分布特性进行比较，一般在设计手册和产品样本中给出照明器的配光曲线，统一规定以光通量为 1000lm 的假想光源来提供光强的分布特性。若实际光源的光通量不是 1000lm，可根据下面公式换算：

$$I_\gamma = \frac{\Phi I'_\gamma}{1000} \tag{3-1}$$

式中　Φ——光源的实际光通量，单位为 lm；

　　　I'_γ——光源的光通量为 1000lm 时，在 γ 方向上的光强，单位为 cd；

　　　I_γ——光源在 γ 方向上的实际光强，单位为 cd。

　　2. 直角坐标配光曲线

　　有些光束集中于狭小的立体角内的灯具（如聚光型投光灯），用极坐标难以表达清楚时，可用直角坐标表示，以纵轴表示光强 I_θ，以横轴表示光束的投射角 θ，用这样的方法绘制的曲线称为直角坐标配光曲线，见图 3-3。

　　3. 等光强配光曲线

　　对一般照明器而言，极坐标配光曲线是表示光强分布最常用的方法。对于光强分布不对称的灯具，如果采用极坐标配光曲线来表示光强，则需要用许多平面上的配光曲线才能表示其光强在空间的分布，使用不便，也不醒目，不能反映各平面间的联系。因此，对于光强分布不对称的灯具，可采用等光强图表示法。

　　为了正确表示发光体空间的光分布，可以设想将它放在一个外面标有地球上经度和纬度线的一个球体中心，球体半径与发光体的尺寸要满足"点光源"的条件。发光体射向空间的每根光线都可以用球体上每点坐标表示，将光源射向球体上光强相同的各方向的点用线连接起来，成为封闭的等光强曲线（类似于地球表面的等高线）就能表示光强在空间各方向的分布。但在球体上给出等光强曲线是十分费力的事，最好的办法是将球体及其坐标用平面图形和相应的角度坐标来表示，并要求平面图形上坐标角度内的面积与球体下相应的立体角成正比例，以便于光通量计算。常用的有圆形网图、矩形网图两种。

　　(1) 圆形等光强图。

　　图 3-4 所示的是等面积天顶投影等光强配光曲线，该曲线给出了照明器在半球上的全部光强分布。

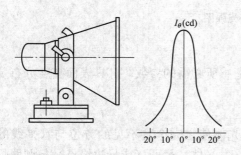

图 3-3　直角坐标配光曲线

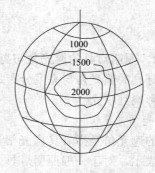

图 3-4　等面积天顶投影等光强配光曲线

　　围绕照明器球表面上的一个平面内，将等光强的点连接可构成圆形等光强配光曲线，并以相等的投影面积来表示相等的包围灯具的球面面积。这种等光强图在道路照明中应用较多，沿着水平中心线（赤道）上的角度 C 定义为路轴方向的方位角，其中 $C=0°$ 表示与道路同方向；$C=90°$表示与道路垂直；$C=270°$是垂直离开道路的方向。沿着周围的角度γ表示偏离下垂线的角度，其中$\gamma=0°$表示灯具垂直向下。等面积天顶投影等光强配光曲线，可用于求解道路照明灯具投射到道路表面的光通量。

（2）矩形等光强图。

泛光灯的光分布通常是窄光束，常用矩形等光强图表示泛光灯的光强分布特性，如图 3-5 所示。图中角度的选择范围应与光分布的范围相符，纵坐标和横坐标上的角度分别表示垂直和水平。在等光强图中，可以计算出垂直和水平网格线所包围的每一个矩形内的光通量。

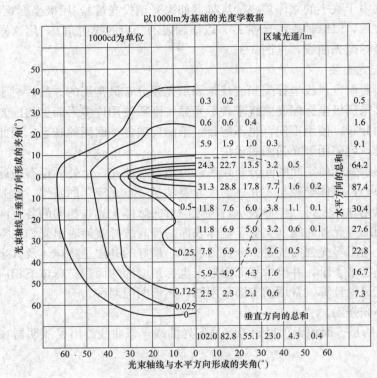

图 3-5　矩形等光强图

3.1.2　照明灯具的遮光角与亮度分布

照明灯具的遮光角与亮度分布是评价视觉舒适感所必需的参数，灯具表面亮度分布及遮光角直接影响到眩光。

1. 遮光角

灯具的遮光角是指灯具出光沿口遮蔽光源发光体使之完全看不见的方位与水平线的夹角，以α表示，对于一般照明灯具，指的是灯丝（发光体）最低（或最边缘点）与照明灯具沿口连线，与出光沿口水平线的夹角，如图 3-6（a）所示。

直接型白炽灯照明灯具遮光角定义如下：

$$\alpha=\arctan\frac{h}{r} \tag{3-2}$$

式中　h——光源发光体中心至灯具出光沿口平面的垂直距离，mm；

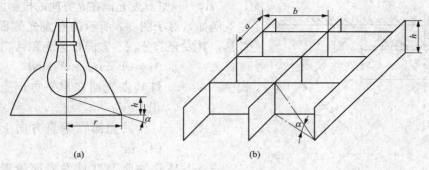

图 3-6 灯具的遮光角

γ——照明灯具的出光沿口平面的半径或宽度的一半，mm；

α——照明灯具的遮光角，单位为（°）。

对于荧光灯来说，由于它本身的表面亮度低，一般不宜采用半透明的扩散材料做成灯罩来限制眩光，而采用铝合金（或不锈钢）格栅来有效地限制眩光。

格栅的遮光角定义为一个格片底边看到下一格片顶部的连线与水平线之间的夹角，如图 3-6（b）所示。不同形式的格栅遮光角是不同的；即使同一格栅，因观察方位不同，其值也会不同。图 3-6（b）中，沿长方形格栅的长度、宽度、对角线三个方向上的遮光角分别为

$$\alpha = \arctan \frac{h}{a} \quad (沿长度方向) \tag{3-3}$$

$$\alpha = \arctan \frac{h}{b} \quad (沿宽度方向) \tag{3-4}$$

$$\alpha = \arctan \frac{h}{\sqrt{a^2 + b^2}} \quad (沿对角线方向) \tag{3-5}$$

式中　a——格栅开口的长度，mm；

　　　b——格栅开口的宽度，mm；

　　　h——格栅的高度，mm。

格栅的遮光角越大，光强分布就越窄，效率也越低；反之，遮光角越小，光强分布就越宽，效率也越高，但防止眩光的作用也随之变弱。一般的办公室照明，格栅遮光角的横轴方向（垂直灯管）为 45°，纵轴方向（沿灯管长方向）为 30°；而商店照明的格栅遮光角横轴方向成 25°，纵轴方向成 15°。

2. 亮度分布

灯具的测光数据中一般都有灯具在不同方向上的平均亮度值，特别是眩光角 $\gamma = 45° \sim 85°$ 范围内的亮度值以及灯具遮光角（保护角）的数据。

若没有亮度分布测试数据值，可通过其光强分布利用下述的方法求得灯具在 γ 角方向的平均亮度

$$L_\theta = \frac{I_\theta}{A_P} \tag{3-6}$$

式中　I_θ——灯具在 θ 方向的发光强度，cd；

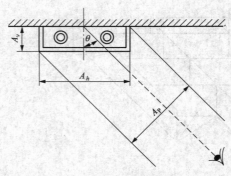

图 3-7　灯具发光部分投影面积计算图

A_p——灯具发光面在 θ 方向的投影面积，m^2。

例如，对于图 3-7 所示的有发光侧面的荧光灯灯具，其发光部分在 θ 方向投影面积 A_p 计算如下：

$$A_P = A_h \cos\theta + A_v \sin\theta \qquad (3\text{-}7)$$

式中　A_h——灯具发光面在水平方向上的投影面积，m^2；

　　　　A_v——灯具发光面在垂直方向上的投影面积，m^2。

表 3-1 是几种典型灯具发光面投影面积计算方法。

表 3-1　　　　　　　　　　灯具发光面投影面积计算方法

分　类			水平投影面积 A_h 和垂直投影面积 A_v	在 θ 方向的投影面积 A_p
（一）暗侧面、暗端面（包括各类灯具）			$A_h = Xl$ $A_v/A_h = 0$	$A_P = A_h \cos\theta$
（二）亮侧面、暗端面	1. 侧面和底面可以区别 $\overline{PQ}$长度不变			$A_P = \overline{PQ}l\cos\psi$ 利用 A_h 和 A_v/A_h 计算，ψ 在 $40°\sim85°$内，结果是准确的
	2. 侧面和底面连为一体 $\overline{PQ}$长度是变化的	（1）半柱面	$A_h = Wl$ $A_v = 0.5Wl$ $A_v/A_h = 0.5$	$A_P = Wl\cos\theta\cos\left(\dfrac{90°-\theta}{2}\right)$ 用 A_h 和 A_v/A_h 计算，θ 在 $40°\sim85°$内，误差在 $\pm5\%$以内
		（2）柱面	$A_h = Wl$ $A_v = Wl$ $A_v/A_h = 1.0$	$A_P = Wl$

续表

分　类		水平投影面积 A_h 和垂直投影面积 A_v	在 θ 方向的投影面积 A_p
（二）亮侧面、暗端面	3. 裸管荧光灯支架	（1）双管或多管 （2）单管 $A_h = Xl$ $A_v/A_h = Y/X$	近似认为 $A_P = A_h\cos\theta + A_v\sin\theta$

3.1.3　照明灯具的效率

在规定条件下，灯具发出的总光通量占灯具内光源发出的总光通量的百分比，称为灯具效率。灯具的效率说明灯具对光源光通的利用程度，灯具的效率总是小于 1。对于 LED 灯，通常是以灯具效能表示，即含光源在内的整体效能，灯具发出的总光通量与所输入的功率之比，单位为 lm/W。灯具的效率或效能在满足使用要求的前提下，越高越好。如果灯具的效率小于 50%，说明光源发出的光通量有一半被灯具吸收，效率就太低。

为了既满足功能要求，又尽可能节约能源，GB 50034—2013《建筑照明设计标准》规定，照明灯具的灯具效率或灯具效能要满足表 3-2～表 3-7 的规定。

表 3-2　　　　　　　　　　　　直管型荧光灯灯具的效率

灯具出光口形式	开敞式	保护罩（玻璃或塑料）		格栅
		透明	棱镜	
灯具效率（%）	75	70	55	65

表 3-3　　　　　　　　　　　　紧凑型荧光灯筒灯灯具的效率

灯具出光口形式	开敞式	保护罩	格栅
灯具效率（%）	55	50	45

表 3-4　　　　　　　　　　　　小功率金属卤化物灯筒灯灯具的效率

灯具出光口形式	开敞式	保护罩	格栅
灯具效率（%）	60	55	50

表 3-5　　　　　　　　　　　　高强度气体放电灯灯具的效率

灯具出光口形式	开敞式	格栅或透光罩
灯具效率（%）	75	60

表 3-6   发光二极管（LED）筒灯灯具的效能

色温	2700K		3000K		4000K	
灯具出光口形式	格栅	保护罩	格栅	保护罩	格栅	保护罩
灯具效能（lm/W）	55	60	60	65	65	70

表 3-7   发光二极管（LED）平面灯灯具的效能（$R_a \geqslant 80$）

色温	2700K		3000K		4000K	
灯具出光口形式	反射式	直射式	反射式	直射式	反射式	直射式
灯具效能（lm/W）	60	65	65	70	70	75

3.1.4　照明灯具的利用系数与最大允许距高比

灯具的利用系数是指投射到参考平面上的光通量与照明装置中的光源的额定光通量之比。一般情况下，灯具固有利用系数（达到工作面或规定的参考平面上的光通量与灯具发出的光通量之比）与灯具效率的乘积，称为灯具的利用系数。与灯具效率相比，灯具的利用系数反映的是光源光通量最终在工作面上的利用程度。

灯具的距高比是指灯具布置的间距与灯具悬挂高度（指灯具与工作面之间的垂直距离）之比，该比值越小，则照度均匀度越好，但会导致灯具数量、耗电量和投资增加；该比值越大，照度均匀度有可能得不到保证。在均匀布置灯具的条件下，保证室内工作面上有一定均匀度的照度时，允许灯具间的最大安装距离与灯具安装高度之比，称为最大允许距高比。一般在灯具的主要参数中应给出该数值。

3.2　照明灯具的分类

照明灯具可以按照使用光源、安装方式、使用环境及使用功能等进行分类，以下是几种有代表性的分类方法。

3.2.1　按使用的光源分类

根据使用的光源分类，主要有荧光灯灯具、高强气体放电灯灯具、LED灯具等，其分类和选型见表 3-8。

表 3-8   按灯具使用的光源分类和选型

比较项目	灯具类型		
	荧光灯灯具	高强气体放电灯灯具	LED 灯具
配光控制	难	较易	较难
眩光控制	易	较难	较难
调光	较难	难	容易
适用场所	高度较低的公共及工业建筑场所	高度较高的公共及工业建筑场所、户外场所	适用于有调光要求的场所，夜景照明，隧道、道路照明

3.2.2　按防触电保护方式分类

为了保证电气安全和灯具的正常工作，灯具的所有带电部件（包括导线、接头、灯座等）必须用绝缘物或外加遮蔽的方法将它们保护起来，保护的方法与程度影响灯具的使用方法和使用环境。这种保护人身安全的措施称为防触电保护。

IEC 对灯具防触电保护有明确的分类规定，GB 7000.1—2015《灯具第 1 部分：一般要求与试验》规定灯具防触电保护的类型分为 Ⅰ类、Ⅱ类、Ⅲ类三类，见表 3-9。

表 3-9 灯具防触电保护分类

灯具等级	灯具主要性能	应用说明
Ⅰ类	除基本绝缘外，在易触及的导电外壳上有接地措施，使之在基本绝缘失效时不致带电	除采用Ⅱ类或Ⅲ类灯具外的所有场所，用于各种金属外壳灯具，如投光灯、路灯、工厂灯、格栅灯、筒灯、射灯等
Ⅱ类	不仅依靠基本绝缘，而且具有附加安全措施，例如双重绝缘或加强绝缘，没有保护接地或依赖安装条件的措施	人体经常接触，需要经常移动、容易跌倒或要求安全程度特别高的灯具
Ⅲ类	防触电保护依靠电源电压为安全特低电压，且不会产生高于 SELV 的电压（交流不大于 50V）	可移动式灯、手提灯、机床工作灯等

从电气安全角度看，Ⅰ、Ⅱ类较高，Ⅲ类最高。在照明设计时，应综合考虑使用场所的环境、操作对象、安装和使用位置等因素，选用合适类别的照明器。在使用条件或使用方法恶劣的场所应使用Ⅲ类照明器，一般情况下可采用Ⅰ类或Ⅱ类照明器。

3.2.3 按防尘防水等分类

为了防止人、工具或尘埃等固体异物触及或沉积在照明器带电部件上引起触电、短路等危险，也为了防止雨水等进入照明器内造成危险，有多种外壳防护方式起到保护电气绝缘和光源的作用。GB 7000.1—2015《灯具 第 1 部分：一般要求与试验》对灯具的防护等级分类由"IP"和两个特征数字组成。按照 GB 4208—2008《外壳防护等级（IP 代码）》的规定，IP 后的第一位特征数字所表示的是防止接近危险部件，见表 3-10，防止固体异物进入的防护等级（见表 3-11）。按照 GB/T 4208—2008《外壳防护等级（IP 代码）》的规定，IP 后的第二位特征数字所表示的是防止水进入的防护等级，见表 3-12。

表 3-10 对接近危险部件的防护等级

第一位特征数字	防护等级	
	简要说明	含义
0	无防护	—
1	防止手背接近危险部件	直径 50mm 的球型试具应与危险部件有足够的间隙
2	防止手指接近危险部件	直径 12mm、长 80mm 的铰接试指应与危险部件有足够的间隙
3	防止工具接近危险部件	直径 2.5mm 的试具不得进入壳内
4、5、6	防止金属线接近危险部件	直径 1.0mm 的试具不得进入壳内

表 3-11   对固体异物进入的防护等级

第一位特征数字	防护等级	
	简要说明	含义
0	无防护	—
1	防止直径不小于 50mm 的固体异物	直径 50mm 的球形物体试具不得完全进入壳内
2	防止直径不小于 12.5mm 的固体异物	直径 12.5mm 的球形物体试具不得完全进入壳内
3	防止直径不小于 2.5mm 的固体异物	直径 2.5mm 的物体试具完全不得进入壳内
4	防止直径不小于 1.0mm 的固体异物	直径 1.0mm 的物体试具完全不得进入壳内
5	防尘	不能完全防止尘埃进入,但进入的灰尘量不得影响设备的正常运行,不得影响安全
6	尘密	无灰尘进入

表 3-12   防止水进入的防护等级

第二位特征数字	防护等级	
	简要说明	含义
0	无防护	—
1	防止垂直方向滴水	垂直方向滴水应无有害影响
2	防止当外壳在 15°范围内倾斜时垂直方向滴水	当外壳的各垂直面在 15°范围内倾斜时,垂直滴水应无有害影响
3	防淋水	各垂直面在 60°范围内淋水,无有害影响
4	防溅水	向外壳各方向溅水无有害影响
5	防喷水	向外壳各方向喷水无有害影响
6	防强烈喷水	向外壳各方向强烈喷水无有害影响
7	防短时间浸水影响	浸入规定压力的水中经规定时间后外壳进水不致达到有害程度
8	防持续潜水影响	按生产厂和用户双方同意的条件(应比特征数字为 7 时严酷)持续潜水后外壳进水量不致达到有害程度

外壳防护等级 IP 的可能组合有 IP10、IP20、IP30、IP40、IP50、IP60、IP11、IP21、IP31、IP41、IP12、IP22、IP32、IP42、IP23、IP33、IP43、IP34、IP44、IP54、IP55、IP65、IP66、IP67、IP68。

外壳防护等级 IP 的典型应用:室内一般不低于 IP30,路灯不低于 IP54,路灯优化不低于 IP55、IP65,地埋灯为 IP67,水下灯为 IP68。

3.2.4   按光学特性或功能进行分类

1. 按光通量在上下空间分布的比例分类

国际照明委员会(CIE)建议,室内灯具可根据光通在上下空间的分布划分为 A、B、C、D 和 E 五种类型,并符合表 3-13 的规定。

表 3-13　　　　　　　　　　　　　　室内灯具型号划分

型号	名称	光通比（%）		光强分布
		上半球	下半球	
A	直接型	0～10	100～90	
B	半直接型	10～40	90～60	
C	直接—间接（均匀扩散）型	40～60	60～40	
D	半间接型	60～90	40～10	
E	间接型	90～100	10～0	

　　（1）直接型灯具：此类灯具绝大部分光通量（90%～100%）直接投照下方，所以灯具光通的利用率最高。特点是亮度大，光线集中，方向性强，给人以明亮、紧凑的感觉。直射型灯具效率高，但容易产生强烈的眩光与阴影，如装设有反光性能良好的不透明灯罩、灯光向下直射到工作面的筒灯、台灯等。直接照明灯具常用于公共厅堂（超市、仓库、厂房）或需局部照明的场所。

　　（2）半直接型灯具：这类灯具大部分光通量（60%～90%）射向下半球空间，少部分射向天棚或上部墙壁等上半球空间，向上射的分量将减小影子的硬度并改善室内各表面的亮度比。下面敞口的半透明罩，以及上方留有较大的通风、透光空隙的荧光灯具，都属于半直接型配光灯具。它的亮度仍然较大，改善了房间内的亮度比，但比直接照明柔和。用半透明的塑料、玻璃做灯罩的灯，都属此类，常用于办公室、卧室、书房等。

　　（3）直接—间接型灯具：灯具向上向下的光通量几乎相同（各占 40%～60%）。最常见的是乳白玻璃球形灯罩，其他各种形状漫射透光的封闭灯罩也有类似的配光。这种灯具将光线均匀地投向四面八方，光的损失较多，因此光通利用率较低。适用于起居室、会议室和一些大的厅、堂照明。

　　（4）半间接灯具：灯具向下光通占 10%～40%，它的向下分量往往只用来产生与天棚相称的亮度，此分量过多或分配不适当也会产生直接或间接眩光等一些缺陷。上面敞口的半透明罩属于这一类，它们主要作为建筑装饰照明，由于大部分光线投向顶棚和上部墙面，增加了室内的间接光，光线更为柔和宜人。

（5）间接灯具：灯具的小部分光通（10%以下）向下。设计得好时，全部天棚成为一个照明光源，达到柔和无阴影的照明效果，由于灯具向下光通很少，只要布置合理，直接眩光与反射眩光都很小。此类灯具的光通利用率比前面四种都低，适于卧室、起居室等场所的照明，如灯罩朝上开口的吊灯、壁灯以及室内吊顶照明等都属于此类。

2. 按光束角分类

带有反射罩的直接型灯具使用很普遍，它们的光分布变化范围很大，从集中于一束到散开在整个下半空间，光束扩散程度的不同带来截然不同的照明效果。按光分布的窄宽进行分类，依次命名为特窄照、窄照、中照、广照、特广照五类，并用它们的最大允许距高比 L/H 来表示，见表3-14。

表 3-14　　　　　　　　　　　　　　按 1/2 照度角对灯具的分类

分类名称	1/2 照度角 θ	L/H（灯具安装距离/灯具安装高度）
特窄照型	$\theta < 14°$	$L/H < 0.5$
窄照型	$14° \leqslant \theta < 19°$	$0.5 \leqslant L/H < 0.7$
中照型	$19° \leqslant \theta < 27°$	$0.7 \leqslant L/H < 1.0$
广照型	$27° \leqslant \theta < 37°$	$1.0 \leqslant L/H < 1.5$
特广照型	$\theta > 37°$	$1.5 \leqslant L/H$

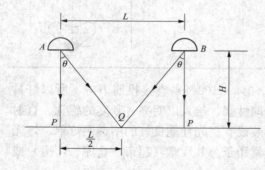

图 3-8　1/2 照度角及最大允许距高比的含义

表 3-14 中 1/2 照度角 θ 指灯具下方水平面上 Q 点照度为正下方 P 点照度值的一半，Q 点与光中心的连线和 P 点与光中心的连线之间的夹角。灯具这样布置时，被照面上即可获得较均匀照度。在这种条件下的灯具安装距离 L 和灯具安装高度 H 之比（L/H），就是灯具的最大允许距高比。1/2 照度角及最大允许距高比的含义如图 3-8 所示。

3. 按光束角分类

投光灯以光束角的大小进行分类。光束角指的是灯具 1/10 最大光强之间的夹角。按光束角的大小将投光灯分为七类，见表3-15。

表 3-15　　　　　　　　　　　　　　按照投光灯的光束角分类

光束类别	光束角（°）	最低光束角效率（%）	适用场所
特窄光束	10~18	35	远距离照明、细高建筑立面照明
窄光束	18~29	30~36	足球场四角布灯照明、垒球场、细高建筑立面照明
中等光束	29~46	34~45	中等高度建筑立面照明
中等宽光束	46~70	38~50	较低高度建筑立面照明
宽光束	70~100	42~50	篮球场、排球场、广场、停车场照明
特宽光束	100~130	46	低矮建筑立面照明、货场、建筑工地照明
超宽光束	>130	50	低矮建筑立面照明

　　光束角可分为水平和垂直两种，有时因配光不对称，垂直和水平光束角还可有上、下和左、右之分。

　　投光灯的主光强（或称峰值光强）是指灯的最大光强，可从配光曲线上查出。一般情况下给出的是 1000lm 情况下的光强值，通过换算才能得到灯具的绝对光强值。

　　投光灯的光束效率（或称光束因数）为

$$F = \Phi_\beta / \Phi_l \tag{3-8}$$

式中　F——光束效率；

　　　　Φ_β——光束光通量；

　　　　Φ_l——所用光源的光通量。

3.2.5　按特殊场所使用环境分类

　　灯具根据其特殊场所使用环境，可以分为多尘、潮湿、腐蚀、火灾危险和有爆炸危险的场所使用的灯具，其分类和选型见表 3-16。

表 3-16　　　　　　　　　　　　特殊场所使用的灯具分类和选型

场所	环境特点	对灯具选型的要求		适用场所
多尘场所	大量粉尘积在灯具上造成灯具污染，效率下降（不包括有爆炸危险的场所）	(1) 有导电性粉尘、纤维的，有可燃性粉尘、纤维的，采用防尘型； (2) 采用防护等级为 IP6X 的尘密灯； (3) 灰尘不多的场所可采用防护等级为 IP5X 的灯具； (4) 采用不易污染的反射型灯泡		水泥、面粉、煤粉、抛光、铸造及燃煤锅炉房等生产车间
潮湿场所	相对湿度大，常有冷凝水出现，降低绝缘性能，容易产生漏电或短路，增加触电危险	(1) 采用防护等级为 IP44 或 IPX4 的防水型灯具； (2) 灯具的引入线处严格密封； (3) 采用带瓷质灯头的开启式灯具		浴室、蒸汽泵房
腐蚀性场所	有大量腐蚀介质气体或在大气中有大量盐雾、二氧化硫气体场所，对灯具的金属部件有腐蚀作用	(1) 腐蚀性严重的场所采用密闭防腐灯，外壳由抗腐蚀的材料制成； (2) 对灯具内部易受腐蚀的部件实行密封隔离； (3) 应符合 GB 7000.1—2015《灯具第 1 部分：一般要求与试验》中 4.18 及附录 L 的要求		电镀、酸洗等车间以及散发腐蚀性气体的化学车间等
火灾危险场所	有大量可燃物或发生火灾后极易蔓延的场所	(1) 灯具安装位置远离可燃物质； (2) 防止灯泡火花或热点成为火源而引起火灾； (3) 固定安装的灯具，使用防护等级不低于 IP4X 的灯具；有可燃粉尘或纤维的场，使用防护等级不低于 IP5X 的灯具；有导电性粉尘的场所，使用保护等级不低于 IP6X 的灯具		油泵间、木工锯料间、纺织品库、原棉库、图书、资料、档案馆
爆炸危险场所	空间有爆炸性气体蒸气（0 区、1 区、2 区）和粉尘（20 区、21 区、22 区）的场所。当介质达到适当温度形成爆炸性混合物，在有燃烧源或热点温升达到闪点情况下能引起爆炸的场所	危险区域 0 区 1 区 2 区 20 区 21 区 22 区	灯具保护级别 Ga Ga 或 Gb Ga、Gb 或 Gc Da Da 或 Db Da、Db 或 Dc	化工车间、非桶装贮漆间、汽油洗涤间、液化和天然气配气站、喷漆室、干燥间

3.2.6　按安装方式分类

根据灯具的安装方式分类，主要有吊灯、吸顶灯、壁灯、嵌入式灯具、暗槽灯、台灯、落地灯、发光顶棚、高杆灯、草坪灯等，其分类和选型见表 3-17。

表 3-17 　　　　　　　　　　　　按灯具的安装方式分类和选型

安装方式	吸顶式灯具	嵌入式灯具	悬吊式灯具	壁式灯具
特征	（1）顶棚较亮； （2）房间明亮； （3）眩光可控制； （4）光利用率高； （5）易于安装和维护； （6）费用低	（1）与吊顶系统组合在一起； （2）眩光可控制； （3）光利用率比吸顶式低； （4）顶棚与灯具的亮度对比大，顶棚暗； （5）费用高	（1）光利用率高； （2）易于安装和维护； （3）费用低； （4）顶棚有时出现暗区	（1）照亮壁面； （2）易于安装和维护； （3）安装高度低； （4）易形成眩光
适用场所	适用于低顶棚照明场所	适用于低顶棚但要求眩光小的照明场所	适用于顶棚较高的照明场所	适用于装饰照明兼加强照明和辅助照明用

3.3　照明灯具的选择

照明设计中，应选择既满足使用功能和照明质量的要求，又便于安装维护、长期运行费用低的灯具，具体应考虑以下几个方面：

（1）光学特性，如配光、眩光控制等；

（2）经济性，如灯具效率、初始投资及长期运行费用等；

（3）特殊的环境条件，如有火灾危险、爆炸危险的环境，有灰尘、潮湿、振动和化学腐蚀的环境；

（4）灯具外形尚应与建筑物相协调。

照明灯具的选择要综合考虑上述的几点，常见的选择方法有按配光特性选择、按使用环境选择及经济性选择等。

3.3.1　按配光特性选择

如前所述，根据灯具的光学特性可将灯具分为直接型、半直接型、均匀扩散型、半间接型以及间接型，而配光曲线按照其光束角度通常可分为窄配光、宽配光和中配光，不同配光类型的灯具具有不同的配光特点，因此具有各自的适用场所和不适用场所。不同配光的灯具所适用的场所见表 3-18。

表 3-18 　　　　　　　　　　　　不同配光灯具的适用场所

配光类型	配光特点	适用场所	不适用场所
间接型	上射光通超过 90%，因顶棚明亮，反衬出了灯具的剪影。灯具出光口与顶棚距离不宜小于 500mm	目的在于显示顶棚图案、高度为 2.8～5m 非工作场所的照明，或者用于高度为 2.8～3.6m、视觉作业涉及反光纸张、反光墨水的精细作业场所的照明	顶棚无装修、管道外露的空间；或视觉作业是以地面设施为观察目标的空间；一般工业生产厂房

续表

配光类型	配光特点	适用场所	不适用场所
半间接型	上射光通超过 60%，但灯的底面也发光，所以灯具显得明亮，与顶棚融为一体，看起来既不刺眼，也无剪影	增强对手工作业的照明	在非作业区和走动区内，其安装高度不应低于人眼位置；不应在楼梯中间悬吊此种灯具，以免对下楼者产生眩光；不宜用于一般工业生产厂房
直接间接型	上射光通与下射光通几乎相等，直接眩光较小	用于要求高照度的工作场所，能使空间显得宽敞明亮，适用于餐厅与购物场所	需要显示空间处理有主有次的场所
漫射型	出射光通量全方位分布，采用胶片等漫射外壳，以控制直接眩光	常用于非工作场所非均匀环境照明，灯具安装在工作区附近，照亮墙的最上部，适合厨房同局部作业照明结合使用	因漫射光降低了光的方向性，因而不适合作业照明
半直接型	上射光通在 40% 以内，下射光供作业照明，上射光供环境照明，可缓解阴影，使室内有适合各种活动的亮度比	因大部分光供下面的作业照明，同时上射少量的光，从而减轻了眩光，是最实用的均匀作业照明灯具，广泛用于高级会议室、办公室	不适用于很重视外观设计的场所
直接型（宽配光）	下射光通占 90% 以上，属于最节能的灯具之一	可嵌入式安装、网络布灯，提供均匀照明，用于只考虑水平照明的工作或非工作场所，如室形指数大的工业及民用场所	室形指数小的场所
直接型（中配光不对称）	把光投向一侧，不对称配光可使被照面获得比较均匀的照度	可广泛用于建筑物的泛光照明，通过只照亮一面墙的办法转移人们的注意力，可缓解走道的狭窄感；用于工业厂房，可节约能源、便于维护；用于体育馆照明，可提高垂直照度	高度太低的室内场所不使用这类配光的灯具照亮墙面，因为投射角太大，不能显示墙面纹理而产生所需要的效果
直接型（窄配光）	靠反射器、透镜、灯泡定位来实现窄配光，主要用于重点照明和远距离照明	适用于家庭、餐厅、博物馆、高级商店，细长光束只照亮指定的目标、节约能源，也适用于室形指数很小的工业厂房	低矮场所的均匀照明

3.3.2　按使用环境选择

在按使用环境选择灯具的时候应该考虑下面几点：

（1）在有爆炸危险的场所，应根据有爆炸危险的介质分类等级选择灯具，并符合 GB 50058—2014《爆炸危险环境电力装置设计规范》的相关要求。

（2）在特别潮湿的房间内，可采用有反射镀层的灯泡，以提高照明效果的稳定性。

（3）在多灰尘的房间内，应根据灰尘数量和性质选择灯具，通常采用防水防尘灯具。

（4）在有化学腐蚀和特别潮湿的房间，可采用防水防尘灯具，灯具的各部分宜采用耐腐蚀材料制成。

（5）在有水淋或可能浸水，以及有压力的水冲洗灯具的场所，应选用水密型灯具，防护等级为 IPX5、IPX6 以至 IPX8 等。

（6）医疗机构（如手术室、绷带室等）房间等有洁净要求的场所，应选用不易积灰并易于擦拭的灯具，如带整体扩散罩的灯具等。

（7）在需防止紫外线照射的场所，应采用隔紫灯具或无紫光源。

（8）在食品加工场所，必须采用带有整体扩散罩的灯具、隔栅灯具、带有保护玻璃的灯具。

（9）在高温场所，宜采用散热性能好、耐高温的灯具。

（10）在装有锻锤、大型桥式吊车等振动、摆动较大场所，灯具应安装可靠、牢固，并有防振措施。

（11）在易受机械损伤、光源自行脱落可能造成人员伤害或财物损失的场所，灯具应有防光源脱落措施。

3.3.3　按经济效果选择

在满足照明质量、环境条件和防触电保护要求的情况下，尽量选用效率高、利用系数高、寿命长、光通衰减小、安装维护方便的灯具。

在保证满足使用功能和照明质量要求的前提下，应对可选择的灯具和照明方案进行比较。比较的方法是考虑与整个一段照明时间有联系的所有支出，就是将初建投资与使用期内的电能损耗和维护费用综合起来计算，更为科学合理，有利于提高照明能效。

1. 使用期综合费用的计算

计算使用期综合费用的方法如下，使用期通常按 10 年计算。

（1）投资费 C 包括以下三项费用之和：

1）灯具费及镇流器等附件费 C_1。

2）光源的初始费 C_2。

3）安装费 C_3。

（2）运行费 R 包括以下两者之和：

1）年电能费（包括镇流器及控制装置等的电能损耗费）R_1。

2）更换光源的年平均费用 R_2。

（3）维护费 M 包括以下三项之和：

1）换灯（每年的人力费）M_1。

2）清扫（每年的人力费）M_2。

3）可能出现的少量其他费用 M_3。

$$10 \text{ 年总费用} = 2C + 10(R + M) \tag{3-9}$$

上面表达式中投资费 C 乘以 2，是考虑支出资金的 10 年利息，这是一个粗略的修正。这个公式就对各种方案进行一般比较而言，是简单方便、符合实际的。

2. LED 道路照明灯具的经济分析计算

LED 道路照明灯具宜根据灯具性能及使用条件进行经济技术分析，道路照明经济分析计算方法可参照 GB/T 31832—2015《LED 城市道路照明应用技术要求》的相关规定。

（1）设备成本的计算公式为

$$C_{in} = \frac{mC_{\infty} + nC_{lu} + SC_{ps}}{S} \tag{3-10}$$

式中　C_{in}——每米道路长度的设备成本，元；

　　　m——在道路断面上安装的灯杆数量（如双侧布置为 2、中心布置为 1）；

　　C_∞——每个灯杆与地基的成本，元；

　　　n——在道路横断面上的灯具数量；

　　C_{lu}——每个灯具的成本（传统照明产品含安装的首个光源成本），元；

　　　S——灯杆间距，m；

　　C_{ps}——每米道路长度的供电干线成本，元。

（2）运行成本的计算公式

$$C_{op} = \frac{t_1 n P_{lu} C_{en} + q n C_{ir} + q_{aux} n C_{aux}}{S} \tag{3-11}$$

式中　C_{op}——每一年中平摊到每米道路长度的运行成本，元；

　　　t_1——每年点灯时间，h；

　　P_{lu}——灯具功率，kW；

　　C_{en}——用电成本，元/（kW·h）；

　　　q——每年中个别更换灯具的百分比，%；

　　C_{ir}——个别更换灯具系统的成本，元；

　q_{aux}——每年中个别更换灯具附件的百分比，%；

　C_{aux}——个别更换灯具附件的成本，元。

（3）全寿命周期成本（现值法）的计算公式为

$$C_{lc} = C_{in} + \frac{1-(1+p)^{-t}}{p} C_{op} - \frac{1}{(1+p)^t} V_r \tag{3-12}$$

式中　C_{lc}——每米道路长度的全寿命周期成本的现值，元；

　　　p——年利率，%；

　　　t——灯具承诺使用的寿命，年；

　　V_r——残值，一般取安装成本的 3%～5%。

思 考 题

1. 照明灯具的作用有哪些？
2. 极坐标配光曲线分为哪几种，各自特点是什么？
3. 等光强配光曲线有哪些分类？
4. 什么是照明灯具的遮光角、亮度分布？
5. 照明灯具的利用系数与最大允许距高比的含义是什么？
6. 照明灯具有哪些分类方式以及各自分为哪几种？
7. 照明设计中，照明灯具的选择具体应考虑哪些方面？

第4章 照明质量及照度计算

提高建筑照明质量和进行正确的照度计算是电气照明设计的重要任务。本章主要介绍建筑照明质量的主要特征、我国工业与民用建筑照度标准和室内照明照度的计算方法,并对室外道路照明照度计算方法进行简要介绍。

4.1 照 明 质 量

照明设计的优劣通常用照明质量来衡量,优良的室内照明质量由以下五个要素构成:适当的照度水平、舒适的亮度分布、优良的灯光颜色品质、没有眩光干扰、正确的投光方向与完美的造型立体感。

4.1.1 照度水平

1. 照度

为特定的用途选择适当的照度时,要考虑的主要因素是:视觉功效、视觉满意程度、经济水平和能源的有效利用。

视觉功效是人借助视觉器官完成作业的效能,通常用工作的速度和精度来表示。增加作业照度(或亮度),视觉功效随之提高,但达到一定的照度水平以后,视觉功效的改善就不明显了。图 4-1 说明标准作业的视觉功效 ρ(相对单位)与照度 E 和作业的实际亮度对比 C 的关系曲线。

对于非工作区,如交通区和休息空间,不宜用视觉功效来确定照度水平,而应考虑定向和视觉舒适的要求。为选择最佳照度水平进行的大量现场评价和调研表明,照明所创造的舒适和愉悦的视觉满意程度,

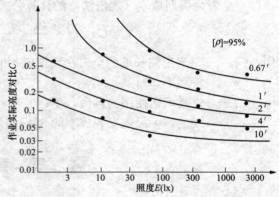

图 4-1 视觉功效与照度和作业的实际亮度对比的关系曲线

是各类室内环境(包括工作环境)在选择适宜照度时必须考虑的重要附加因素。

在实际应用中,无论是根据视觉功效还是从视觉满意角度选择照度,都要受经济条件和能源供应的制约。所以,综合上述三方面因素确定的照度标准往往不是理想的,而只能是适当的、折中的标准。

北美照明学会(IESNA)2000 年将推荐照度值分为三类,七级。第 I 类是简单的视觉,作业和定向要求,主要是指公共空间;第 II 类是普通视觉作业,包括商业、办公、工业和住宅等大多数场所;第 III 类是特殊视觉作业,包括尺寸很小、对比很低,而视觉效能又极其重要的作业对象。表 4-1 列出了 IESNA 推荐的各级照度值,这种简单明了的照度级别规定可

供照明设计人员估算设计照度时参考。

表 4-1   **IESNA 推荐照度分级**

类别	级别	项　目	照度（lx）
I	A	公共空间	30
	B	短暂访问和简单定向	50
	C	进行简单视觉作业的工作空间	100
II	D	高对比、大尺寸的视觉作业	300
	E	高对比、小尺寸或低对比、大尺寸的作业	500
	F	低对比、小尺寸的作业	1000
III	G	进行接近阈限的视觉作业	3000～10 000

2. 照度均匀度

（1）室内照明并非越均匀越好，适当的照度变化能形成比较活跃的气氛，但是工作岗位密集的房间也应保持一定的照度均匀度。

（2）室内照明的照度均匀度通常以一般照明系统在工作面上产生的最小照度与平均照度之比表示，不同的场所要求不同，一般作业不应小于 0.6。

（3）工作房间中非工作区的平均照度不应低于工作区临近周围平均照度的 1/3。

（4）直接连通的两个相邻的工作房间的平均照度差别也不应大于 5：1。

4.1.2　亮度分布

室内的亮度分布是由照度分布和表面反射比决定的，视野内的亮度分布不适当会损害视觉功效，过大的亮度差别会产生不舒适眩光。

（1）作业区内的亮度比。与作业贴邻的环境亮度可以低于作业亮度，但不应小于作业亮度的 2/3。此外，为作业区提供良好的颜色对比也有助于改善视觉功效，但应避免作业区的反射眩光。

（2）统筹策划反射比和照度比。因为亮度与两者的乘积成正比，所以它们的数值可以调整互补。工作房间环境亮度的控制范围参见表 4-2。

表 4-2   **工作房间的表面反射比与照度比**

工作房间的表面	反射比	照度比
顶棚	0.60～0.90	0.20～0.90
墙	0.30～0.80	0.40～0.80
地面	0.10～0.50	0.70～1.00
工作面	0.20～0.60	1.00

4.1.3　灯光的颜色品质

灯光的颜色品质包含光源的表观颜色、光源的显色性能、灯光颜色一致性及稳定性等几个方面。

（1）光源的表观颜色。即色表，可以用色温或相关色温描述。光源色表的选择取决于光环境所要形成的氛围，例如，含红光成分多的"暖"色灯光（低色温）接近日暮黄昏的情调，能在室内形成亲切轻松的气氛，适用于休息和娱乐场所的照明。而需要紧张地、精神振奋地进行工作的房间则采用较高色温的灯光为好。

我国照明设计标准按照国际照明委员会（CIE）的建议将光源的色表分为三类，并提出典型的应用场所，见表 4-3。

表 4-3　　　　　　　　　　　　　　　光源的色表类别

类别	色表	相关色温	应用场所举例
Ⅰ	暖	<3300	客房、卧室、病房、酒吧、餐厅
Ⅱ	中间	3300～5300	办公室、阅览室、教室、诊室、机加工车间、仪表装配
Ⅲ	冷	>5300	高照度场所、热加工车间，或白天需补充自然光的房间

人对光色的爱好还与照度水平有相应的关系，表 4-4 给出了各种照度水平下不同色表的荧光灯照明所产生的一般印象。

表 4-4　　　　　　　　　　　各种照度下灯光色表给人的不同印象

照度（lx）	灯光色表		
	暖	中间	冷
<500	舒适	中性	冷
500～1000			
1000～2000	刺激	舒适	中性
2000～3000	不自然	刺激	舒适
>3000			

（2）光源的显色性能。取决于光源的光谱能量分布，对有色物体的颜色外貌有显著影响。CIE 用一般显色指数 R_a 作为表示光源显色性能的指标，它是根据规定的 8 种不同色调的标准色样，在被测光源和参照光源照明下的色位移平均值确定的。R_a 的理论最大值是 100。

CIE 将灯的显色性能分为 4 类，其中第 1 类又细分为 A、B 两组，并提出每类灯的适用场所，作为评估室内照明质量的指标，见表 4-5。GB 50034—2013《建筑照明设计标准》对各类建筑的不同房间和场所都规定了 R_a 值。

表 4-5　　　　　　　　　　　　　　　光源显色性分类

显色性能类别	显色指数范围	色表	应用示例	
			优先采用	容许采用
Ⅰ	$R_a \geq 90$	暖	颜色匹配	
		中间	医疗诊断、画廊	
		冷		
	$90 > R_a \geq 80$	暖	住宅、旅馆、餐馆	
		中间	商店、办公室、学校、医院、印刷、油漆和纺织工业	
		冷	视觉费力的工业生产	

续表

显色性能类别	显色指数范围	色表	应用示例	
			优先采用	容许采用
Ⅱ	$80 > R_a \geqslant 60$	暖	高大的工业生产场所	
		中间		
		冷		
Ⅲ	$60 > R_a \geqslant 40$		粗加工工业	工业生产
Ⅳ	$40 > R_a \geqslant 20$			粗加工工业，显色性要求低的工业生产、库房

　　随着 LED 灯的普及应用，人们对 LED 灯的颜色品质也日益重视。因为当前普遍使用的白色 LED 灯大多是蓝光激发黄色荧光粉发出白光，其红色光谱成分薄弱，显色性不好，所以 GB 50034—2013《建筑照明设计标准》规定室内工作场所应用 LED 灯的一般显色指数 R_a 不应小于 80，并且 R_9（特殊显色指数，饱的红色）应大于零。从视觉舒适感和生物安全性考虑，LED 灯的色温也不宜高于 4000K。

　　（3）灯光颜色一致性及稳定性。LED 灯的颜色一致性和颜色漂移是应用 LED 灯照明需要特别注意的问题。GB 50034—2013《建筑照明设计标准》规定：选用同类光源的色容差不应大于 SSDCM。在寿命期内，LED 灯的色品坐标与初始值的偏差在 GB/T 7921—2008《均匀色空间和色差公式》规定的 CIE 1976 均匀色度标尺图中，不应超过 0.007。此外，LED 灯具在不同方向上的色品坐标与其加权平均值偏差在 CIE 1976 均匀色度标尺图中，不应超过 0.004。

4.1.4　眩光

　　如果灯、灯具、窗子或者其他区域的亮度比室内一般环境的亮度高得多，人们就会感受到眩光。眩光产生不舒适感，严重的还会损害视觉功效，所以工作房间必须避免眩光干扰。

1. 直接眩光

　　它是由灯或灯具过高的亮度直接进入视野造成的。眩光效应的严重程度取决于光源的亮度和大小、光源在视野内的位置、观察者的实现方向、照度水平和房间表面的反射比等诸多因素，其中光源（灯或窗子）的亮度是最主要的。

　　（1）灯具亮度限制曲线。CIE 曾推荐灯具亮度限制曲线（图 4-2），作为评价一般室内照明灯具直接眩光的标准和方法。CIE 按照限制直接眩光的不同要求分为 5 个质量等级，即 A—很高质量；B—高质量；C—中等质量；D—低质量；E—很低质量。

　　根据确定的质量等级、照度水平、灯具类型和布灯方式可以在图 4-2（a）或图 4-2（b）两组灯具亮度曲线中选出一条合适的限制曲线。将此曲线与拟在设计中采用的灯具的平均亮度曲线进行对照检验，只要在最远端灯具下垂线以上 45°角至临界角 γ（图 4-3）的范围内，灯具各个方上的平均亮度均小于限制曲线规定的亮度极限值，则限制直接眩光的要求即可满足。γ 是灯具与眩光评价视点连线与灯具下垂线之间的夹角。

　　如果灯具平均亮度曲线与图 4-2 中所选的那条灯具亮度限制曲线有交叉，则自交点向右引平行线可找到对应的 a/h_s 值，只要长度 a 与灯具至眼睛的高度 h_s 之比小于该值，则在此

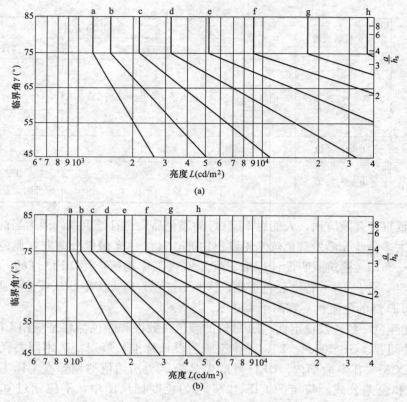

图 4-2　灯具亮度限制曲线

范围内的灯具亮度低于限制亮度值，选用这种灯具不会产生超出相应质量等级允许的直接眩光。

　　除限制灯具亮度外，对底面敞口和下部装透明灯罩的灯具还应检验其遮光角是否符合表 4-6 规定的要求。遮光角 α 是光源发光体边沿一点和灯具出光口的连线延长线与水平线之间的夹角，如图 4-4 所示。

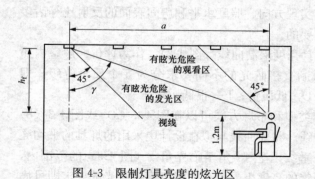

图 4-3　限制灯具亮度的炫光区　　　　图 4-4　各种灯具的遮光角

　　（2）统一眩光值（UGR）。UGR 作为评定不舒适眩光的定量指标得到世界各国的认同，其数值与对应的不舒适眩光的主观感受见表 4-7。

表 4-6　　　　　　　　　　　　　　　灯具最小遮光角

光源的亮度（kcd/m²）	最小遮光角（°）
1～20	10
20～50	15
50～500	20
≥500	30

表 4-7　　　　　　　　　　*UGR* 值对应的不舒适眩光的主观感受

UGR	不舒适眩光的主观感受
28	严重眩光，不能忍受
25	有眩光，有不舒适感
22	有眩光，刚好有不舒适感
19	轻微眩光，可忍受
16	轻微眩光，可忽略
13	极轻微眩光，无不舒适感
10	无眩光

计算一个场所照明的 *UGR* 值涉及每个灯具的多项参数，计算过程非常繁复，通常都是用计算机进行计算。欧美通用的照明计算软件 DA Lux 和 AGI 以及飞利浦等品牌照明厂商的专用照明设计软件都有 *UGR* 的计算程序。

2. 反射眩光和光幕反射

避免反射眩光和光幕反射的有效措施是：

（1）正确安排照明光源和工作人员的相对位置，使视觉作业的每一部分都不处于、也不靠近任何光源与眼睛形成的镜面反射角内；

（2）加强从侧面投射到视觉作业上的光线；

（3）选用发光面大、亮度低、宽配光，但在临界方向亮度锐减的灯具（如蝠翼型配光的灯具）；

（4）顶棚、墙和工作面尽量选用无光泽的浅色饰面，以减小反射的影响。

4.1.5　阴影和造型立体感

一个房间的照明能使它的结构特征及室内的人和物清晰，而且令人赏心悦目地呈现出来，这个房间的整体面貌就能美化。为此，照明光线的指向性不宜太强，以免阴影浓重，造型生硬；灯光也不能过于漫射和均匀，以免缺乏亮度变化，致使造型立体感平淡无奇，室内显得索然无味。

"造型立体感"用来说明三维物体被照明表现的状态，它主要是由光的主投射方向及直射光与漫射光的比例决定的。

4.2　照　度　标　准

照度标准是照度计算的基本依据，GB 50034—2013《建筑照明设计标准》已经对不同场所的照度标准进行了相关规定。

4.2.1　居住建筑的照度标准

住宅建筑照明标准值应符合表 4-8 的规定。其他居住建筑照明标准值宜符合表 4-9 的规定。

表 4-8   住宅建筑照明标准值

房间或场所		参考平面及其高度	照度标准值（lx）	R_a
起居室	一般活动	0.75m 水平面	100	80
	书写、阅读		300 *	
卧室	一般活动	0.75m 水平面	75	80
	床头、阅读		150 *	
餐厅		0.75m 餐桌面	150	80
厨房	一般活动	0.75m 水平面	100	80
	操作台	台面	150 *	
卫生间		0.75m 水平面	100	80
电梯前厅		地面	75	60
走道、楼梯间		地面	50	60
公共车库	停车位	地面	20	60
	行车道	地面	30	60

* 宜用混合照明。

表 4-9   其他居住建筑照明标准值

房间或场所		参考平面及其高度	照度标准值（lx）	R_a
职工宿舍		地面	100	80
老年人卧室	一般活动	0.75m 水平面	150	80
	床头、阅读		300 *	
老年人起居室	一般活动	0.75m 水平面	200	80
	书写、阅读		500 *	
酒店式公寓		地面	150	80

* 宜用混合照明。

4.2.2 公共建筑照明标准值

图书馆建筑照明标准值应符合表 4-10 的规定。

表 4-10   图书馆建筑照明标准值

房间或场所	参考平面及其高度	照度标准值（lx）	UGR	U_0	R_a
一般阅览室、开放式阅览室	0.75m 水平面	300	19	0.60	80
多媒体阅览室	0.75m 水平面	300	19	0.60	80
老年阅览室	0.75m 水平面	500	19	0.70	80
珍善本、舆图阅览室	0.75m 水平面	500	19	0.60	80
陈列室、目录厅（室）、出纳厅	0.75m 水平面	300	19	0.60	80
档案库	0.75m 水平面	200	19	0.60	80
书库、书架	0.25m 水平面	50	—	0.40	80
工作间	0.75m 水平面	300	19	0.60	80
采编、修复工作间	0.75m 水平面	500	19	0.60	80

办公建筑照明标准值应符合表 4-11 的规定。

表 4-11　　　　　　　　　　办公建筑照明标准值

房间或场所	参考平面及其高度	照度标准值（lx）	UGR	U_0	R_a
普通办公室	0.75m 水平面	300	19	0.60	80
高档办公室	0.75m 水平面	500	19	0.60	80
会议室	0.75m 水平面	300	19	0.60	80
视频会议室	0.75m 水平面	750	19	0.60	80
接待室、前台	0.75m 水平面	200	—	0.40	80
服务大厅、营业厅	0.75m 水平面	300	22	0.40	80
设计室	实际工作面	500	19	0.60	80
文件整理、复印、发行室	0.75m 水平面	300	—	0.40	80
资料、档案存放室	0.75m 水平面	200	—	0.40	80

商店建筑照明标准值应符合表 4-12 的规定。

表 4-12　　　　　　　　　　商店建筑照明标准值

房间或场所	参考平面及其高度	照度标准值（lx）	UGR	U_0	R_a
一般商店营业厅	0.75m 水平面	300	22	0.60	80
一般室内商业街	地面	200	22	0.60	80
高档商店营业厅	0.75m 水平面	500	22	0.60	80
高档室内商业街	地面	300	22	0.60	80
一般超市营业厅	0.75m 水平面	300	22	0.60	80
高档超市营业厅	0.75m 水平面	500	22	0.60	80
仓储式超市	0.75m 水平面	300	22	0.60	80
专卖店营业厅	0.75m 水平面	300	22	0.60	80
农贸市场	0.75m 水平面	200	25	0.40	80
收款台	台面	500 *	—	0.60	80

* 宜用混合照明。

观演建筑照明标准值应符合表 4-13 的规定。

表 4-13　　　　　　　　　　观演建筑照明标准值

房间或场所		参考平面及其高度	照度标准值（lx）	UGR	U_0	R_a
门厅		地面	200	22	0.40	80
观众厅	影院	0.75m 水平面	100	22	0.40	80
	剧场、音乐厅	0.75m 水平面	150	22	0.40	80
观众休息厅	影院	地面	150	22	0.40	80
	剧场、音乐厅	地面	200	22	0.40	80
排演厅		地面	300	22	0.60	80
厨房	一般活动区	0.75m 水平面	150	22	0.60	80
	化妆台	1.1m 高处垂直面	500 *	—	—	90

* 宜用混合照明。

旅馆建筑照明标准值应符合表 4-14 的规定。

表 4-14 　　　　　　　　　　　　　旅馆建筑照明标准值

房间或场所		参考平面及其高度	照度标准值（lx）	UGR	U_0	R_a
客房	一般活动区	0.75m 水平面	75	—	—	80
	床头	0.75m 水平面	150	—	—	80
	写字台	台面	300*	—	—	80
	卫生间	0.75m 水平面	150	—	—	80
中餐厅		0.75m 水平面	200	22	0.60	80
西餐厅		0.75m 水平面	150	—	0.60	80
酒吧间、咖啡厅		0.75m 水平面	75	—	0.40	80
多功能厅、宴会厅		0.75m 水平面	300	22	0.60	80
会议室		0.75m 水平面	300	19	0.60	80
大堂		地面	200	—	0.40	80
总服务台		台面	300*	—	—	80
休息厅		地面	200	22	0.40	80
客房层走廊		地面	50	—	0.40	80
厨房		台面	500*	—	0.70	80
游泳池		水面	200	22	0.60	80
健身房		0.75m 水平面	200	22	0.60	80
洗衣房		0.75m 水平面	200	—	0.40	80

* 宜用混合照明。

医疗建筑照明标准值应符合表 4-15 的规定。

表 4-15 　　　　　　　　　　　　　医疗建筑照明标准值

房间或场所	参考平面及其高度	照度标准值（lx）	UGR	U_0	R_a
治疗室、检查室	0.75m 水平面	300	19	0.70	80
化验室	0.75m 水平面	500	19	0.70	80
手术室	0.75m 水平面	750	19	0.70	90
诊室	0.75m 水平面	300	19	0.60	80
候诊室、挂号厅	0.75m 水平面	200	22	0.40	80
病房	地面	100	19	0.60	80
走道	地面	100	19	0.60	80
护士站	0.75m 水平面	300	—	0.60	80
药房	0.75m 水平面	500	19	0.60	80
重症监护室	0.75m 水平面	300	19	0.60	90

教育建筑照明标准值应符合表 4-16 的规定。

表 4-16　　　　　　　　　　教育建筑照明标准值

房间或场所	参考平面及其高度	照度标准值（lx）	UGR	U_0	R_a
教室、阅览室	课桌面	300	19	0.60	80
实验室	实验桌面	300	19	0.60	80
美术教室	桌面	500	19	0.60	90
多媒体教室	0.75m 水平面	300	19	0.60	80
电子信息机房	0.75m 水平面	500	19	0.60	80
计算机教室、电子阅览室	0.75m 水平面	500	19	0.60	80
楼梯间	地面	100	22	0.40	80
教室黑板	黑板面	500*	—	0.70	80
学生宿舍	地面	150	22	0.40	80

* 宜用混合照明。

4.2.3　工业建筑照明标准值

工业建筑一般照明标准值应符合表 4-17 的规定。

表 4-17　　　　　　　　　工业建筑一般照明标准值

房间或场所		参考平面及其高度	照度标准值（lx）	UGR	U_0	R_a	备注
1. 机、电工业							
机械加工	粗加工	0.75m 水平面	200	22	0.40	60	可另加局部照明
	一般加工公差不小于 0.1mm	0.75m 水平面	300	22	0.60	60	应另加局部照明
	精密加工公差小于 0.1mm	0.75m 水平面	500	19	0.70	60	应另加局部照明
机电仪表装配	大件	0.75m 水平面	200	25	0.60	80	可另加局部照明
	一般件	0.75m 水平面	300	25	0.60	80	可另加局部照明
	精密	0.75m 水平面	500	22	0.70	80	应另加局部照明
	特精密	0.75m 水平面	750	19	0.70	80	应另加局部照明
电线、电缆制造		0.75m 水平面	300	25	0.60	60	—
线圈绕制	大线圈	0.75m 水平面	300	25	0.60	80	—
	中等线圈	0.75m 水平面	500	22	0.70	80	可另加局部照明
	精细线圈	0.75m 水平面	750	19	0.70	80	应另加局部照明
线圈浇注		0.75m 水平面	300	25	0.60	60	
焊接	一般	0.75m 水平面	200	—	0.60	60	
	精密	0.75m 水平面	300	—	0.70	60	
钣金		0.75m 水平面	300		0.60	60	
冲压、剪切		0.75m 水平面	300		0.60	60	
热处理		地面至 0.5m 水平面	200	—	0.60	20	—

房间或场所		参考平面及 其高度	照度标准 值（lx）	UGR	U_0	R_a	备注
1. 机、电工业							
铸造	融化、浇铸	地面至 0.5m 水平面	200	—	0.60	20	—
	造型	地面至 0.5m 水平面	300	25	0.60	60	—
精密铸造的制模、脱壳		地面至 0.5m 水平面	500	25	0.60	60	—
锻工		地面至 0.5m 水平面	200	—	0.60	20	—
电镀		0.75m 水平面	300	—	0.60	80	—
喷漆	一般	0.75m 水平面	300	—	0.60	80	—
	精细	0.75m 水平面	500	22	0.70	80	—
酸洗、腐蚀、清洗		0.75m 水平面	300	—	0.60	80	—
抛光	一般装饰性	0.75m 水平面	300	22	0.60	80	应防频闪
	精细	0.75m 水平面	500	22	0.70	80	应防频闪
复合材料加工、铺叠、装饰		0.75m 水平面	500	22	0.60	80	—
机电修理	一般	0.75m 水平面	200	—	0.60	60	可另加局部照明
	精密	0.75m 水平面	300	22	0.70	60	可另加局部照明
2. 电子工业							
整机类	整机厂	0.75m 水平面	300	22	0.60	80	—
	装配厂房	0.75m 水平面	300	22	0.60	80	应另加局部照明
元器件类	微电子产品及 集成电路	0.75m 水平面	500	19	0.70	80	—
	显示器件	0.75m 水平面	500	19	0.70	80	可根据工艺要求 降低照度值
	印制线路板	0.75m 水平面	500	19	0.70	80	—
	光伏组件	0.75m 水平面	300	19	0.60	80	—
	电真空器件、机 电组件等	0.75m 水平面	500	19	0.60	80	—
电子材料类	半导体材料	0.75m 水平面	300	22	0.60	80	—
	光纤、光缆	0.75m 水平面	300	22	0.60	80	—
酸、碱、药液及粉配制		0.75m 水平面	300	—	0.60	80	—
3. 纺织、化纤工业							
纺织	选毛	0.75m 水平面	300	22	0.70	80	可另加局部照明
	清棉、和毛、梳毛	0.75m 水平面	150	22	0.60	80	—
	前纺、梳棉、 并条、粗纺	0.75m 水平面	200	22	0.60	80	—
	纺纱	0.75m 水平面	300	22	0.60	80	—
	织布	0.75m 水平面	300	22	0.60	80	—

续表

房间或场所		参考平面及其高度	照度标准值（lx）	UGR	U_0	R_a	备注
织袜	穿综箔、缝纫、量呢、检验	0.75m 水平面	300	22	0.70	80	可另加局部照明
	修补、剪毛、染色、印花、裁剪、熨烫	0.75m 水平面	300	22	0.70	80	可另加局部照明
化纤	投料	0.75m 水平面	100	—	0.60	80	—
	纺丝	0.75m 水平面	150	22	0.60	80	—
	卷绕	0.75m 水平面	200	22	0.60	80	—
	平衡间、中间贮存、干燥间、废丝间、油剂高位槽间	0.75m 水平面	75	—	0.60	60	—
	集束间、后加工间、打包间、油剂调配间	0.75m 水平面	100	25	0.60	60	—
	组件清洗间	0.75m 水平面	150	25	0.60	60	—
	拉伸、变形、分级包装	0.75m 水平面	150	25	0.70	80	操作面可另加局部照明
	化验、检验	0.75m 水平面	200	22	0.70	80	可另加局部照明
	聚合车间、原液车间	0.75m 水平面	100	22	0.60	80	—
4. 制药工业							
制药生产：配制、清洗灭菌、超滤、制粒、压片、混匀、烘干、灌装、轧盖等		0.75m 水平面	300	22	0.60	80	—
制药生产流转通道		地面	200	—	0.40	80	—
更衣室		地面	200	—	0.40	80	—
技术夹层		地面	100	—	0.40	40	—
5. 橡胶工业							
炼胶车间		0.75m 水平面	300	—	0.60	80	—
压延压出工段		0.75m 水平面	300	—	0.60	80	—
成型裁断工段		0.75m 水平面	300	22	0.60	80	—
硫化工段		0.75m 水平面	300	—	0.60	80	—
6. 电力工业							
火电厂锅炉房		地面	100	—	0.60	60	—
发电机房		地面	200	—	0.60	60	—
主控室		0.75m 水平面	500	19	0.60	80	—

4.2.4 通用房间或场所照明标准值

公共和工业建筑通用房间或场所照明标准值应符合表 4-18 的规定。

表 4-18　　　　　　　　　　**公共和工业建筑通用房间或场所照明标准值**

房间或场所		参考平面及其高度	照度标准值（lx）	UGR	U_0	R_a	备注
门厅	普通	地面	100	—	0.40	60	—
	高档	地面	200	—	0.60	80	—
走廊、流动区域、楼梯间	普通	地面	50	25	0.40	60	—
	高档	地面	100	25	0.60	80	—
自动扶梯		地面	150	—	0.60	60	—
厕所、盥洗室、浴室	普通	地面	75	—	0.40	60	—
	高档	地面	150	—	0.60	80	—
电梯前厅	普通	地面	100	—	0.40	60	—
	高档	地面	150	—	0.60	80	—
休息室		地面	100	22	0.40	80	—
更衣室		地面	150	22	0.40	80	—
储藏室		地面	100	—	0.40	60	—
餐厅		地面	200	22	0.60	80	—
公共车库		地面	50	—	0.60	60	—
公共车库检修间		地面	200	25	0.60	80	可另加局部照明
试验室	一般	0.75m 水平面	300	22	0.60	80	可另加局部照明
	精细	0.75m 水平面	500	19	0.60	80	可另加局部照明
检验	一般	0.75m 水平面	300	22	0.60	80	可另加局部照明
	精细，有颜色要求	0.75m 水平面	750	19	0.60	80	可另加局部照明
计量室，测量室		0.75m 水平面	500	19	0.70	80	可另加局部照明
电话站、网络中心		0.75m 水平面	500	19	0.60	80	—
计算机站		0.75m 水平面	500	19	0.60	80	防光幕反射
变、配电站	配电装置室	0.75m 水平面	200	—	0.60	80	—
	变压器室	地面	100	—	0.60	60	—
电源设备室、发电机室		地面	200	25	0.60	80	—
电梯机房		地面	200	25	0.60	80	—
控制室	一般控制室	0.75m 水平面	300	22	0.60	80	—
	主控制室	0.75m 水平面	500	19	0.60	80	—
动力站	风机房、空调机房	地面	100	—	0.60	60	—
	泵房	地面	100	—	0.60	60	—
	冷冻站	地面	150	—	0.60	60	—
	压缩空气站	地面	150	—	0.60	60	—
	锅炉房、煤气站的操作层	地面	100	—	0.60	60	锅炉水位表照度不小于50lx

续表

房间或场所		参考平面及其高度	照度标准值（lx）	UGR	U_0	R_a	备注
仓库库	大件库	1.0m 水平面	50	—	0.40	20	—
	一般件库	1.0m 水平面	100	—	0.60	60	—
	半成品库	1.0m 水平面	150	—	0.60	80	—
	精细件库	1.0m 水平面	200	—	0.60	80	货架垂直照度不小于 50lx
车辆加油站		地面	100	—	0.60	80	油表表面照度不小于 50lx

4.3　照　度　计　算　方　法

当灯具的形式和布置方案确定之后，就可以根据室内的照度标准要求，确定每盏灯的灯功率及装设总功率。反之，亦可根据已知的灯功率，计算出工作面的照度，以检验其是否符合照度标准要求。

照度计算的方法通常有利用系数法、单位功率法和逐点计算法三种。利用系数法、单位功率法主要用来计算工作面上的平均照度；逐点计算法主要用来计算工作面任意点的照度。任何一种计算方法都只能做到基本准确。计算结果的误差范围在 $-10\% \sim +10\%$。利用系数法是用来计算平均照度的方法，单位容量法常用于方案设计或初步设计阶段来进行照明用电量的估算，逐点计算的方法主要是根据光源类型的不同计算工作面任意点的照度。

4.3.1　平均照度的计算

利用系数法是计算工作面上平均照度常用的一种计算方法。它考虑了由光源直接投射到工作面上的光通量和经过室内表面相互反射后再投射到工作面上的光通量，它是根据光源的光通量、房间的几何形状、灯具的数量和类型确定工作面平均照度的计算方法。利用系数法适用于灯具均匀布置、墙和天棚反射系数较高、空间无大型设备遮挡的室内一般照明，但也适用于灯具均匀布置的室外照明，该方法计算比较准确。

1. 利用系数法计算平均照度的基本公式

计算平均照度的公式为

$$E_{av} = \frac{N\Phi UK}{A} \tag{4-1}$$

式中　E_{av}——工作面上的平均照度，lx；

　　　Φ——光源光通量，lm；

　　　N——光源数量；

　　　U——利用系数；

　　　A——工作面面积，m^2；

　　　K——灯具的维护系数，其值见表 4-19。

表 4-19　　　　　　　　　　　　　　　　　　**维护系数**

环境污染特征		房间或场所举例	灯具最少擦拭次数（次/年）	维护系数值
室内	清洁	卧室、办公室、餐厅、阅览室、教室、病房、客房、仪器仪表装配间、电子元器件装配间、检验室等	2	0.80
	一般	商店营业厅、候车室、影剧院、机械加工车间、机械装配车间、体育馆等	2	0.70
	污染严重	厨房、锻工车间、铸工车间、水泥车间等	3	0.60
室外		雨篷、站台	2	0.65

2. 利用系数

（1）利用系数的定义。

落到工作面上的光通量可分为两个部分：一部分是从灯具发出的光通量中直接落到工作面上的部分，称为直接部分；另一部分是从灯具发出的光通量经室内表面反射后最后落到工作面上的部分，称为间接部分。两者之和为灯具发出的光通量中最后落到工作面上的部分，该值与工作面的面积之比，则称为工作面上的平均照度。若每次都要计算落到工作面上的直接光通量与间接光通量，则计算变得相当复杂，为此人们引入了利用系数的概念。

利用系数 U 是投射到工作面上的光通量与自光源发射出的光通量之比，可由式（4-2）计算。

$$U = \frac{\Phi_1}{\Phi} \tag{4-2}$$

式中　Φ——光源的光通量，lm；

　　　Φ_1——自光源发射，最后投射到工作面上的光通量，lm。

利用系数是灯具光强分布、灯具效率、房间形状、室内表面反射比的函数，计算比较复杂。为此常按一定条件编制灯具利用系数表以供设计使用。表 4-20 是型号为 TBS569 M2 嵌入式高效 T5 格栅灯具的利用系数表。

表 4-20　　　　　**TBS569 M2 嵌入式高效 T5 格栅灯具利用系数**　　　（单位：%）

有效顶棚反射比（%）		80		70					50		30	0
墙面反射比（%）		50	50	50	50	50	30	30	10	30	10	0
墙面反射比（%）		30	10	30	20	10	10	10	10	10	10	0
室形指数 RI	0.60	41	39	40	39	38	33	33	29	32	29	27
	0.80	49	46	49	47	46	40	40	36	39	36	34
	1.00	57	52	55	54	52	46	46	42	45	42	40
	1.25	63	58	62	60	57	52	52	48	51	48	46
	1.50	68	62	67	64	61	57	56	52	55	52	50
	2.00	76	68	74	70	67	63	62	59	61	59	57
	2.50	81	71	79	74	71	67	66	64	55	63	61
	3.00	84	74	82	77	73	70	69	67	68	66	64
	4.00	89	77	86	81	76	74	72	70	71	69	67
	5.00	91	79	89	83	78	76	74	73	73	72	70

如表 4-20 可知，为了确定利用系数，必须对表格中的相关参数如有效顶棚反射比、墙面反射比、室形指数等进行确定。此外，常见的利用系数表格中所列的利用系数是在地板空间反射比为 0.1 时的数值，若地板空间反射比不是 0.1 时，则应用适当的修正系数进行修正。如计算精度要求不高，也可不作修正。

（2）室形指数。

灯具以及工作面将室内空间进行了划分，如图 4-5 所示。灯具开口平面到顶棚之间的空间称为顶棚空间，工作面到地面之间的空间称为地板空间，灯具开口平面到工作面之间的空间称为室空间。因此，得到三个空间比，即室空间比、顶棚空间比和地板空间比，分别由下面表达式表示。

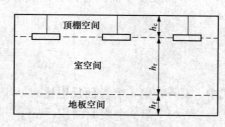

图 4-5　室内空间的划分

室空间比：

$$RCR = \frac{5h_r \cdot (l+b)}{l \cdot b} \tag{4-3}$$

顶棚空间比：

$$CCR = \frac{5h_c \cdot (l+b)}{l \cdot b} = \frac{h_c}{h_r} \cdot RCR \tag{4-4}$$

地板空间：

$$FCR = \frac{5h_f \cdot (l+b)}{l \cdot b} = \frac{h_f}{h_r} \cdot RCR \tag{4-5}$$

室形指数：

$$RI = \frac{l \cdot b}{h_r \cdot (l+b)} = \frac{5}{RCR} \tag{4-6}$$

式中　　l——室长，m；

　　　　b——室宽，m；

　　　　h_c——顶棚空间高，m；

　　　　h_r——室空间高，m；

　　　　h_f——地板空间高，m。

当房间不是正六面体时，因为墙面积 $s_1 = 2h_r(l+b)$，地面积 $s_2 = lb$，则式（4-3）可改写为

$$RCR = \frac{2.5s_1}{s_2} \tag{4-7}$$

（3）有效空间反射比和墙面平均反射比。

为使计算简化，将顶棚空间视为位于灯具平面上，且具有有效反射比 ρ_{cc} 的假想平面。同样，将地板空间视为位于工作面上，且具有有效反射比 ρ_{fc} 的假想平面，光在假想平面上的反射效果同实际效果一样。有效空间反射比由式（4-8）计算。

$$\rho_{eff} = \frac{\rho A_0}{A_s - \rho A_s + \rho A_0} \tag{4-8}$$

式中　ρ_{eff}——有效空间反射比；

　　　A_0——空间开口平面面积，即顶棚或地板平面面积，m²；

A_s——空间表面面积（包括顶棚和四周墙面面积），即顶棚或地板空间内所有表面积的总面积，m^2；

ρ——空间表面平均反射比。

一个面或多个面内各部分的实际反射比各不相同时，其平均反射比的计算公式是

$$\rho = \frac{\sum_{i=1}^{N} \rho_i A_i}{\sum_{i=1}^{N} A_i} \tag{4-9}$$

式中　ρ_i——第 i 个表面反射比；

A_i——第 i 个表面面积，m^2；

N——表面数量。

为简化计算，可以把墙面看成一个均匀的漫射表面，将窗子或墙上的装饰品等综合考虑，求出墙面平均反射比来体现整个墙面的反射条件。墙面平均反射比由式（4-10）计算。

$$\rho_{wav} = \frac{\rho_w (A_w - A_g) + \rho_g A_g}{A_w} \tag{4-10}$$

式中　A_w——墙的总面积（包括窗面积），m^2；

A_g——玻璃窗或装饰物的面积，m^2；

ρ_w——墙面反射比；

ρ_g——玻璃窗或装饰物的反射比。

根据算得的有效反射比的数值及空间比，即可从灯具的产品样本中列写的利用系数表上查找出利用系数的值，从而计算平均照度的值。

3. 应用利用系数法计算平均照度的步骤

（1）计算室空间比 RCR、顶棚空间比 CCR、地板空间比 FCR。

（2）计算顶棚空间的有效反射比。按公式（4-8）求出顶棚空间有效反射系数 ρ_{eff}，当顶棚空间各面反射比不等时，应求出各面的平均反射比然后代入公式（4-8）求出。

（3）计算墙面平均反射比。由于房间开窗或装饰物遮挡等原因引起的墙面反射比的变化，求利用系数时，墙面反射比应采用加权平均值，可利用公式（4-10）求得。

（4）计算地板空间有效反射比。地板空间同顶棚空间一样，可利用同样的方法求出有效反射比。应注意的是，利用系数表中对应的数值是按照固定的地板反射比算出，如果所求的地板空间有效反射比不是该固定值，则可能需要进行利用系数的修正。

（5）查灯具维护系数。

（6）确定利用系数。根据已求出的室空间系数 RCR，顶棚有效反射比 ρ_{cc}，墙面平均反射比 ρ_w，从计算图表中即可查得所选用灯具的利用系数 U。当 RCR、ρ_{cc}、ρ_w 不是图表中的整数分级时，可用内插法求出对应值。

4. 计算示例

办公室长为 12m，宽为 6m，顶棚高为 3m，有采光窗，其面积为 24m^2。办公室内表面反射比分别为顶棚 0.7，墙面 0.5，地面 0.2，玻璃窗面积 24m^2，其反射比为 0.35。选用 RC600B LED405 840 W60 L60 LED 灯盘照明，该灯具功率为 40W，光通量为 4000lm，色温 4000K，灯具为嵌入式顶棚安装，灯具的利用系数如表 4-21 所示。办公桌距地面 0.75m，

桌面照度要求不小于 500lx，求桌面上的平均照度。

表 4-21   **RC600B LED405 840 W60 L60 LED 利用系数表**

室形指数 RI	顶棚、墙面和地面反射系数										
	0.8	0.8	0.7	0.7	0.7	0.7	0.5	0.5	0.3	0.3	0
	0.5	0.5	0.5	0.5	0.5	0.3	0.3	0.1	0.3	0.1	0
	0.3	0.1	0.3	0.2	0.1	0.1	0.1	0.1	0.1	0.1	0
0.60	0.62	0.59	0.62	0.60	0.59	0.53	0.53	0.49	0.52	0.49	0.47
0.80	0.73	0.69	0.72	0.70	0.68	0.62	0.62	0.58	0.61	0.58	0.56
1.00	0.82	0.76	0.80	0.78	0.75	0.70	0.69	0.65	0.68	0.65	0.63
1.25	0.90	0.82	0.88	0.84	0.81	0.76	0.76	0.72	0.75	0.72	0.70
1.50	0.95	0.86	0.93	0.89	0.86	0.81	0.80	0.77	0.79	0.76	0.75
2.00	1.04	0.92	1.01	0.96	0.92	0.88	0.87	0.84	0.86	0.83	0.81
2.50	1.09	0.96	1.06	1.00	0.95	0.92	0.91	0.89	0.90	0.88	0.86
3.00	1.12	0.98	1.09	1.03	0.97	0.95	0.93	0.92	0.92	0.90	0.88
4.00	1.17	1.01	1.13	1.06	1.00	0.98	0.96	0.95	0.95	0.93	0.91
5.00	1.19	1.02	1.16	1.08	1.01	1.00	0.98	0.96	0.96	0.95	0.93

解：（1）计算室空间比 RCR 及室形指数 RI

$$RCR = \frac{5h_r \cdot (l+b)}{l \cdot b} = \frac{5 \times (3-0.5) \times (12+6)}{12 \times 6} = 2.81$$

$$RI = \frac{5}{RCR} = \frac{5}{2.81} = 1.78$$

（2）计算顶棚空间的有效反射比。由于灯具为嵌入式顶棚安装，故顶棚空间反射比为 0.7。

（3）计算墙面平均反射比。

由于墙面中有玻璃窗，故用公式（4-10）进行前面平均反射比的计算。

$$\rho_{wav} = \frac{\rho_w(A_w - A_g) + \rho_g A_g}{A_w} = \frac{0.5[(12 \times 3 + 6 \times 3) \times 2 - 24] + 0.35 \times 24}{(12 \times 3 + 6 \times 3) \times 2} = 0.47$$

（4）计算地面空间的有效空间反射比。

地面空间开口平面面积：

$$A_0 = l \times b = 12 \times 6 = 72 \ (m^2)$$

地面空间表面面积（地板空间墙表面面积＋地面面积）：

$$A_s = h_f \times l \times 2 + h_f \times b \times 2 + A_0 = 0.75 \times (24+12) + 72 = 99 \ (m^2)$$

空间表面平均反射比：

$$\rho = \frac{\sum\limits_{i=1}^{N} \rho_i A_i}{\sum\limits_{i=1}^{N} A_i} = \frac{0.2 \times 72 + 0.5 \times 27}{72 + 27} = 0.282$$

有效空间反射比：

$$\rho_{fc} = \frac{\rho A_0}{A_s - \rho A_s + \rho A_0} = \frac{0.282 \times 72}{99 - 0.282 \times 99 + 0.282 \times 72} = 0.222$$

（5）确定灯具的维护系数。由表 4-19 可得到维护系数 K 为 0.8。

（6）确定灯具的利用系数。

由于室形指数为 1.78，地面空间的有效空间反射比为 0.222，在顶棚反射比为 0.7、墙面放射比约为 0.5 的情况下，需要采用内插法对表中的利用系数进行修正，修正过程如下

	0.7		0.7
	0.5		0.5
RI	0.3	0.22	0.2
1.5	0.93		0.89
1.78	0.98	0.94	0.93
2.0	1.01		0.96

故得到修正后的利用系数为 0.94。

（7）计算灯具数量。

$$N = \frac{E_{av}A}{\Phi UK} = \frac{500 \times 12 \times 6}{4000 \times 0.94 \times 0.8} = 12.05 \approx 12 \, (盏)$$

根据办公室结构，每行布置 2 盏灯具，中心距为 3m；每列布置 6 盏灯具，中心距为 2m，共选用 12 盏 LED 办公灯盘。

（8）计算实际照度值

$$E_{av} = \frac{N\Phi UK}{A} = \frac{12 \times 4000 \times 0.94 \times 0.85}{12 \times 6} = 501.3 \, (lx)$$

（9）计算功率密度值

$$LPD = \frac{P}{S} = \frac{12 \times 40}{12 \times 6} = 6.67 \, (W/m^2)$$

满足规范节能指标要求。

4.3.2　单位容量法计算

在做方案设计或初步设计阶段，需要估算照明用电量，往往采用单位容量法计算，在允许计算误差下，达到简化照明计算程序的目的。单位容量法计算是以达到设计照度时 1m² 需要安装的电功率（W/m²）或光通量（lm/m²）来表示。通常将其编制成计算表格，以便应用。

1. 单位容量法计算

（1）单位容量法的基本公式。

$$P = P_0 AE \tag{4-11}$$

或
$$\Phi = \Phi_0 AE \tag{4-12}$$

式中 P——在设计照度条件下房间需要安装的最低电功率，W；

　　P_0——照度为 1lx 时的单位容量，W/m²，其值查表 4-22，当采用高压气体放电光源时，按 40W 荧光灯的 P_0 值计算；

　　A——房间面积，m²；

　　E——设计照度（平均照度），lx；

　　Φ——在设计照度条件下房间需要的光源总光通量，lm；

Φ_0——照度达到1lx时所需的单位光辐射量，lm/m^2。

表 4-22 单位容量 P_0 计算表

室空间比 RCR (室形指数 RI)	直接型配光灯具		半直接型 灯具	均匀漫射型灯具	半间接型 灯具	间接型 灯具
	$s \leqslant 0.9h$	$s \leqslant 1.3h$				
0.833 (0.6)	0.089 7 5.384 6	0.083 3 5.000 0	0.087 9 5.384 6	0.087 9 5.384 6	0.129 2 7.778 3	0.145 4 7.750 6
6.25 (0.8)	0.072 9 4.375 0	0.064 8 3.888 9	0.072 9 4.375 0	0.070 7 4.242 4	0.105 5 6.364 1	0.116 3 7.000 5
5.0 (1.0)	0.064 8 3.888 9	0.056 9 3.414 6	0.061 4 3.684 2	0.059 8 3.589 7	0.089 4 5.385 0	0.101 2 6.087 4
4.0 (1.25)	0.056 9 3.414 6	0.049 6 2.978 7	0.055 6 3.333 3	0.051 9 3.111 1	0.080 8 4.828 0	0.082 9 5.000 4
3.33 (1.5)	0.051 9 3.111 1	0.045 8 2.745 1	0.050 7 3.043 5	0.047 6 2.857 1	0.073 2 4.375 3	0.080 8 4.828 0
2.5 (2.0)	0.046 7 2.800 0	0.040 9 2.456 1	0.044 9 2.692 3	0.041 7 2.500 0	0.066 8 4.000 3	0.073 2 4.375 3
2.0 (2.5)	0.044 0 2.641 5	0.383 2.295 1	0.041 7 2.500 0	0.038 3 2.295 1	0.060 3 3.590 0	0.064 6 3.889 2
1.67 (3.0)	0.042 4 2.545 5	0.036 5 2.187 5	0.039 5 2.372 9	0.036 5 2.187 5	0.056 0 3.333 5	0.061 4 3.684 5
1.43 (3.5)	0.041 0 2.459 2	0.035 4 2.123 2	0.038 3 2.297 6	0.035 1 2.108 3	0.052 8 3.182 0	0.058 2 3.500 3
1.25 (4.0)	0.039 5 2.372 9	0.034 3 2.058 8	0.037 0 2.222 2	0.033 8 2.029 0	0.050 6 3.043 6	0.056 0 3.333 5
1.11 (4.5)	0.039 2 2.352 1	0.033 6 2.015 3	0.036 2 2.171 7	0.033 1 1.986 7	0.049 5 2.980 4	0.054 4 3.257 8
1.0 (5.0)	0.038 9 2.333 3	0.032 9 1.971 8	0.035 4 2.121 2	0.032 4 1.944 4	0.048 5 2.916 8	0.052 8 3.182 0

注 1. 表中 s 为灯距，h 为计算高度。

2. 表中每格所列两个数字由上至下依次为：选用40W荧光灯的单位电功率（W/m^2）；单位光辐射量（lm/m^2）。

（2）单位容量法计算表的编制条件

表 4-22 所列出的单位容量法计算表是在比较各类常用灯具效率与利用系数关系的基础上，按照下列条件编制的。

1）室内顶棚反射比 ρ_c 为 70%；墙面反射比 ρ_w 为 50%；地板反射比 ρ_f 为 20%。

2）计算平均照度 E 为 1lx，灯具维护系数 K 为 0.7。

3）荧光灯的光效为 60lm/W（220V，100W）。

4）灯具效率不小于 70%，当装有遮光格栅时不小于 55%。

5）灯具配光分类符合国际照明委员会的规定见表 4-23。

表 4-23　　　　　　　　　常用灯具配光分类表（符合国际照明委员会规定）

类型	特点		
直接型	上射光通量 0～10%； 下射光通量 100%～90%	$s \leqslant 0.9h$	嵌入式遮光格栅荧光灯；圆格栅吸顶灯；广照型防水防尘灯；防潮吸顶灯
		$s \leqslant 1.3h$	按照式荧光灯；搪瓷探照灯；镜面探照灯；深照型防震灯；配照型工厂灯；防震灯
半直接型	上射光通量 10%～40%； 下射光通量 90%～60%		简式荧光灯；纱罩单吊灯；塑料碗罩灯；塑料伞罩灯；尖扁圆吸顶灯；方形吸顶灯
均匀漫反射型	上射光通量 60%～40%，%～60%； 下射光通量 40%～60%，60%～40%		平口橄榄罩吊灯；束腰单吊灯；圆球单吊灯；枫叶罩单吊灯；彩灯
半间接型	上射光通量 60%～90%； 下射光通量 40%～10%		伞型罩单吊灯
间接型	上射光通量 90%～100%； 下射光通量 10%～0		

（3）单位容量的修正计算。

如果照明计算条件参数不满足单位容量计算表的编制条件，则需要引入相关的系数对其进行修正，单位容量的修正计算公式如下

$$P = P_0 A E C_1 C_2 C_3 \tag{4-13}$$

式中　C_1——当房间内各部分的光反射比不同时的修正系数，其值查表 4-24。

　　　C_2——当光源不是 40W 的荧光灯时的调整系数，其值查表 4-25。

　　　C_3——当灯具效率不是 70%时的校正系数，当 $\eta = 60\%$，$C_3 = 1.22$；当 $\eta = 50\%$，$C_3 = 1.47$。

表 4-24　　　　　　　　房间内各部分的光反射比不同时的修正系数 C_1

反射比	顶棚 ρ_c	0.7	0.6	0.4
	墙面 ρ_w	0.4	0.4	0.3
	地板 ρ_f	0.2	0.2	0.2
修正系数 C_1		1	1.08	1.27

表 4-25　　　　　　　　当光源不是 40W 的荧光灯时的调整系数 C_2

光源类型	额定功率（W）	调整系数 C_2	额定光通量（lm）
卤钨灯（220V）	500	0.64	9750
	1000	0.6	21 000
	1500	0.6	31 500
	2000	0.6	42 000
紧凑型荧光灯（220V）	10	1.071	560
	13	0.929	840
	18	0.964	1120
	26	0.929	1680

续表

光源类型	额定功率（W）	调整系数 C_2	额定光通量（lm）
紧凑型节能荧光灯 （220V）	18	0.9	1200
	24	0.8	1800
	36	0.745	2900
	40	0.686	3500
	55	0.688	4800
T5 荧光灯（220V）	14	0.764	1100
	21	0.72	1750
	28	0.70	2400
	35	0.677	3100
T5 荧光灯（220V）	24	0.873	1650
	39	0.793	2950
	49	0.717	4100
	54	0.762	4250
	80	0.820	5850
T8 荧光灯（220V）	18	0.857	1260
	30	0.783	2300
	36	0.675	3200
	58	0.696	5000
金属卤化物灯（220V）	35	0.636	3300
	70	0.700	6000
	150	0.709	12 700
	250	0.750	20 000
	400	0.750	32 000
	1000	0.750	80 000
	2000	0.600	200 000
高压钠灯（220V）	50	0.857	3500
	70	0.750	5600
	150	0.621	14 500
	250	0.556	27 000
	400	0.500	48 000
	600	0.450	80 000
	1000	0.462	130 000

2. 计算示例

有一房间面积 A 为 $9\times6=54$（m²），房间高度为 3.6m。已知 $\rho_c=70\%$、$\rho_w=50\%$、$\rho_f=20\%$、$K=0.7$，拟选用 36W 普通单管荧光吊链灯 $h_c=0.6$m，如要求设计照度为 100lx，如何确定光源数量。

解：因普通单管荧光灯类属半直接型配光，因取 $h_c = 0.6\text{m}$，室空间比 $RCR = 4.167$，再从表 4-22 中可查得 $P_0 = 0.0556$。

则按式（4-13）：

$$P = P_0 A E C_2 = 0.0556 \times 54 \times 100 \times 0.675 = 202.6 \text{（W）}$$

故光源数量

$$N = 202.6/36 = 5.62 \text{（盏）}$$

根据实际情况拟选用 6 盏 36W 荧光灯，此时估算照度可达 105.3lx。

4.3.3 点光源的点照度计算

当光源尺寸与光源到计算点之间的距离相比小得多时，可将光源视为点光源，一般圆盘形发光体的直径不大于照射距离的 1/5，线状发光体的长度不大于照射距离的 1/4 时，按点光源进行照度计算。计算点光源产生点照度的基本定律包括距离平方反比定律和余弦定律，点光源产生的照度计算包括水平照度、垂直照度和倾斜面照度的计算等。除此之外，点光源的照度计算还可以应用空间等照度曲线进行照度计算。

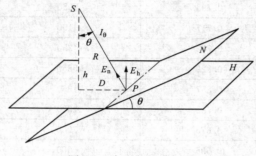

图 4-6 点光源的点照度

1. 点光源点照度的基本计算公式

（1）距离平方反比定律。

点光源 S 在与照射方向垂直的平面 N 上某点产生的照度 E_n 与光源在该方向的光强 I_θ 成正比，与光源至被照面的距离 R 的二次方成反比，由式（4-14）表示（见图 4-6）：

$$E_n = \frac{I_\theta}{R^2} \tag{4-14}$$

式中　E_n——点光源在与照射方向垂直平面上某点产生的照度，其方向与照射方向相反，lx；

　　　I_θ——点光源在照射方向的光强，cd；

　　　R——点光源至被照面上计算点的距离，m。

（2）余弦定律。

点光源 S 照射在水平面 H 的 P 点上产生的水平照度 E_h 与光源的光强 I_θ 及被照面法线与入射光线的夹角 θ 的余弦成正比，与光源至被照面上计算点的距离 R 的二次方成反比，可由式（4-15）表示

$$E_h = \frac{I_\theta}{R^2}\cos\theta \tag{4-15}$$

式中　E_h——点光源 S 照射在水平面上 P 点产生的水平照度，其方向与水平面 H 垂直，lx；

　　　I_θ——点光源照射方向的光强，cd；

　　　R——点光源至被照面计算点的距离，m；

　　$\cos\theta$——被照面通过点光源 S 的法线与入射光线的夹角的余弦。

2. 点光源产生的水平照度、垂直照度和倾斜面照度的计算

一般情况下，点光源在水平面 H 上某点产生的照度可分为水平照度、垂直照度和任意

方向上的照度。水平照度的方向与水平面垂直；垂直照度的方向与水平面平行；任意方向上的照度则与点光源照射夹角有关。

（1）点光源产生的水平照度 E_h 的计算。

按照余弦定律，点光源 S 产生的水平照度 E_h（见图4-7）可按式（4-15）计算。

（2）点光源产生的垂直照度 E_v 的计算。

按照余弦定律，点光源 S 产生的垂直照度 E_v（见图4-7）为

$$E_v = \frac{I_\theta}{R^2}\cos\beta = \frac{I_\theta}{R^2}\sin\theta \tag{4-16}$$

（3）E_h 和 E_v 应用光源安装高度 h 的计算。

已知光源的安装高度（或计算高度）h 时，E_h 和 E_v 的计算式为

$$E_h = \frac{I_\theta}{R^2}\cos\theta = \frac{I_\theta\cos\theta}{\left(\dfrac{h}{\cos\theta}\right)^2} = \frac{I_\theta\cos^3\theta}{h^2} \tag{4-17}$$

$$E_v = \frac{I_\theta}{R^2}\sin\theta = \frac{I_\theta\sin\theta}{\left(\dfrac{h}{\cos\theta}\right)^2} = \frac{I_\theta\cos^2\theta\sin\theta}{h^2} \tag{4-18}$$

式中　h——光源距所计算水平面的安装高度，即计算高度，m。

（4）点光源在不同平面上 P 点的水平照度之比。

点光源 S 在不同平面上 P 点的水平照度之比等于点光源 S 到不同平面上的垂直线长度之比（见图4-8），即

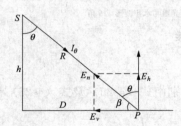

图4-7　点光源水平面与垂直面照度

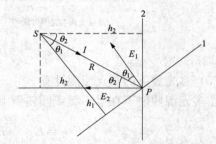

图4-8　点光源在不同平面上 P 点的水平照度（图中的平面1和平面2）

$$E_1 = \frac{I}{R^2}\cos\theta_1 \tag{4-19}$$

$$E_2 = \frac{I}{R^2}\cos\theta_2 \tag{4-20}$$

$$\frac{E_1}{E_2} = \frac{\cos\theta_1}{\cos\theta_2} = \frac{\dfrac{h_1}{R}}{\dfrac{h_2}{R}} = \frac{h_1}{h_2} \tag{4-21}$$

（5）点光源倾斜面照度计算。

在实际工程中，有时还需要计算倾斜面上的照度。倾斜面在任意位置时，有受光面 N 和背光面 N'，见图4-9。θ 角指倾斜面的背光面与水平面形成的倾角，可小于或大于 $90°$。

按照式（4-21），在 P 点上的倾斜面照度 E_φ 与水平照度 E_h 之比为

$$\frac{E_\varphi}{E_h} = \frac{h\cos\theta \pm D\sin\theta}{h} \tag{4-22}$$

因而点光源在倾斜面上照度 E_φ 可由下式计算

$$E_\varphi = \left(\cos\theta \pm \frac{D}{h}\sin\theta\right)E_h = \psi E_h \tag{4-23}$$

$$\psi = \cos\theta \pm \frac{D}{h}\sin\theta \tag{4-24}$$

式中　E_φ——倾斜面上 P 点的照度，lx；

　　　E_h——水平面上 P 点的照度，lx；

　　　h——光源至水平面上的计算高度，m；

　　　D——光源在水平面上的投影至倾斜面与水平面交线的垂直距离，m；

　　　Ψ——比值。

式（4-24）中，正号表示图 4-9（a）中倾斜面的情况，负号表示图 4-9（b）倾斜面的情况。Ψ 值可以通过查 Ψ 与 D/h 的曲线获取。

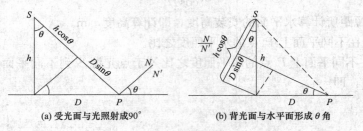

(a) 受光面与光照射成90°　　　　　(b) 背光面与水平面形成 θ 角

图 4-9　点光源倾斜照度

（6）多光源下的某点照度计算。

在多光源照射下在水平面或倾斜面上的某点照度分别由式（4-25）及式（4-26）计算：

$$E_{h\Sigma} = E_{h1} + E_{h2} + \cdots + E_{hn} = \sum_{i=1}^{n} E_{hi} \tag{4-25}$$

$$E_{\varphi\Sigma} = E_{\varphi1} + E_{\varphi2} + \cdots + E_{\varphi n} = \psi_1 E_{h1} + \psi_2 E_{h2} + \cdots + \psi_n E_{hn} = \sum_{i=1}^{n} \psi_i E_{hi} \tag{4-26}$$

式中　$E_{h\Sigma}$——多光源照射下在水平面上某点的总照度，lx；

　　　E_{hi}——各光源照射下在水平面上的某点照度，lx；

　　　$E_{\varphi\Sigma}$——各光源照射下在倾斜面上某点的总照度，lx；

　　　$E_{\varphi i}$——各光源照射下在倾斜面上某点的照度，lx。

3. 点光源应用空间等照度曲线的照度计算

在采用旋转对称配光的灯具的场所，若已知计算高度度 h 和计算点到灯具间的水平距离 D，就可直接从"空间等照度曲线"图上查得该点的水平面照度值，图 4-10 是型号为 RJ-GC888-D8-B（400W）型工矿灯具（内装 400W 金属卤化物灯）的空间等照度曲线。但由于曲线是按光源光通量为 1000lm 绘制的，因此所查得的照度值是"假设水平照度 ε"，还必须按实际光通量进行换算，换算的时候还要考虑灯具的维护系数。

如果灯具中光源总光通量为 Φ，灯具维护系数为 K，则计算点处的实际水平照度为

$$E_h = \frac{\Phi \varepsilon K}{1000} \tag{4-27}$$

则计算点的垂直平面上的照度为

$$E_v = \frac{D}{h} E_h \tag{4-28}$$

计算点的倾斜面上的照度为

$$E_\varphi = E_h \left(\cos\theta \pm \frac{D}{h} \sin\theta \right) = \psi E_h \tag{4-29}$$

当有多个相同灯具投射到同一点时，其实际水平面照度可按式（4-30）计算

$$E_h = \frac{\Phi \sum \varepsilon K}{1000} \tag{4-30}$$

式中　Φ——光源的光通量，lm；

$\sum \varepsilon$——各灯（1000lm）对计算点产生的水平照度之和，lx；

K——灯具的维护系数。

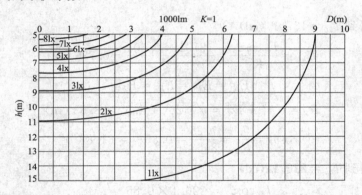

图 4-10　RJ-GC888-D8-B（400W）型工矿灯具（内装 400W 金属卤化物灯）空间等照度曲线

4. 计算示例

如图 4-11 所示，某机械加工车间长 24m，宽 13.5m，高 8.5m。内装有 8 只 RJ-GC888-D8-B 型工矿灯具，金属卤化物灯，功率为 400W，灯具计算高度为 $h=8$m，光源光通量 $\Phi=32\,000$lm，光源光强分布（1000lm）如表 4-26 所示。工作面距地 0.75m，灯具维护系数 $K=0.7$。试求 A 点的水平面照度值。

表 4-26　　　　　　　　　　　　　　　　　光源光强分布

θ (°)	0	2.5	7.5	12.5	17.5	22.5	27.5	32.5	37.5	42.5
I_θ (cd)	243.4	235.0	235.6	239.1	240.3	240.5	233.4	224.8	215.1	205.0
θ (°)	47.5	52.5	57.5	62.5	67.5	72.5	77.5	82.5	87.5	
I_θ (cd)	197.6	187.9	176.7	162.1	112.6	48.8	22.5	11.6	3.3	

解：
$$E_{h1} = E_{h2} = E_{h7} = E_{h8}$$
$$R_1 = \sqrt{h^2 + D_1^2} = \sqrt{7.25^2 + 9.6^2} = 12 \text{ (m)}$$
$$\cos\theta_1 = \frac{h}{R_1} = \frac{7.25}{12} = 0.604 \quad \theta_1 = 52.84 \text{ (°)}$$

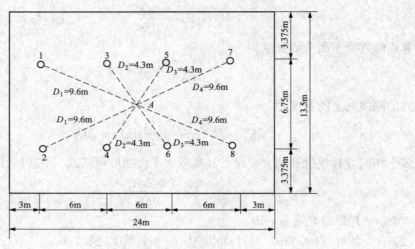

图 4-11　车间灯具平面布置

查表 4-26 得到 $I_{\theta 1}=187.1$（cd）

$$E_{h1}=\frac{I_{\theta 1}\cos\theta_1}{R_1^2}=\frac{187.1\times0.604}{12^2}=0.785\,(\text{lx})$$

$$E_{h3}=E_{h4}=E_{h5}=E_{h6}$$

$$R_2=\sqrt{h^2+D_2^2}=\sqrt{7.25^2+4.5^2}=8.53\,(\text{m})$$

$$\cos\theta_2=\frac{h}{R_2}=\frac{7.25}{8.53}=0.85\quad\theta_2=31.8\,(°)$$

查表 4-26 得到 $I_{\theta 2}=226.1$（cd）

$$E_{h3}=\frac{I_{\theta 2}\cos\theta_2}{R_2^2}=\frac{226.1\times0.85}{8.53^2}=2.64\,(\text{lx})$$

$$E_{h\sum}=4(E_{h1}+E_{h3})=4\times(0.785+2.64)=13.7\,(\text{lx})$$

$$E_{Ah}=\frac{\Phi E_{h\sum}K}{1000}=\frac{32\,000\times13.7\times0.7}{1000}=306.9\,(\text{lx})$$

4.3.4　线光源的点照度计算

所谓的线光源是指宽度比长度小得多的发光体。如前所述，线光源的长度 L 小于计算高度 h 的 1/4 时，按点光源进行照度计算，其误差小于 5%；当线光源的长度 $L\geqslant h/4$ 时，一般应按线光源进行点照度计算。线光源的点照度计算方法主要有方位系数法和应用线光源等照度曲线法，本章主要介绍方位系数法计算线光源的点照度。

1. 线光源光强分布曲线

线光源的光强分布常用两个平面上的光强分布曲线表示，一个平面通过线光源的纵轴（长轴），此平面上的光强分布曲线称为纵向（平行）平面光强分布曲线；另一个平面与线光源纵轴垂直，这个平面上的光强分布曲线称为横向（垂直）平面光强分布曲线，如图 4-12 所示。

（1）线光源的横向光强分布曲线一般由式（4-31）表示：

$$I_\theta=I_0 f(\theta)\qquad\qquad(4\text{-}31)$$

式中　I_θ——θ 方向上的光强；

　　　I_0——在线光源发光面法线方向上的光强。

（2）线光源的纵向光强分布曲线可能是不同的，但任一种线光源在通过光源纵轴的各个平面上的光强分布曲线，具有相似的形状，可由式（4-32）表示

$$I_{\theta\cdot\alpha}=I_{\theta\cdot 0}f(\alpha) \tag{4-32}$$

式中　$I_{\theta\cdot\alpha}$——与通过纵轴的对称平面成 α 角，与垂直于纵轴的对称平面成 α 角方向上的光强；

　　　$I_{\theta\cdot 0}$——在 θ 平面上垂直于光源轴线方向的光强（θ 平面是通过光源的纵轴而与通过纵轴的垂直面成 θ 夹角的平面）。

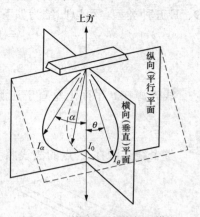

图 4-12　线光源的纵向和横向
光强分布曲线

实际应用的各种线光源的纵轴向光强分布，可由下列五类相对光强分布公式表示

A 类：
$$I_{\theta\cdot\alpha}=I_{\theta\cdot 0}\cos\alpha \tag{4-33}$$

B 类：
$$I_{\theta\cdot\alpha}=I_{\theta\cdot 0}\left(\frac{\cos\alpha+\cos^2\alpha}{2}\right) \tag{4-34}$$

C 类：
$$I_{\theta\cdot\alpha}=I_{\theta\cdot 0}\cos^2\alpha \tag{4-35}$$

D 类：
$$I_{\theta\cdot\alpha}=I_{\theta\cdot 0}\cos^3\alpha \tag{4-36}$$

E 类：
$$I_{\theta\cdot\alpha}=I_{\theta\cdot 0}\cos^4\alpha \tag{4-37}$$

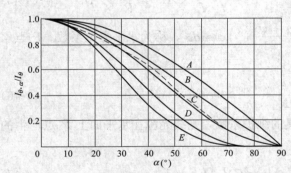

图 4-13　纵向平面五类相对光强分布曲线

图 4-13 描述的是上述 5 类纵向平面相对光强分布曲线，反映了不同类型线光源在平行面上光强的分布特点，图中曲线 A 对应的光源类型为简式或加磨砂玻璃的荧光灯，曲线 B、C 对应的光源类型为浅格栅类型的荧光灯，曲线 D、E 对应深格栅类型荧光灯。

理论光强分布实质上是使得线光源的照度计算标准化。一种实际的线状光源应用时，首先应确定其光强分布属于哪一类，然后再利用标准化的计算资料可使计算大为简化。图中虚线表示的是一个实际线光源光强分布曲线，可认为它属于 C 类。

2. 方位系数法

所谓方位系数法是将线光源分作无数段发光元 $\mathrm{d}x$，并计算出它在计算点处产生的照度。由于 $\mathrm{d}x$ 在计算点处产生的照度是随其位置而不同，因此，需采用角度坐标来表示 $\mathrm{d}x$ 的位置，然后积分求出整条线光源在计算点处产生的总照度，方位系数法是计算线光源直射照度的常用计算方法。

（1）线光源在水平面 P 点上的照度计算。

如图 4-14 所示，计算点 P 为水平面上的一点，且 P 与线光源一端 A 对齐，水平面的法线与入射光平面 APB（θ 平面）成 β 角。如前所述，线光源的纵向光强分布具有 A、B、C、

D、E 五种类型，可以归结为如下两种表达式：

$$I_{\theta\cdot\alpha}=I_{\theta\cdot0}\,\cos^n\alpha \qquad (n=1、2、3、4) \tag{4-38}$$

$$I_{\theta\cdot\alpha}=I_{\theta\cdot0}\left(\frac{\cos\alpha+\cos^2\alpha}{2}\right)$$

线光源在 θ 平面上垂直于光源轴线 AB 方向的单位长度光强为

$$I'_{\theta\cdot0}=\frac{I_{\theta\cdot0}}{l} \tag{4-39}$$

整个线光源在 P 点的法线照度为

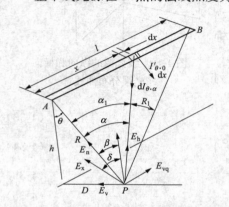

$$E_n=\frac{I_{\theta\cdot0}}{lR}\int_0^{\alpha_1}\cos^n\alpha\cos\alpha d\alpha \tag{4-40}$$

或 $$E_n=\frac{I_{\theta\cdot0}}{lR}\int_0^{\alpha_1}\left(\frac{\cos\alpha+\cos^2\alpha}{2}\right)\cos\alpha d\alpha \tag{4-41}$$

由图 4-14 可知：

$$R=\sqrt{h^2+D^2} \tag{4-42}$$

$$\alpha_1=\arctan\frac{l}{\sqrt{h^2+D^2}} \tag{4-43}$$

$$\theta=\arctan\frac{D}{h} \tag{4-44}$$

图 4-14　线光源在 P 点产生的法线照度

因此 $$E_n=\frac{I_{\theta\cdot0}}{l\cdot R}\times AF=\frac{I'_{\theta\cdot0}}{R}\times AF \tag{4-45}$$

式中，$AF=\int_0^{\alpha_1}\cos^n\alpha\cos\alpha d\alpha$ 或 $AF=\int_0^{\alpha_1}\left(\frac{\cos\alpha+\cos^2\alpha}{2}\right)\cos\alpha d\alpha$ ，称为水平方位系数。P 点水平面照度 E_h 可根据照度矢量计算求出：

$$E_h=\frac{I_{\theta\cdot0}}{l\cdot R}\times AF\times\frac{h}{R}=\frac{I'_{\theta\cdot0}}{h}\times\cos^2\theta\times AF \tag{4-46}$$

考虑到灯具的光通量并非 1000lm 及灯具的维护系数，则线光源在水平面上 P 点产生的实际水平照度为

$$E_h=\frac{\Phi I'_{\theta\cdot0}K}{1000h}\times\cos^2\theta\times AF \tag{4-47}$$

式中　$I_{\theta\cdot0}$——长度为 l，光通量为 1000lm 的线光源在 θ 平面上垂直于轴线的光强，cd；

　　　$I'_{\theta\cdot0}$——线光源光通量为 1000lm 时，在 θ 平面上垂直于轴线的单位长度光强，cd/m；

　　　Φ——光源光通量，lm；

　　　l——线光源长度，m；

　　　h——线光源在计算水平面上的计算高度，m；

　　　D——线光源在水平面上的投影至计算点 P 的距离，m；

　　　AF——水平方位系数，如表 4-27 所示；

　　　K——灯具的维护系数。

表 4-27　　　　　　　　　　　　　水平方位系数 AF

α (°)	照明器类别					α (°)	照明器类别				
	A	B	C	D	E		A	B	C	D	E
0	0.000	0.000	0.000	0.000	0.000	35	0.541	0.526	0.511	0.484	0.460
1	0.017	0.017	0.017	0.018	0.018	36	0.552	0.537	0.520	0.492	0.466
2	0.035	0.035	0.035	0.035	0.035	37	0.564	0.546	0.528	0.499	0.472
3	0.052	0.052	0.052	0.052	0.052	38	0.574	0.556	0.538	0.506	0.478
4	0.070	0.070	0.070	0.070	0.070	39	0.585	0.565	0.546	0.513	0.438
5	0.087	0.087	0.087	0.087	0.087	40	0.596	0.575	0.554	0.519	0.488
6	0.105	0.104	0.104	0.104	0.104	41	0.606	0.584	0.562	0.525	0.492
7	0.122	0.121	0.121	0.121	0.121	42	0.615	0.591	0.569	0.530	0.496
8	0.139	0.138	0.138	0.138	0.137	43	0.625	0.598	0.576	0.535	0.500
9	0.156	0.155	0.155	0.155	0.154	44	0.634	0.608	0.583	0.540	0.504
10	0.173	0.172	0.172	0.171	0.170	45	0.643	0.616	0.589	0.545	0.507
11	0.190	0.189	0.189	0.187	0.186	46	0.652	0.623	0.595	0.549	0.510
12	0.206	0.205	0.205	0.204	0.202	47	0.660	0.630	0.601	0.553	0.512
13	0.223	0.222	0.221	0.219	0.218	48	0.668	0.637	0.606	0.556	0.515
14	0.239	0.238	0.237	0.234	0.233	49	0.675	0.643	0.612	0.560	0.517
15	0.256	0.254	0.253	0.250	0.248	50	0.683	0.649	0.616	0.563	0.519
16	0.272	0.270	0.269	0.265	0.262	51	0.690	0.655	0.566	0.566	0.521
17	0.288	0.286	0.284	0.280	0.276	52	0.697	0.661	0.625	0.568	0.523
18	0.304	0.301	0.299	0.295	0.290	53	0.703	0.666	0.629	0.571	0.524
19	0.320	0.316	0.314	0.309	0.303	54	0.709	0.671	0.633	0.573	0.525
20	0.335	0.332	0.329	0.322	0.316	55	0.712	0.675	0.636	0.575	0.527
21	0.351	0.347	0.343	0.336	0.329	56	0.720	0.679	0.639	0.577	0.528
22	0.366	0.361	0.357	0.349	0.341	57	0.726	0.684	0.642	0.578	0.528
23	0.380	0.375	0.371	0.362	0.353	58	0.731	0.688	0.645	0.580	0.529
24	0.396	0.390	0.385	0.374	0.364	59	0.736	0.691	0.647	0.581	0.530
25	0.410	0.404	0.398	0.386	0.375	60	0.740	0.695	0.650	0.582	0.530
26	0.424	0.417	0.410	0.398	0.386	61	0.744	0.698	0.652	0.583	0.531
27	0.438	0.430	0.423	0.409	0.396	62	0.748	0.701	0.654	0.584	0.531
28	0.452	0.443	0.435	0.420	0.405	63	0.752	0.703	0.655	0.585	0.532
29	0.465	0.456	0.447	0.430	0.414	64	0.756	0.706	0.657	0.586	0.532
30	0.478	0.473	0.458	0.440	0.423	65	0.759	0.708	0.658	0.589	0.532
31	0.491	0.480	0.449	0.450	0.431	66	0.762	0.710	0.659	0.587	0.533
32	0.504	0.492	0.480	0.459	0.439	67	0.764	0.712	0.660	0.587	0.533
33	0.517	0.504	0.491	0.468	0.447	68	0.767	0.714	0.661	0.588	0.533
34	0.529	0.515	0.501	0.476	0.454	69	0.769	0.716	0.662	0.588	0.533

α (°)	照明器类别					α (°)	照明器类别				
	A	B	C	D	E		A	B	C	D	E
70	0.772	0.718	0.663	0.588	0.533	81	0.784	0.725	0.667	0.589	0.533
71	0.774	0.719	0.664	0.588	0.533	82	0.785	0.725	0.667	0.589	0.533
72	0.776	0.720	0.664	0.589	0.533	83	0.785	0.725	0.667	0.589	0.533
73	0.778	0.721	0.665	0.589	0.533	84	0.785	0.725	0.667	0.589	0.533
74	0.779	0.722	0.665	0.589	0.533	85	0.786	0.725	0.667	0.589	0.533
75	0.780	0.723	0.666	0.589	0.533	86	0.786	0.725	0.667	0.589	0.533
76	0.781	0.723	0.666	0.589	0.533	87	0.786	0.725	0.667	0.589	0.533
77	0.782	0.724	0.666	0.589	0.533	88	0.786	0.725	0.667	0.589	0.533
78	0.782	0.724	0.666	0.589	0.533	89	0.786	0.725	0.667	0.589	0.533
79	0.783	0.724	0.666	0.589	0.533	90	0.786	0.725	0.667	0.589	0.533
80	0.784	0.725	0.666	0.589	0.533						

（2）在垂直于线光源轴线的平面上 P 点的照度计算。

在图 4-14 中 P 点的照度 E_{vq} 为

$$E_{vq} = \frac{I_{\theta \cdot 0}}{lR} \int_0^{\alpha2} \cos^n\alpha \sin\alpha d\alpha \qquad (4\text{-}48)$$

或

$$E_n = \frac{I_{\theta \cdot 0}}{lR} \int_0^{\alpha2} \left(\frac{\cos\alpha + \cos^2\alpha}{2} \right) \sin\alpha d\alpha \qquad (4\text{-}49)$$

因此，

$$E_{vq} = \frac{I_{\theta \cdot 0}}{l \cdot R} \times \alpha f = \frac{I'_{\theta \cdot 0}}{h} \times \cos\theta \times \alpha f \qquad (4\text{-}50)$$

考虑到灯具的光通量并非 1000lm 及灯具的维护系数，则线光源在 P 点的照度为

$$E_h = \frac{\Phi I'_{\theta \cdot 0} K}{1000h} \times \cos\theta \times \alpha f \qquad (4\text{-}51)$$

式中 αf——水平方位系数，如表 4-28 所示。

表 4-28 垂直方位系数 αf

α (°)	照明器类别					α (°)	照明器类别				
	A	B	C	D	E		A	B	C	D	E
0	0.000	0.000	0.000	0.000	0.000	9	0.012	0.012	0.012	0.012	0.012
1	0.000	0.000	0.000	0.000	0.000	10	0.015	0.015	0.015	0.015	0.016
2	0.001	0.001	0.001	0.001	0.001	11	0.018	0.018	0.018	0.018	0.018
3	0.001	0.001	0.001	0.001	0.001	12	0.022	0.021	0.021	0.021	0.021
4	0.002	0.002	0.002	0.002	0.002	13	0.025	0.025	0.025	0.025	0.024
5	0.004	0.003	0.003	0.004	0.004	14	0.029	0.029	0.029	0.028	0.028
6	0.005	0.005	0.005	0.005	0.005	15	0.033	0.033	0.033	0.032	0.032
7	0.007	0.007	0.007	0.007	0.007	16	0.038	0.037	0.037	0.037	0.036
8	0.010	0.009	0.009	0.010	0.010	17	0.043	0.042	0.041	0.041	0.040

续表

α (°)	照明器类别					α (°)	照明器类别				
	A	B	C	D	E		A	B	C	D	E
18	0.048	0.047	0.046	0.046	0.044	55	0.335	0.302	0.270	0.223	0.188
19	0.053	0.052	0.051	0.049	0.049	56	0.344	0.309	0.275	0.226	0.189
20	0.059	0.057	0.056	0.055	0.054	57	0.352	0.315	0.279	0.228	0.190
21	0.064	0.063	0.062	0.060	0.058	58	0.360	0.321	0.283	0.230	0.192
22	0.070	0.068	0.067	0.065	0.063	59	0.367	0.327	0.287	0.232	0.193
23	0.076	0.074	0.073	0.071	0.068	60	0.375	0.333	0.291	0.234	0.194
24	0.083	0.081	0.079	0.076	0.073	61	0.383	0.339	0.295	0.236	0.195
25	0.089	0.087	0.085	0.081	0.078	62	0.390	0.344	0.299	0.238	0.195
26	0.096	0.093	0.091	0.087	0.083	63	0.397	0.349	0.302	0.239	0.196
27	0.103	0.100	0.097	0.092	0.088	64	0.404	0.354	0.305	0.241	0.197
28	0.110	0.107	0.104	0.098	0.093	65	0.410	0.359	0.308	0.242	0.197
29	0.118	0.113	0.110	0.104	0.098	66	0.417	0.364	0.311	0.243	0.198
30	0.125	0.120	0.116	0.109	0.103	67	0.424	0.368	0.313	0.244	0.198
31	0.321	0.127	0.123	0.115	0.108	68	0.430	0.372	0.315	0.245	0.199
32	0.140	0.135	0.130	0.121	0.112	69	0.436	0.377	0.318	0.246	0.199
33	0.148	0.142	0.136	0.126	0.117	70	0.442	0.381	0.320	0.247	0.199
34	0.156	0.149	0.431	0.132	0.122	71	0.447	0.384	0.322	0.247	0.199
35	0.165	0.157	0.150	0.137	0.126	72	0.452	0.387	0.323	0.248	0.199
36	0.173	0.164	0.156	0.143	0.131	73	0.457	0.391	0.323	0.248	0.200
37	0.181	0.172	0.163	0.148	0.135	74	0.462	0.394	0.326	0.249	0.200
38	0.190	0.180	0.170	0.154	0.139	75	0.466	0.396	0.327	0.249	0.200
39	0.198	0.187	0.177	0.159	0.143	76	0.470	0.399	0.328	0.249	0.200
40	0.207	0.195	0.183	0.164	0.147	77	0.474	0.401	0.329	0.249	0.200
41	0.216	0.203	0.190	0.169	0.151	78	0.478	0.404	0.330	0.250	0.200
42	0.224	0.210	0.196	0.174	0.155	79	0.482	0.406	0.331	0.250	0.200
43	0.233	0.218	0.203	0.179	0.158	80	0.485	0.408	0.331	0.250	0.200
44	0.242	0.224	0.209	0.183	0.162	81	0.488	0.410	0.332	0.250	0.200
45	0.250	0.232	0.215	0.188	0.165	82	0.490	0.411	0.332	0.250	0.200
46	0.259	0.240	0.221	0.192	0.168	83	0.492	0.412	0.332	0.250	0.200
47	0.267	0.247	0.227	0.196	0.171	84	0.494	0.413	0.333	0.250	0.200
48	0.276	0.254	0.233	0.200	0.173	85	0.496	0.414	0.333	0.250	0.200
49	0.285	0.262	0.239	0.204	0.176	86	0.498	0.415	0.333	0.250	0.200
50	0.293	0.268	0.244	0.207	0.178	87	0.499	0.416	0.333	0.250	0.200
51	0.302	0.276	0.250	0.211	0.180	88	0.499	0.416	0.333	0.250	0.200
52	0.310	0.282	0.255	0.214	0.182	89	0.450	0.416	0.333	0.250	0.200
53	0.319	0.289	0.260	0.217	0.184	90	0.450	0.416	0.333	0.250	0.200
54	0.327	0.296	0.265	0.220	0.186						

（3）各类光强分布的线光源方位系数公式。

各类光强分布的线光源方位系数公式如表 4-29 所示。

表 4-29　　　　　　　　　　　　各类光强分布的线光源方位系数公式

类型	$I_{\theta \cdot \alpha}/I_{\theta \cdot 0}$	AF	αf
A	$\cos\alpha$	$\dfrac{1}{2}(\sin\alpha\cos\alpha+\alpha)$	$\dfrac{1}{2}(1-\cos^2\alpha)$
B	$\dfrac{\cos\alpha+\cos^2\alpha}{2}$	$\dfrac{1}{4}(\sin\alpha\cos\alpha+\alpha)+\dfrac{1}{6}(\cos^2\alpha\sin\alpha+2\sin\alpha)$	$\dfrac{1}{4}(1-\cos^2\alpha)+\dfrac{1}{6}(1-\cos^3\alpha)$
C	$\cos^2\alpha$	$\dfrac{1}{3}(\cos^2\alpha\sin\alpha+2\sin\alpha)$	$\dfrac{1}{3}(1-\cos^3\alpha)$
D	$\cos^3\alpha$	$\dfrac{1}{4}(\cos^3\alpha\sin\alpha)+\dfrac{3}{8}(\cos\alpha\sin\alpha)$	$\dfrac{1}{4}(1-\cos^4\alpha)$
E	$\cos^4\alpha$	$\dfrac{1}{5}(\cos^4\alpha\sin\alpha)+\dfrac{4}{15}(\cos^2\alpha\sin\alpha+2\sin\alpha)$	$\dfrac{1}{5}(1-\cos^5\alpha)$

（4）特殊情况的计算。

1）不连续线光源的照度计算。

当线光源由间断的各段光源构成，各段光源的特性相同（即采用相同的灯具），并按同一轴线布置，而各段的间距 s 又不大时（见图 4-15），可以视为连续的线光源，并且可用前述的计算法计算照度。

不连续线光源按连续光源计算照度，当其距离 $s \leqslant h/(4\cos\theta)$ 时，误差小于 10%，但此时光强或单位长度光强应乘以一个修正系数 C，其计算式为

$$C=\frac{Nl'}{N(l'+s)-s} \tag{4-52}$$

式中　l'——各段光源（灯具）长度，m；

　　　s——各段光源（灯具）间的距离，m；

　　　N——整列光源中的各段光源（灯具）数量。

2）计算点不在线光源端部的照度计算。

在图 4-14 中，计算点 P 位于线光源的端部，如果计算点位于图 4-16 所示的 P_1 或 P_2 点上，则可采用将线光源分段或延长的方法，分别计算各段在该点所产生的照度，然后再求各段在该点照度的代数和。

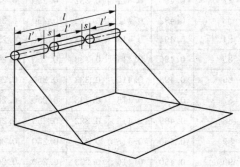

图 4-15　不连续线光源的照度计算

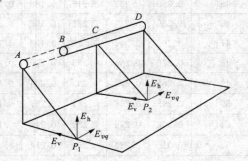

图 4-16　线光源照度的组合计算

P_1点	$E_{P1} = E_{AD} - E_{AB}$	(4-53)
P_1点	$E_{P1} = E_{BC} + E_{CD}$	(4-54)
	$E_{vq} = E_{vq \cdot CD}$	(4-55)

关系式中 E_{P1}、E_{P2}、E_{vq} 为计算点的实际照度，E_{AD}、E_{AB}、E_{BC}、E_{CD} 及 $E_{vq \cdot CD}$ 分别由 AD、AB、BC、CD 各段线光源在计算点上所产生的照度。

（5）应用方位系数法计算照度的步骤。

应用方位系数法进行线光源点照度的计算时，首先应根据光源的光强分布情况确定相对光强分布曲线，然后才能查表确定水平和垂直方向的方位系数，带入具体的计算公式进行计算。步骤总结如下：

1）求出光源（灯具）的 $I_{\theta \cdot \alpha} / I_{\theta \cdot 0} = f(\alpha)$，绘成曲线并与五类相对光强分布曲线比较，按最接近的相对光强分布曲线确定该光源光强分布曲线类型，并确定光源的单位光强。

2）根据第一步中确定的光源光强分布曲线类型，查水平方位系数与垂直方位系数的表格，确定方位系数 AF 和 αf 的值。

3）确定光源是否为连续光源，如果为不连续光源则应用表达式（4-52）求出修正系数，对光源的单位光强进行修正。

4）应用表达式（4-47）对线光源在水平面上与线光源一段对齐的点进行实际水平照度的计算。

5）如果计算点不在线光源的端部，则需要进行线光源的分段或延长的方法，对计算点的照度进行计算。

3. 计算示例

某精密装配车间尺寸为：长 10m、宽 5.4m、高 3.45m，且有吊顶，采用 TBS 869 D8H 型嵌入式高效 T5 格栅灯具（长 1195mm、宽 295mm、高 47mm），布置成两条光带，如图 4-17 及图 4-18 所示，试计算 0.75m 高处的 A 点及 B 点直射水平面照度。

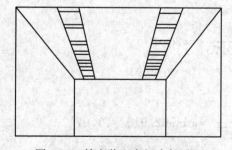

图 4-17　精密装配车间内部透视

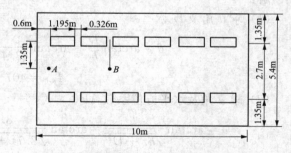

图 4-18　精密装配车间内灯具平面布置

TBS 869 D8H 型格栅灯具光强分布值如表 4-30～表 4-32 所示。光源功率为 $2 \times 28W$，光通量为 $2 \times 2625lm$。

表 4-30　　　　　　　　　　　TBS 869 D8H 型格栅灯光强值（B-B）

θ (°)	0	2.5	7.5	12.5	17.5	22.5	27.5	32.5	37.5	42.5
I_α (cd)	443	447	450	443	431	414	393	369	340	306
θ (°)	47.5	52.5	57.5	62.5	67.5	72.5	77.5	82.5	87.5	90
I_α (cd)	266	216	152	79	24	4	1	0	0	0

表 4-31　　　　　　　　　　**TBS 869 D8H 型格栅灯光强值 (A-A)**

θ (°)	0	2.5	7.5	12.5	17.5	22.5	27.5	32.5	37.5	42.5
I_θ (cd)	443	445	444	435	426	419	409	375	317	215
θ (°)	47.5	52.5	57.5	62.5	67.5	72.5	77.5	82.5	87.5	90
I_θ (cd)	97	24	4	2	1	0	0	0	0	0

表 4-32　　　　　　　　　　**TBS 869 D8H 型格栅灯光强相对值**

α (°)	0	12.5	22.5	32.5	42.5	52.5	62.5	72.5	82.5	90
$I_\alpha / I_{\alpha \cdot 0}$	1	1	0.935	0.833	0.691	0.487	0.178	0.009	0	0

将表中的数据绘成曲线，如图 4-19 中虚线所示，可近似认为 TBS 869 D8H 型格栅灯具属于 C 类灯具。

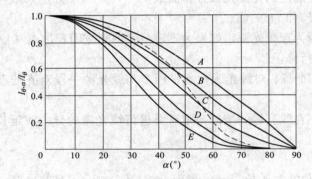

图 4-19　纵向平面五类相对光强分布曲线

解：

（1）求 θ 角及 $I_{\theta \cdot 0}$。

$$\theta = \arctan \frac{D}{h} = \arctan \frac{1.35}{(3.45 - 0.75)} = 26.6 (°)$$

$$I_{\theta \cdot 0} = 407 \, (\text{cd})$$

（2）求 α 角及水平方位系数 AF。

$$\alpha = \arctan \frac{l}{\sqrt{h^2 + D^2}} = \arctan \frac{8.8}{\sqrt{2.7^2 + 1.35^2}} = \arctan 2.915 = 71.07°$$

由表 4-27 中查出 $AF = 0.664$。

由于灯具的布置是非连续的，间距 s 为 0.326m，则

$$\frac{h}{4\cos\theta} = \frac{2.7}{4 \times 0.895} = 0.75 \, (\text{m})$$

故　　　　　　　　　　　　　　　　$$s < \frac{h}{4\cos\theta}$$

（3）求光强 $I'_{\theta \cdot 0}$。

$$I'_{\theta \cdot 0} = C \frac{I_{\theta \cdot 0}}{l'} = \frac{N}{N(l' + s) - s} I_{\theta \cdot 0} = \frac{6 \times 407}{8.8} = 277.5 \, (\text{cd/m})$$

（4）求一条光带在 A 点产生的水平照度。

$$E'_{Ah} = \frac{\Phi I'_{\theta \cdot 0} K}{1000h} \times \cos^2\theta \times AF = \frac{2 \times 2625 \times 277.5 \times 0.8}{1000 \times 2.7} \times 0.895^2 \times 0.664 = 229.5 \, (\text{lx})$$

（5）A 点水平照度。

$$E_A = 2 \times E'_{Ah} = 2 \times 229.5 = 459 \, (\text{lx})$$

4.3.5　面光源的点照度计算

面光源是指光体的形状和尺寸在照明房间的顶棚上占有很大比例，并且已超出点光源、线光源所具有的形状概念。由灯具组成的整片发光面或发光顶棚等都可视为面光源。面光源的某点照度计算可将光源划分为若干个线光源或点光源，用相应的线光源照度计算法或点光源照度计算法分别计算后，再行叠加。

1. 矩形等亮度面光源的点照度计算

一个矩形面光源的长、宽分别与 a 和 b，亮度在各个方向都相等。光源的一个顶角在与光源平行的被照面上的投影为 P，如图 4-20 所示。

（1）水平面照度 E_h 的计算。

$$E_h = \frac{L}{2} \times \left(\frac{Y}{\sqrt{1+Y^2}} \arctan \frac{X}{\sqrt{1+Y^2}} + \frac{X}{\sqrt{1+X^2}} \arctan \frac{Y}{\sqrt{1+X^2}} \right) = Lf_h \quad (4\text{-}56)$$

其中

$$X = \frac{a}{h}$$

$$Y = \frac{b}{h}$$

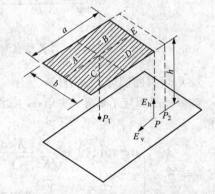

式中　E_h——与面光源平行的被照面上 P 点的水平
　　　　　　面照度，lx；

　　　L——光源的亮度，cd/m^2；

　　　h——光源到被照面的高度，m；

　　　f_h——立体角投影率，或称形状因数，可从

　　　　　　图 4-20 中查出。

如果计算点并非位于矩形光源顶点的投影上，则　　图 4-20　矩形等亮度面光源的点照度计算
其照度可由组合法求得。如图 4-20 所示，P_1 点的照度应为 A、B、C、D 四个矩形面光源分别对 P_1 点所形成的照度之和，即

$$E_{h \cdot P_1} = E_{h \cdot A_1} + E_{h \cdot B_1} + E_{h \cdot C_1} + E_{h \cdot D_1} \quad (4\text{-}57)$$

P_2 点的照度是 A、B、C、D、E 组成的矩形面光源对 P_2 点所形成的照度，减去矩形面光源 E 对 P_2 点所形成的照度，即

$$E_{h \cdot P_2} = E_{h \cdot (A+B+C+D+E)_2} - E_{h \cdot E \cdot 2} \quad (4\text{-}58)$$

（2）垂直面照度 E_v 的计算

$$E_{vP} = \frac{L}{2} \times \left[\arctan\left(\frac{1}{Y}\right) - \frac{Y}{\sqrt{X^2+Y^2}} \arctan \frac{1}{\sqrt{X^2+Y^2}} \right] = Lf_v \quad (4\text{-}59)$$

其中
$$X = \frac{a}{b}; \qquad Y = \frac{h}{b}$$

式中　E_{vP}——与光源平面垂直的被照面上 P 点的照度，lx；

　　　L——面光源的亮度，$\mathrm{cd/m^2}$；

　　　h——光源到被照面的高度，m；

　　　f_v——形状因数，可从图 4-21 中查出。

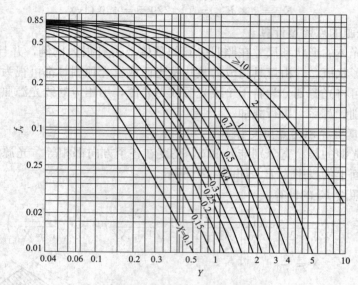

图 4-21　计算垂直面照度的形状因数 f_v 与 X、Y 的关系曲线

（3）倾斜面照度 E_φ 的计算。

如果被照面与光源有一夹角 φ，如图 4-22 所示，则被照面上 P 点的照度 $E_{\varphi P}$ 可由式（4-60）求得

$$
E_{\varphi P} = \frac{L}{2} \times \left\{
\begin{array}{l}
\arctan\left(\dfrac{1}{Y}\right) + \dfrac{X\cos\varphi - Y}{\sqrt{X^2 + Y^2 - 2XY\cos\varphi}}\arctan\dfrac{1}{\sqrt{X^2 + Y^2 - 2XY\cos\varphi}} + \\[3mm]
\dfrac{\cos\varphi}{\sqrt{1 + Y^2\sin^2\varphi}}\left[\arctan\dfrac{X - Y\cos\varphi}{\sqrt{1 + Y^2\sin^2\varphi}} + \arctan\dfrac{Y\cos\varphi}{\sqrt{1 + Y^2\sin^2\varphi}}\right]
\end{array}
\right\} = L f_\varphi
$$

$$（4\text{-}60）$$

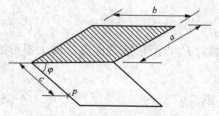

图 4-22　倾斜面的点照度计算

其中　　　　　　　$X = \dfrac{a}{b}\quad Y = \dfrac{c}{b}$

式中　$E_{\varphi P}$——与面光源成 φ 角的倾斜被照面上 P 点的照度，lx；

　　　L——面光源的亮度，$\mathrm{cd/m^2}$；

　　　c——P 点到面光源与倾斜面交线的距离，m；

　　　f_φ——形状因数，当 $\varphi = 30°$ 时可从图 4-23 中查出。

2. 计算示例

（1）一房间平面尺寸为 7m×15m，净高 5m，在顶棚正中布置一表面亮度为 $500\mathrm{cd/m^2}$ 的发光天棚，亮度均匀，其尺寸为 5m×13m，如图 4-24 所示。求房间正中 P_1 点处和发光天

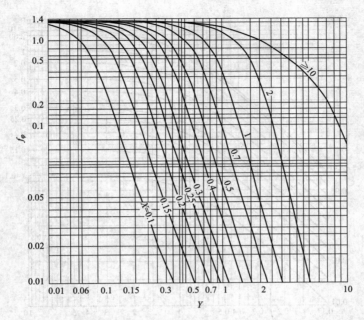

图 4-23 计算倾斜面照度的形状因数 f_φ 与 X、Y 的关系曲线（$\varphi = 30°$）

棚一顶点投影为 P_2 点的照度（假定不考虑室内反射光）。

解： 1）求房间正中 P_1 点的照度 $E_{h \cdot P1}$，根据式（4-57）得

$$E_{h \cdot P1} = E_{h \cdot A1} + E_{h \cdot B1} + E_{h \cdot C1} + E_{h \cdot D1} = 4E_{h \cdot A1}$$

对于矩形 A

$$X = \frac{a}{h} = \frac{6.5}{5} = 1.3$$

$$Y = \frac{b}{h} = \frac{2.5}{5} = 0.5$$

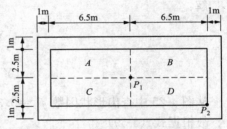

图 4-24 矩形面光源的点照度计算示例

从图 4-25 中查出形状因数 $f_h = 0.31$。

故根据式（4-56）得

$$E_{h \cdot P1} = 4L \cdot f_h = 4 \times 500 \times 0.31 = 620 \text{ (lx)}$$

2）求 P_2 点的照度 $E_{h \cdot P2}$。

$$X = \frac{a}{h} = \frac{6.5 \times 2}{5} = 2.6$$

$$Y = \frac{b}{h} = \frac{2.5 \times 2}{5} = 1$$

从图 4-21 中查出形状因数 $f_h = 0.54$。

故根据式（4-56）得

$$E_{h \cdot P2} = L \cdot f_h = 500 \times 0.54 = 270 \text{ (lx)}$$

（2）图 4-20 中的矩形面光源 $a = 6\text{m}$，$b = 6\text{m}$，$h = 3\text{m}$，光源表面亮度为 500cd/m^2，求 P 点垂直照度 E_v。

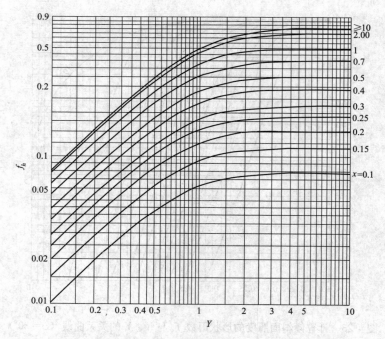

图 4-25 计算水平面照度的形状因数 f_h 与 X、Y 的关系曲线

解：

$$X = \frac{a}{b} = \frac{6}{6} = 1$$

$$Y = \frac{h}{b} = \frac{3}{6} = 0.5$$

从图 4-25 中查出形状因数 $f_v = 0.39$。

故根据式（4-59）得

$$E_{vP} = L f_v = 500 \times 0.39 = 195 \text{（lx）}$$

4.3.6 平均球面照度与平均柱面照度的计算

在不进行视觉作业的区域或只有少量视觉作业的房间，如大多数公共建筑（剧院、商店、会议室等）以及居室等生活用房，往往用人的容貌是否清晰、自然等条件来评价照明效果。在这些场所计算水平面上的照度没有多大实际意义，这些场所的照明效果用空间照度或垂直面照度来评价可能更好。平均球面照度与平均柱面照度就是用来表示空间照度和垂直面照度的量值。

1. 平均球面照度（标量照度）的计算

（1）平均球面照度。

平均球面强度是指位于空间某一点的一个假想小球表面上的平均照度。它表示该点的受照量而与入射光的方向无关，并且也不指明被照面的方向，因此平均球面照度也称标量照度，以符号 E_s 表示。

（2）空间一点的平均球面照度计算。

一个光强为 I 的点光源 O 与空间一点 P 的距离为 OP。假设围绕 P 点有一个半径为 r 的

小球，如图 4-26 所示，球面所截取的光通量等于半径为 r 圆盘所
截取的光通量，即

$$\Phi = \frac{\pi r^2 I}{(\overline{OP})^2} \qquad (4\text{-}61)$$

但是球的表面积为 $4\pi r^2$，所以点光源在 P 点产生的平均照
度为

$$E_s = \frac{\Phi}{4\pi r^2} = \frac{I}{4\,(\overline{OP})^2} \qquad (4\text{-}62)$$

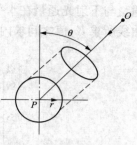

图 4-26　空间一点的平
均球面照度

而同一点的水平面照度为

$$E_h = \frac{I\cos\theta}{(\overline{OP})^2} \qquad (4\text{-}63)$$

式中　θ——点光源的入射方向与被照面法线之间的夹角。

当 $\theta = 0°$ 时，$\cos\theta = 1$，则

$$E_s = \frac{1}{4} E_h \qquad (4\text{-}64)$$

面光源对一点所产生的平均球面照度为

$$E_s = \frac{1}{4}\int L\,\mathrm{d}\Omega \qquad (4\text{-}65)$$

式中　L——面光源的元表面在被照点方向的亮度，cd/m^2；

　　　$\mathrm{d}\Omega$——面光源的元表面与被照点形成的立体角，sr。

对于均匀漫射光源，其表面亮度 l 为常数，故

$$E_s = \frac{1}{4} L\Omega \qquad (4\text{-}66)$$

式中　Ω——面光源与被照点形成的立体角，sr。

（3）室内平均球面照度的计算。

一个房间的标量照度平均值可用流明法进行计算。为此要先求出标量照度利用系数，然
后按照一般利用系数法计算平均标量照度。比较实用的方法是以水平面照度换算标量照度，
它既能用于室内平均标量照度的计算，又能用于计算空间一点的标量照度计算。换算公式
如下

$$E_s = E_h(K_s + 0.5\rho_\mathrm{f}) \qquad (4\text{-}67)$$

式中　E_s——标量照度，lx；

　　　E_h——水平面照度，lx；

　　　K_s——根据照明灯具的配光特性（BZ 分类）、房间比例和墙面平均反射率等参数得出
　　　　　的标量照度换算系数，查图 4-27；

　　　ρ_f——地板反射比。

在图 4-27 中有 BZ1-BZ10 及 C 两组曲线。对于没有上射光通量的直接型灯具及上射光
通比小于 25% 的半直接型灯具，根据它们下射光通量的光强分布先确定它与哪一种 BZ 配光
类型相近，然后以相应的 BZ 曲线求 K_s。如果照明灯具是间接型的，全部光通均向顶棚照
射，则用 C 曲线求 K_s。在这两种情况之间的均匀漫射型和半间接型灯具，要根据其上射光

通量与下射光通量在水平工作面上分别产生的照度占工作面总照度的比例，在 BZ 曲线、C 曲线所求 K_s 值之间求内插值。

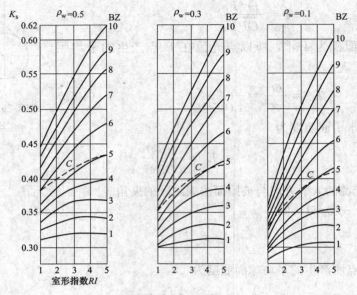

图 4-27 K_s 及 C 曲线

（4）E_s 与 E_h 的简易换算

对于浅色顶棚和墙面的房间，可以用表 4-33 的数据，将水平面照度直接换算成标量照度。

表 4-33   浅色顶棚和墙面的房间不同 ρ_f 值的 E_h/E_s 值

项目		$RI=1.0\sim1.6$			$RI=2.5$			$RI=4.0$		
直接、半直接照明	ρ_f	0.1	0.2	0.3	0.1	0.2	0.3	0.1	0.2	0.3
（BZ1~BZ3；25%上射光）	E_h/E_s	2.6	2.4	2.1	2.6	2.3	2.05	2.5	2.2	2.0
均匀漫射照明	ρ_f	0.1	0.2	0.3	0.1	0.2	0.3	0.1	0.2	0.3
（BZ4~BZ10；50%上射光）	E_h/E_s	2.3	2.2	1.9	2.2	2.0	1.8	2.1	1.9	1.7

2. 平均柱面照度的计算

（1）空间一点的平均柱面照度。

空间一点的平均柱面照度是指位于该点的一个假想小圆柱体侧面上平均照度，圆柱体的轴线与水平面垂直，圆柱体两个端面上接受的光忽略不计。因此它代表空间一点的垂直面平均照度，以符号 E_c 表示。

（2）空间一点的平均柱面照度计算。

光强为 I 的点光源与半径 r，长度为 l 的圆柱体相距 R（图 4-28），被圆柱侧面截取的光通量为

$$\Phi = 2lr\sin\theta\frac{I}{R^2} \tag{4-68}$$

式中 θ——圆柱轴线与光源方向之间的夹角，（°）；

$2lr\sin\theta$——圆柱侧面在光源方向上的投
影面积，m^2；

I——点光源的光强，cd；

R——点光源至计算点的距离，m。

所以点光源在圆柱体侧面上形成的平
均柱面照度 E_c 可由式（4-69）计算

$$E_c = \frac{2lr\sin\theta\dfrac{I}{R^2}}{2\pi lr} = \frac{I\sin\theta}{\pi R^2} \qquad (4\text{-}69)$$

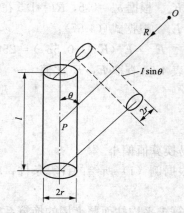

对于亮度为 L 的面光源，式（4-69）
应改为

$$E_c = \frac{1}{\pi}\int L\sin\theta \mathrm{d}\Omega \qquad (4\text{-}70)$$

图 4-28　空间一点的平均柱面照度

式中　L——面光源元表面在被照点方向上的亮度，cd/m^2；

　　$\mathrm{d}\Omega$——面光源元表面与被照点构成的立体角，sr；

　　θ——圆柱轴线与光源方向之间的夹角，(°)。

（3）室内平均柱面照度的计算。

一个房间或场地的平均柱面照度平均值也可以用流明法计算。为此要先求得平均柱面照
度利用系数，然后计算房间平均柱面照度，不过以类似室内平均球面照度的计算形式，由水
平面照度换算平均柱面照度比较实用简便，其公式如下：

$$E_c = E_h(K_c + 0.5\rho_f) \qquad (4\text{-}71)$$

式中　E_c——平均柱面照度，lx；

　　E_h——水平面照度，lx；

　　K_c——换算系数，$K_c = 1.5K_s - 0.25$；

　　K_s——标量照度换算系数，见式（4-67）；

　　ρ_f——地板空间反射比。

3. 计算示例

（1）某无窗厂房长 10m，宽 6m，高 3.3m。室内表面反射比分别为：顶棚 0.7，墙面
0.5，地面 0.2。采用 JFC42848 型灯具照明，其利用系数如表 4-34 所示。顶棚上均匀布置 6
个灯具，灯具吸顶安装，距地面 0.8m 高的工作面上的平均照度约为 256lx，求该厂房的平均
标量照度。

表 4-34　　　　　　　　**BN208C 高效节能型 LED 灯光强值（A-A）**

$\theta(°)$	0	5	15	25	35	45	55	65	75	85
I_θ(cd)	361	360	398	433	389	198	46	19	12	9
$\theta(°)$	95	105	115	125	135	145	155	165	175	180
I_θ(cd)	12	4	3	2	2	3	4	8	10	8

解：1）计算室形指数 RI。根据 RI 计算公式得

$$RI = \frac{lb}{h_r(l+b)} = \frac{10 \times 6}{(3.3 - 0.8) \times (10 + 6)} = 1.5$$

2）求 K_s。根据 $\rho_w=0.5$，$RI=1.5$ 在图 4-23 的 BZ5 曲线（直接型灯具）上查得 $K_s=0.375$。

3）求 E_s。根据式（4-67）：

$$E_s=E_h(K_s+0.5\rho_f)=256\times(0.375+0.5\times0.2)=121.6\,(\text{lx})$$

4）由表 4-33 查取 E_h/E_s 比值

$$E_h/E_s=2.2$$

$$E_s=\frac{E_h}{2.2}=116.4\,(\text{lx})$$

故简易换算值偏小。

（2）根据例（1）所给的计算条件，求该厂房的平均柱面照度。

解：

1）计算求平均柱面照度用的换算系数 K_c。

$$K_c=1.5K_s-0.25=1.5\times0.375-0.25=0.313$$

2）根据式（4-70）计算厂房的平均柱面照度 E_c。

$$E_c=E_h(K_c+0.5\rho_f)=256\times(0.313+0.5\times0.2)=105.7\,(\text{lx})$$

故该厂房的平均柱面照度为 105.7lx。

4.3.7　投光灯照度的计算

对体育场、广场、公路立体交叉桥、货场、汽车停车场、铁路调车场、码头等处的大面积场地，以及公园内的景物和建筑物的立面，一般采用投光灯照明，要求在所需要的平面上或垂直面上达到规定的照度值。

与室内照明相同，在确定设计方案时，可采用单位面积容量法估算照明用电容量。在初步设计时，采用平均照度法计算。在施工设计时，采用点照度计算法计算。本节主要介绍单位面积容量法和平均照度法进行投光灯照度的计算。

1. 单位面积容量的计算

单位面积容量的基本计算公式如下：

$$N=\frac{PA}{P_L} \tag{4-72}$$

$$P=\frac{P_T}{A}=\frac{NP_L}{A} \tag{4-73}$$

式中　N——投光灯盏数；

　　　P——单位面积功率，W/m^2；

　　　P_L——每台投光灯的功率，W；

　　　P_T——投光灯的总功率，W；

　　　A——被照面的面积，m^2。

但

$$N=\frac{E_{av}A}{\Phi UK}=\frac{E_{min}A}{\Phi_1\eta UU_1K} \tag{4-74}$$

式中　E_{av}——被照水平面上的平均照度，lx；

　　　E_{min}——被照水平面上的最低照度，lx；

　　　K——灯具维护系数，一般取 0.70～0.65；

Φ——投光灯的光通量，lm；

Φ_1——投光灯中光源的光通量，lm；

η——灯具效率；

U——利用系数；

U_1——照度均匀度。

综合式（4-73）和式（4-74），单位面积功率可用式（4-75）求出

$$P=\frac{P_L E_{min}}{\Phi_1 \eta U U_1 K}=\frac{E_{min}}{\eta_1 \eta U U_1 K}=mE_{min} \tag{4-75}$$

$$m=\frac{1}{\eta_1 \eta U U_1 K} \tag{4-76}$$

式中　η_1——光源的光效率，lm/W。

为简化计算，按照 $\eta=0.75$、$U=0.7$、$U_1=0.75$、$K=0.7$，给出不同光源的 m 值，如表 4-35 所示。

表 4-35　　　　　　　　　不同光源的 m 值

光源种类	LED 灯	金属卤化物灯	陶瓷金卤灯	高压钠灯	农用高压钠灯
m	0.036	0.045	0.040	0.030	0.026

2. 平均照度的计算

（1）平均照度计算公式。

$$E_{av}=\frac{N\Phi_1 U\eta K}{A} \tag{4-77}$$

式中　E_{av}——被照面上的水平平均照度，lx；

N——投光灯盏数；

Φ_1——投光灯中光源的光通量，lm；

U——利用系数；

η——灯具效率；

A——被照面的面积，m^2；

K——灯具维护系数，一般取 0.70～0.65。

（2）利用系数 U。

光源的光通量入射到工作面上的百分比称为利用系数。为了便于计算，可根据光通量全部入射到被照面上的投光灯盏数占总盏数的百分比，从表 4-36 中选取利用系数。

表 4-36　　　　　　　　　利用系数 U 值选择表

光通量全部入射到被照面上的投光灯盏数占总盏数的百分比（%）	U
80 及其以上	0.9
60 及其以上	0.8
40 及其以上	0.7
20 及其以上	0.6
20 以下	0.5

3. 计算示例

（1）某铁路站场 $A = 15\ 000\text{m}^2$，$E_{\min} = 5\text{lx}$，采用 400W 金属卤化物灯，求总功率和灯数。

解：由式（4-73）和式（4-75）以及表 4-35 得

$$P_T = PA = mE_{\min}A = 0.045 \times 5 \times 15\ 000 = 3375\ (\text{W})$$

又根据式（4-72）得

$$N = \frac{PA}{P_L} = \frac{3375}{400} = 8.4$$

可选用 8 套灯。

（2）采用 NTC9200A 型投光灯，安装 1000W 金属卤化物灯（$\Phi_1 = 2\ 000\ 00\text{lm}$），灯具效率 $\eta = 0.667$ 安装高度为 21m，被照面积为 10 000m²。当安装 8 盏投光灯，且有 4 盏投光灯的光通量全部入射到被照面上时，求其平均照度值。

解：由式（4-76）得

$$E_{av} = \frac{N\Phi_1 U\eta K}{A} = \frac{8 \times 200\ 000 \times 0.7 \times 0.667 \times 0.7}{10\ 000} = 52.3\text{lx}$$

思 考 题

1. 什么是眩光系数？他是如何来评价不舒适眩光的？

2. 什么是利用系数？如何采用利用系数法求平均照度？

3. 什么是室形指数、室空间比？

4. 如何用单位容量法进行照度计算？

5. 照度计算中为什么要考虑维护系数？

6. 点光源产生的水平照度、垂直照度和倾斜面照度都如何计算？

7. 线光源的点照度计算中方位系数法的计算步骤是什么？

8. 矩形等亮度面光源的点照度计算方法是什么？

9. 室内平均球面照度的计算方法是什么？

10. 投光灯的平均照度怎么计算？

第5章 照明电气设计

为保证电光源正常、安全、可靠地工作，同时便于管理维护，又利于节约电能，就必须有合理的供配电系统和控制方式给予保证。为此，照明电气设计就成了照明设计中不可缺少的一部分。照明电气设计除符合照明光照技术设计标准中的有关规定外，必须符合电气设计规范（规程）中的有关规定。进行照明电气设计，必须了解相关知识，本章主要介绍照明种类、照明方式与灯具的布置方式、照明线路与设备的选择与计算等内容。

5.1 照 明 种 类

5.1.1 按照明的使用情况分类

1. 按使用情况的分类

在进行建筑电气设计时，除了考虑照度标准外，还需要考虑照明的种类。照明种类按照用途分为工作照明、事故照明、警卫值班照明、障碍照明和装饰照明等。

（1）工作照明。

能保证完成正常工作、看清周围物体等的照明，叫作工作照明，也可称为正常照明。工作照明又分为三种方式，即一般照明、局部照明和混合照明。

（2）应急照明。

因正常照明的电源失效而启用的照明。应急照明包括疏散照明、安全照明、备用照明。

1）备用照明是在当正常照明因电源失效后，可能会造成爆炸、火灾和人身伤亡等严重事故的场所，或停止工作将造成很大影响或经济损失的场所而设的继续工作用的照明，或在发生火灾时为了保证消防作用能正常进行而设置的照明。

2）安全照明是在正常照明因电源失效后，为确保处于潜在危险状态下的人员安全而设置的照明，如使用圆盘锯等作业场所。

3）疏散照明是在正常照明因电源失效后，为了避免发生意外事故，而需要对人员进行安全疏散时，在出口和通道设置的指示出口位置及方向的疏散标志灯和为照亮疏散通道而设置的照明。

（3）值班照明。

值班照明是在非工作时间里，为需要夜间值守或巡视值班的车间、商店营业厅、展厅等场所提供的照明。它对照度要求不高，可以利用工作照明中能单独控制的一部分，也可利用应急照明，对其电源没有特殊要求。

（4）警卫照明。

在重要的厂区、库区等有警戒任务的场所，为了防范的需要，应根据警戒范围的要求设置警卫照明。

（5）障碍照明。

在飞行区域建设的高楼、烟囱、水塔以及在飞机起飞和降落的航道上等，对飞机的安全起降可能构成威胁，应按民航部门的规定，装设障碍标志灯；船舶在夜间航行时航道两侧或中间的建筑物、构筑物等，可能危及航行安全，应按交通部门有关规定，在有关建筑物、构筑物或障碍物上装设障碍标志灯。障碍照明灯应采用能透雾的红光灯具，有条件时宜采用闪光照明灯。

（6）装饰照明。

为美化和装饰某一特定空间而设置的照明，叫作装饰照明。装饰照明以纯装饰为目的，不兼作工作照明。

2. 正常照明与应急照明的关系

在正常情况下采用的照明为正常照明，在非正常情况下暂时采用的照明为应急照明。当照明电源故障停电使正常照明无法工作或该环境中发生火灾时为非正常情况；当照明电源正常供电并且该环境无以上非正常情况发生时为正常情况。

（1）正常照明。

在有人活动的室内外场所均应设正常照明，在无人活动或很少有人活动的场所不需正常照明。正常照明为人们在夜晚造就一个舒适的光环境，也为白天自然光的不足做补充和完善。现代的正常照明设施不仅仅起照明作用，在很多场合里同时也作为装饰的一部分，起美化和装饰环境的作用。

正常照明需要提供电源才能照明，失去电源就失去照明。正常照明由电光源、灯具、控制开关和供配电设备与线路组成，正常照明要可靠存在，如果正常照明电源因故障停电后，备用电源应自动（或手动）接入照明回路供电。

（2）应急照明。

应急照明是因正常照明的电源失效而启用的照明。应急照明作为工业及民用建筑照明设施的一个部分，同人身安全和建筑物、设备安全密切相关。当电源中断，特别是建筑物内发生火灾或其他灾害而电源中断时，应急照明对人员疏散、保证人身安全，保证工作的继续进行、生产或运行中进行必需的操作或处置，以防止导致再生事故，都占有特殊地位。目前，国家和行业规范对应急照明都作了规定，随着技术的发展，对应急照明提出了更高要求。

涉及应急照明的规范众多，在国家和行业规范中对应急照明的分类和要求也不尽统一，GB 50034—2013《建筑照明设计标准》把应急照明分为疏散照明、安全照明、备用照明。疏散照明是用于确保疏散通道被有效地辨认和使用的应急照明；安全照明是用于确保处于潜在危险之中的人员安全的应急照明；备用照明是用于确保正常活动继续或暂时继续进行的应急照明。GB 50016—2014《建筑设计防火规范》把应急照明限定在防火方面，分为消防应急照明和疏散指示标志。消防应急照明包括疏散照明和备用照明，表示了对照明的要求。疏散指标表示对安全出口、疏散方向的标志、标识的要求。备用照明表示对消防值班室、消防风机房等火灾时仍需要工作的场所的照明要求。国际照明委员会（CIE）关于应急照明的技术文件把应急照明分为疏散照明和备用照明，其中，疏散照明包括逃生路线照明、开放区域照明（有些国家称为防恐慌照明）、高危作业区域照明。

所有应急照明都是重要照明，只是重要程度有区别，可分为特1级、1级和2级。应急照明的供电电源至少是两个，特1级应急照明应3个电源。

应急照明的正常电源在平时供给持续式应急照明工作，同时对备用电池充电和维持充电，因此该电源平时不可以人为切断。对应急照明中的备用电池和光源，应设置监视系统不断的自动监视电源的开路、短路和过载，监视光源的故障等异常情况，及时发现迅速处理，确保应急照明系统的可靠运行。

3. 正常照明和应急照明的区别

正常照明是大量的，长时间使用的，有质量标准，有节能和安全问题，有照明和装饰功能；应急照明是少量的，短时间使用的，但又是重要的，不可缺少的。正常情况下使用正常照明，不需要应急照明。在两种非正常情况下应急照明就会启动，第一种为故障等原因失去正常照明，第二种情况为人为切除正常照明。

重要的正常照明（指特1级、1级、2级照明）和应急照明是两个难以区分的照明。它们往往是同一套照明。如一栋高层办公楼内的变电所照明，它既是1级负荷的正常照明，又是应急备用照明。该照明一般为两路电源供电，一用一备，在配电箱处设置 ATS 自动切换装置，再加上有足够容量的电池电源作为第二备用电源（供给一部分照明，供电时间不小于2h），构成 EPS 电源。

5.1.2 按照明的目的分类

按照明的目的与处理手法的不同，还可分为明视照明和气氛照明两类。

1. 明视照明

照明的目的主要是保证照明场所的视觉条件，这是绝大多数照明系统所追求的。其处理手法要求工作面上有充分的亮度，亮度应均匀，尽量减少眩光，阴影要适当，光源的光谱分布及显色性要好等等。如教室、实验室、工厂车间、办公室等场所一般都属于明视照明。

2. 气氛照明

气氛照明也称为环境照明。照明的目的是为了给照明场所造成一定的特殊气氛。它与明视照明不能截然分开，气氛照明场所的光源，同时也兼起明视照明的作用，但其侧重点和处理手法往往较为特殊。气氛照明场所的亮度按设计的需要，有时故意用暗光线造成气氛；亮度不一定要求均匀，甚至有意采用亮、暗的强烈对比与变化的照明以造成不同的感觉，或用金属、玻璃等光泽物体，以小面积眩光造成魅力感；有时故意将阴影夸大，起着强调、突出的作用；或采用特殊颜色做色彩照明等夸张的手法。目前最为典型的是，建筑物的泛光照明、城市夜景照明、灯光雕塑等，这些照明不仅满足了视觉功能的需要，更重要的是获得了很好的气氛效果。

5.2 照明方式与灯具布置

5.2.1 照明方式

GB 50034—2013《建筑照明设计标准》中说明照明方式可分为一般照明、局部照明、混合照明和重点照明。

1. 一般照明

灯具比较规则布置在整个场地的照明方式称为一般照明。一般照明可使整个场地都能获得均匀的水平照度，适用于工作位置密度很大而对光照方向无特殊要求的场所，或受生产技术条件限制，不适合装设局部照明或不必采用混合照明的场所。如仓库、某些车间、办公室、教室、会议室、候车室、营业大厅等。

2. 分区一般照明

根据不同区域对照度要求不同的需要，分区采用一般照明的布置方式。如工作区照度要求比较高，灯具可以集中均匀布置，提高其照度值，其他区域可采用原来一般照明的布置方式。如车间的组装线、运输带、检验场地等均属此类。

3. 局部照明

为满足某些部位的特殊光照要求，在较小范围内或有限空间内，采用辅助照明设施的布置方式。如车间内机床灯、商店橱窗内的射灯、卧室内的台灯等。

4. 混合照明

由一般照明和局部照明共同组成的照明布置方式，是在一般照明的基础上再加强局部照明，有利于提高照度和节约能源。混合照明适宜于照度要求高、对照射方向有特殊要求、工作位置密度不大而采用单独设置一般照明不合理的场所。常用于商场、展览馆、医院、体育馆、车间等。

5. 重点照明

指用以强调某一特别目标物，或是引人注意视野中某一部分之一种方向性照明，也称"装饰照明"，是指定向照射空间的某一特殊物体或区域，以引起注意的照明方式。它通常被用于强调空间的特定部件或陈设，例如建筑要素、构架、衣橱、收藏品、装饰品及 艺术品，博物馆文物等。

GB 50034—2013《建筑照明设计标准》规定了确定照明方式的原则，即

（1）为照亮整个场所，均应采用一般照明；

（2）同一场所的不同区域有不同照度要求时，为节约能源，贯彻照度该高则高、该低则低的原则，应采用分区一般照明；

（3）对于部分作业面照度要求高，但作业面密度又不大的场所，若只采用一般照明，会大大增加安装功率，因而是不合理的，应采用混合照明方式，即增加局部照明来提高作业面照度，以节约能源，这样做在技术经济方面是合理的；

（4）在一个工作场所内，如果只采用局部照明会形成亮度分布不均匀，从而影响视觉作业，故不应只采用局部照明；

（5）在商场建筑、博物馆建筑、美术馆建筑等的一些场所，需要突出显示某些特定的目标，采用重点照明提高该目标的照度。

5.2.2 灯具布置

1. 灯具布置的要求

灯具的布置就是确定灯在房间内的空间位置。灯具的布置对照明质量有着重要的影响，光投方向、工作面上的照度及照度的均匀性、眩光、阴影等等，都直接与照明灯具的布置有关。灯具的布置是否合理还影响着光效以及照明装置的维修和安全。因此在布置照明灯具时，主要应考虑满足以下几方面的要求：

（1）满足有关规定及技术要求，如照度值、照度的均匀性等。

（2）满足工艺对照明方式的要求。

（3）眩光及阴影在控制范围内。

（4）维护维修方便、安全。

（5）节能、光效高。

（6）美观大方，与建筑空间或装饰风格相协调。

2. 灯具的平面布置和悬挂高度

（1）灯具的平面布置。

照明灯具的平面布置有均匀布置和选择布置两种。均匀布置：通常将同类型灯具按等分面积的形式布置成单一的几何图形，如直线型、矩形、菱形、角型、满天星型等，适用于要求整个工作面有均匀照度的场所。选择布置：根据工作场所对灯光的不同要求，选择布灯的方式和位置，这种布置能够选择最有利的光照方向和最大限度地避免工作面上的阴影。在室内设施布置为一定的情况下，灯具采用选择布置，除保证局部必要的照度外，还可以减少灯具的数量、节省投资和电能消耗。

室内灯具作一般照明用时，大部分采用均匀布置的方式，只在需要局部照明或定向照明时，才根据具体情况采用选择性布置。一般均匀照明常采用同类型灯具按等分面积来配置，排列形式应以眼睛看到灯具时产生的刺激感最小为原则。线光源多为按房间长的方向成直线布置；对工业厂房，应按工作场所的工艺布置，排列灯具。

（2）灯具的悬挂高度。

灯具的悬挂高度主要是考虑防止眩光，且注意防止碰撞和触电危险。为了防止眩光，保证照明质量，照明灯具距地面的最低悬挂高度应满足规范的规定。从电器的安全要求考虑，一般室内照灯具的高度不小于 2.4m，当低于这个高度时，应选用有封闭灯罩或带保护网的照明器。另外，灯具的安装高度还应保证人体活动所需的空间高度。

（3）灯具布置的合理性。

对于灯具布置是否合理，主要取决于室内照度的均匀度，照度的均匀度又取决于灯具的间距 L 和计算高度 h（灯具至工作面的距离）的比值 L/h（距高比）是否恰当。L/h 值小，照明的均匀度好，但经济性差；L/h 值过大，则不能保证得到规定的均匀度。因此，灯具间距 L 实际上可由最有利的 L/h 值来决定。

为了使整个照明场地的照度都较均匀，照明灯具离墙不能太远，一般要求靠边的灯具距墙面 $0 < (1/2 \sim 1/3)L$，当靠墙边有视看工作要求时，$D < L/3$ 且 $D \leqslant 0.75 \text{m}$。

为了使整个房间有较好的亮度分布，灯具的布置除选择合理的距高比外，还应注意灯具与天棚的距离（当采用上半球有光通分布的灯具时），当采用均匀漫射配光的灯具时，灯具与天棚的距离和工作面与天棚的距离之比宜在 0.2～0.5 范围内。

灯具的布置应配合建筑、结构形式、工艺设备、其他管道布置情况以及满足安全维修等要求。厂房内灯具一般应安装在屋架下弦，但在高大厂房中，为了节能及提高垂直照度，也可采用顶灯和壁灯相结合的形式，但不能只装壁灯而不装顶灯，造成空间亮度分布明暗悬殊，不利于视觉的适应。

对于民用公共建筑中，特别是大厅、商店等场所，不能要求照度均匀，而主要考虑装饰美观和体现环境特点，以多种形式的光源和灯具做不对称布置，造成琳琅满目的繁华活跃气氛。

5.3　照明电气设计概述

5.3.1　照明设计的主要内容

照明设计包括照明光照设计、照明控制设计和照明电气设计 3 部分内容。我们常说的照明设计通常指的是第一部分和第三部分，而随着照明技术的发展和用户的不同需求，照明控制设计也正逐步成为照明设计的主要内容之一，我们将在本书的第 7 章进行详细的介绍。本章所说的照明设计主要指代照明的光照设计和电气设计的部分。

照明设计包括室内照明（建筑照明）设计、室外照明设计。室外照明设计又包括城市道路照明设计、城市夜景照明（统称城市照明）设计及露天作业场地照明设计等，其范围列于图 5-1。

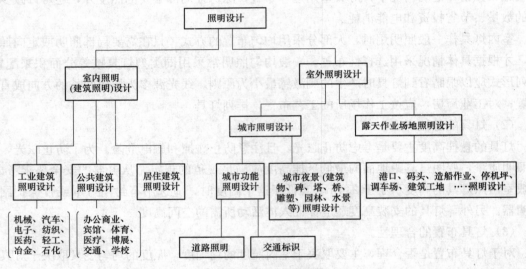

图 5-1　照明涉及的范围

光照设计即光学设计部分的内容主要包括照度的选择、光源的选用、灯具的选择和布置、照明计算、眩光评价、方案确定、照明控制策略和方式及其控制系统的组成，最终以文本、图样的形式将照明方案提供给甲方。电气设计部分的主要内容是依据光照设计确定的设计方案，照明负荷级别的确定、计算负荷、确定配电系统、选择开关、导线、电缆和其他电气设备、选择供电电压和供电方式、绘制灯具和线路平面布置图和系统图、汇总安装容量、主要设备和材料清单、编制概预算书等。

5.3.2　照明设计程序

1. 概述

工程设计通常包括初步设计和施工图设计两个阶段，有的还增加技术设计阶段。

照明设计程序主要包括以下三方面内容：

（1）收集照明设计所必要的资料和技术条件，包括工艺性质和生产、使用要求，建筑和结构状况，建筑装饰状况，建筑设备和管道布置情况；

（2）提出照明设计方案，进行各项计算，确定各项光学和电气参数，编写设计说明书；

（3）绘制施工图，编制材料明细表和工程概算，必要时按建设单位委托编制工程预算。下面以建筑照明为主进行具体叙述。

2. 收集资料，了解工艺生产、使用要求和建筑、结构情况

收集资料的主要内容列于表 5-1。

表 5-1   **收集资料的主要内容**

专业	收集资料主要内容	用途
工艺生产使用要求	生产、工作性质，视觉作业精细程度，作业和背景亮度，连续作业状况，作业面分布，工种分布情况，通道位置	一般照明或分区一般照明，确定照度标准值，是否要局部照明
	特殊作业或被照面的视觉要求	是否要重点照明（如商场）
	作业性质及对颜色分辨要求	定显色指数（R_a）、特殊显色指数（R_9）、光源色温
	作业性质及对限制眩光的要求	定眩光指数（UGR 或 GR）标准、灯具遮光角
	作业对视觉的其他要求	空间亮度、立体感等
	作业的重要性和不间断要求，作业对人的可能危险，建筑类型、使用性质、规模大小对灾害时疏散人员的要求	确定是否要应急照明（分别定疏散照明、备用照明、安全照明），定电源要求
	场所环境污染特征	确定维护系数
	场所环境条件：包括是否有多尘、潮湿、腐蚀性气体、高温、振动、火灾危险、爆炸危险等	灯具等的防护等级（IP X X）及防爆类型，防火、防腐蚀要求
	其他特殊要求，如体育场馆的彩电转播，博美馆的展示品、商场的模特，演播室、舞台等	确定特殊照明要求，如垂直照度、立体感、阴影等
建筑结构状况	建筑平面、剖面、建筑分隔、尺寸，主体结构、柱网、跨度、屋架、梁、柱布置，高度，屋面及吊顶情况	安排灯具布置方案，布灯形式及间距，灯具安装方式和高度
	室内通道状况，楼梯、电梯位置，避难层状况	设计通道照明、疏散照明（含疏散标志位置）
	墙、柱、窗、门、通道布置，门的开向	照明开关、配电箱布置
	建筑内装饰情况，顶、墙、地、窗帘颜色及反射比	按各表面反射比求利用系数
	吊顶、屋面、墙的材质和燃烧性能，防火分区状况	灯具及配线的防火要求
	建筑装饰特殊要求（高档次公共建筑），如对灯具的美观、装设方式、协调配合、光的颜色等	协调确定间接照明方式，或灯具造型、光色等
	高耸建筑的总高度及建筑周围建、构筑物状况	障碍照明要求
	建筑立面状况及建筑周围状况（需要建筑夜景照明时）	确定夜景照明方式及安装
建筑设备状况	建筑设备及管道状况，包括空调设施、通风、暖气、消防设施，热水蒸气和其他气体设施及其管道布置、尺寸、高度等	协调顶部灯的位置、高度，防止挡光，协调顶、墙等的灯具、开关和配线的位置

3. 设计方案的提出、优化和确定

设计方案主要在初步设计阶段进行，下面分照明光学部分和电气部分叙述。

（1）照明光学部分设计步骤。

1）确定照明标准。包括照度标准值、照度均匀度和眩光值（UGR 或 GR）、光源色温和显色指数 R_a。依据作业精细程度、识别对象和背景亮度的对比，以及识别速度、连续紧张

工作程度等因素，按相关标准确定照度。

2）确定照明方式。室内应设一般照明或分区一般照明；对于精细作业场所，按需要增设局部照明；对于商场、博物馆等场所，确定增加重点照明的部位。

3）确定照明种类。除正常照明外，应确定是否设应急照明：按建筑楼层、规模、性质及防灾要求设疏散照明；按正常照明熄灭后是否要继续工作设置备用照明；个别情况还要考虑安全照明。此外，还按建筑高度确定是否设障碍照明，大面积作业场所应设值班照明。

4）选择光源的原则。

①为了节能，选用高光效光源，如稀土三基色荧光灯（低矮房间），金卤灯、高压钠灯（高大场所），以及 LED 灯。

②符合使用场所对显色性的要求，长时作业场所应选一般显色指数 $R_a \geqslant 80$ 的光源，对 LED 灯，还要求特殊显色指数 $R_9 > 0$；同时应选取与照度高低和环境相宜的色温。

③考虑启动点燃条件、开关频繁程度和长寿命等因素。

④按节能要求，或功能需要，或舒适性要求，选择可调光的光源和控制。

⑤性能价格比优。

5）选择镇流器。应按照安全、可靠、系统能效高的原则选取，同时应考虑谐波含量低、功率因数高、性能价格比优等因素，还应与光源配套；对 LED 灯则包括配套的驱动电源，必要的调光控制。

6）选择灯具类型的原则。

①安全，与光源配套；不得选择已禁止使用的 0 类灯具。

②灯具效率高，无特殊要求的场所，应选用直接型灯具。

③按房间的室形指数（灯具安装高度和房间大小）选择配光适宜的灯具。

④考虑限制眩光的要求，无漫射罩的灯具，遮光角应符合规定。

⑤按环境条件选用相适应的防护等级的灯具。

⑥对于高等级的公共建筑的公共场所，按建筑装饰要求选用相适应的灯具。

7）灯具布置方案。应按下列原则设计布灯方案。

①一个场所或一定区域内应相对均匀对称，按一定规律布灯。

②在满足眩光限制和照度均匀度条件下，单灯功率宜选得大些（如直管荧光灯应选用英寸灯管），以提高照明能效，降低谐波含量，有利于控制投资。

③布灯间距 L 与安装离地高度 H 合理协调，使 L/H 值不大于该灯具允许的 L/H 值。

④工业建筑的布灯应与建筑结构（如柱网、屋架、梁、屋面等）相协调，并与吊车、各种管道和高大设备位置相协调，避免碰撞和遮挡。

⑤多层建筑、公共建筑应注意整体美观，与建筑装饰协调。

⑥装灯位置和高度应便于安装和维修，高大空间应设置维修通道。

8）照度计算。按照选择的光源、灯具及布置方案，进行作业面的平均维持照度计算。通常是计算工作面或地面的水平面照度，按不同使用条件，还要计算垂直面照度或倾斜面照度；将计算结果与选取的照度标准值对比，偏差不应超过标准值的 $\pm 10\%$，如偏差过大，应重新调整布灯方案，再做计算，直到符合要求。

9）眩光计算。对于标准规定有 UGR 或 GR 值要求的场所，应进行 UGR 值计算，通常用计算软件进行，计算结果不应超过 GB 50034—2013《建筑照明设计标准》规定的标准值。

10）校验节能指标。按确定的照明方案，计算实际的照明功率密度（LPD），该值不超过标准规定的 LPD 限值为合格，如超过，应重新调整方案，重做计算，直到符合标准。

11）优化方案。对于重要项目，应做两个或多个设计方案，按第 4)～10) 项步骤进行，并进行技术经济（包括运行费）综合比较后选定最优方案。

（2）电气部分设计步骤。

1）确定供电电源。包括配电变压器是合用（与电力）还是照明专用，配电电压，线制（如三相四线制或单相两线制等）；需要疏散照明、备用照明等场所，还要确定应急电源方式（如独立电网电源、应急发电机或蓄电池组等），通常应与该项目的电力用电统一考虑确定，以满足使用要求，安全、可靠、经济、合理。

2）确定配电系统。包括配电分区划分（注意不同用户、不同核算单位、不同防火分区、不同楼层的分区），配电箱设置，灯光开关、控制要求，配电线路连接。

3）配电系统接地方式。应与该建筑的电力用电统一确定，室内照明通常用 TN-S 或 TN-C-S 系统，户外照明宜用 TT 系统；采用 I 类灯具时，其外露导电部分应接地（PE 线）。

4）功率统计和负荷计算。按各级干线、分支线统计照明安装功率（注意包括镇流器和变压器功耗），计算出需求功率、功率因数和计算电流，同时确定无功补偿的方式和设置方案。

5）配电线路设计。包括各级配电线路导线（或电缆）的选型以及截面的确定。根据场所环境条件和防火、防爆要求，选择电线（电缆）的类型、敷设，并按照允许载流量和机械强度初步选择导体截面积。

6）计算电压损失。按初选的导线和截面积计算各段线路的电压损失，求出末端灯的电压损失值，要求不超过标准规定；如超过，应加大截面积，再进行计算。

7）配电线路保护电器的选型和参数的确定。应计算短路电流和接地故障电流，按短路保护、过负荷保护和接地故障保护的要求，选择各级线路首端的保护电器类型（熔断器或断路器）及其额定电流和整定电流值，并应使上下级保护电器间有选择性动作。如达不到规范的要求，应调整整定电流值，或加大导线截面积，甚至改变保护电器类型。

8）开关和控制方式。一般工作房间，按要求设置集中的或分散的手动开关；对于大面积场所、公共场所，要考虑集中的控制方式，包括各种节能的、利用天然光或无人时自动关灯调光等控制方式。

9）确定电能计量方式。考虑付费和节能的需要，分用户、分单位装设电能表。

10）确定灯具和配电箱、开关、控制装置的安装方式，线路敷设方案。

4. 绘制施工图，编制材料表和工程概预算

（1）绘制平面图。

1）灯具类型及位置。绘制灯具的位置，标注必要的尺寸，注明灯具类型或符号、代号（应采用形象的图形、符号表示），标注灯具的安装形式（吸顶式、嵌入式、管吊式），灯具离地高度；非垂直下射的灯具，应注明仰角或俯角、倾斜角等。

2）注明光源的类型、额定功率、数量（包括单个灯具内的光源数）。

3）各房间、场所的照度标准值。

4）局部照明、重点照明的装设要求，包括光源、灯具及位置等。

5）应急照明装设。分别标明疏散照明灯、疏散用出口标志灯、指向标志灯的类型（含光源、功率）及装设位置等；还有备用照明、安全照明的光源、灯具类型、功率及装设位置等要求。

6）移动照明、检修照明用的插座和其他插座，应注明形式（极数、孔数）、额定电流值、安装位置、高度和安装方式。

7）配电箱的型号、编号、出线回路、安装方式（嵌墙或悬挂）和安装位置。

8）开关形式、位置、安装高度和安装方式（嵌入式或明装）；控制装置的类型、设置位置和控制范围。

9）配电干线和分支线路的导线型号、根数、截面，如为套管，应注明管材、管径、敷设方式、安装部位和高度等。

（2）绘制剖面图和立面图。

对于较复杂的建筑，或生产设备、平台、栈道、操作或维护通道复杂，或生产管道、动力管道，需要增加剖面图，以表明灯具与这些设备、平台、管道的位置关系，避免灯光被遮挡；高层建筑的走廊，各专业管线密集的，应绘制综合管线布置剖面图。

对于高等级公共建筑，装设有夜景照明的，应增加立面图。

（3）绘制场所照度分布图或（和）等照度曲线。

对于照度和照度均匀度要求很高的场所，如体育场馆等，可绘制照度分布图或（和）等照度曲线，以考核其各点照度值和照度变化梯度。此图宜在初步设计阶段完成。

（4）绘制配电系统图。

对于较大项目，有多台配电箱时，应绘制配电系统图，其内容包括：

1）照明配电系统、干线和配电箱的接线方式。

2）干线的导线型号、根数（包括必要的 N 线、PE 线）、截面、安装功率、计算功率、功率因数、计算电流。

3）分支线的导线型号、根数、截面及安装功率。

4）干线末端及代表性分支线末端的电压损失值。

5）配电箱及开关箱的型号、出线回路数及安装功率。

6）配电箱、开关箱内保护电器的类型，熔断器及其熔断体的额定电流，或断路器的反时限（长延时）脱扣器和瞬时脱扣器的整定电流。

对于较小项目，可不绘制配电系统图，但以上各项参数应标注在平面图上。

（5）绘制必要的安装图和线路敷设图。

通常选用国家或省市编制的通用图，特殊安装需要的，应补充必要的安装大样图。

（6）编制材料明细表。

材料明细表应有明确的型号、技术规格和参数，能满足订货、采购或招标的需要，内容应包括灯具、光源和镇流器、触发器、补偿电容器、配电箱、控制装置、开关、插座及其他附件，还有导线、套管等材料的名称、型号、技术规格、技术参数及单位、数量。

以直管荧光灯及其镇流器为例，材料明细表示例见表5-2。

（7）编制概算、预算。

初步设计阶段应同时编制概算，作为控制建设投资的依据。施工图完成后，根据建设单位要求和委托，编制工程预算，应包括设备、材料购置费，施工安装辅助材料费，施工工时人工费，以及税收及附加费等；预算应力求准确，作为工程招标和取费的重要依据。

表 5-2   直管荧光灯及其镇流器材料明细表示例

序号	名称	型号	技术规格	单位	数量	备注
1	单管格栅荧光灯具配 T8 三基色直管荧光灯		$220V$，$36W$，$R_a \geqslant 80$，$T_{cp} \approx 4000K$，$\Phi \geqslant 3500lm$	套	1000	电子镇流器总谐波不大于 30%
2	单管格栅荧光灯具配 T8 三基色直管荧光灯		$220V$，$36W$，$R_a \geqslant 80$，$T_{cp} \approx 4000K$，$\Phi \geqslant 3500lm$	套	700	节能电感镇流器 $\cos\varphi \geqslant 0.9$

5.3.3　照明设计应注意的事项

在确定照明设计方案时，除了应充分考虑不同类型建筑对照明的特殊要求，处理好电气照明与天然采光的关系、合理使用建设资金与采用节能光源高效照明器等技术经济效益的关系外，还要考虑照明电气的要求，否则不能实现照明的效果。

照明电气设计的整个过程都必须严格贯彻国家有关建筑物工程设计的政策和法令，并且符合现行的国家标准和设计规范。对某些行业、部门和地区的设计任务，应遵循该行业、部门及地区的有关规程的特殊规定。在设计中，还应考虑与装饰性的关系与配合以及与建筑、结构、给排水和暖通之间的关系与协调。

5.4　电气设计基础

5.4.1　初始资料收集

（1）建筑的平面、立面和剖面图。了解该建筑在该地区的方位、邻近建筑物的概况；建筑层高、楼板厚度、地面、楼面、墙体做法；主次梁、构造柱、过梁的结构布置及所在轴线的位置；有无屋顶女儿墙、挑檐；屋顶有无设备间、水箱间等。

（2）全面了解该建筑的建设规模、生产工艺、建筑构造和总平面布置情况。

（3）向当地供电部门调查电力系统的情况，了解该建筑供电电源的供电方式、供电的电压等级、电源的回路数、对功率因数的要求、电费收取办法、电能表如何设置等情况。

（4）向建设单位及有关专业了解工艺设备布置图和室内布置图。了解生产车间工艺设备的确切位置；办公室内办公桌的布置形式；商店里的栏柜、货架布设方向；橱柜中展出的内容及要求；宾馆内各房间里的设备布置、卫生间的要求等。

（5）向建设单位了解建设标准。各房间照明器的标准要求；各房间使用功能要求；各工作场所对光源的要求、视觉功能要求、照明器的显色性要求；建筑物是否设置节日彩灯和建筑立面照明、是否安装广告霓虹灯等。

（6）进户电源的进线方位，对进户标高的要求。

（7）工程建设地点的气象、地质资料，建筑物周围的土壤类别和自然环境，防雷接地装置有无障碍。

5.4.2　照明供电

1. 负荷分级

根据 GB 50052—2009《供配电系统设计规范》，电力负荷应根据对供电可靠性的要求及中断供电对人身安全、经济损失所造成的影响程度进行分级，把负荷分为三级，即一级负荷、二级负荷、三级负荷。

符合下属情况之一即为一级负荷：

(1) 中断供电将造成人身伤害时。

(2) 中断供电将在经济上造成重大损失时。

(3) 中断供电将影响重要用电单位的正常工作时。

在一级负荷中，当中断供电将造成人员伤亡或重大设备损坏或发生中毒、爆炸和火灾等情况的负荷，以及特别重要场所不允许中断供电的负荷，应视为一级负荷中特别重要的负荷。

符合下属情况之一即为二级负荷：

(1) 中断供电将在经济上造成较大损失时。

(2) 中断供电将影响较重要用电单位的正常工作时。

不属于一级负荷和二级负荷者为三级负荷。

民用建筑常用照明负荷分级见表 5-3。

表 5-3 民用建筑常用照明负荷分级表

序号	建筑物名称	用电负荷名称	负荷级别
1	国家级会堂、国宾馆、国家级国际会议中心	主会场、接见厅、宴会厅照明，电声、录像、计算机系统用电	一级*
		客梯、总值班室、会议室、主要办公室、档案室用电	一级
2	国家及省部级政府办公建筑	客梯、主要办公室、会议室、总值班室、档案室用电	一级
		省部级行政办公建筑主要通道照明用电	二级
3	国家及省部级数据中心	计算机系统用电	一级*
4	国家及省部级防灾中心、电力调度中心、交通指挥中心	防灾、电力调度及交通指挥计算机系统用电	一级*
5	办公建筑	建筑高度超过 100m 的高层办公建筑主要通道照明和重要办公室用电	二级
		一类高层办公建筑主要通道照明和重要办公室用电	
6	地、市级及以上气象台	气象业务用计算机系统用电	
		气象雷达、电报及传真收发设备、卫星云图接收机及语言广播设备、气象绘图及预报照明用电	
7	电视台、广播电台	国家及省、市、自治区电视台、广播电台的计算机系统用电，直接播出的电视演播厅、中心机房、录像室、微波设备及发射机房用电	一级*
		语音播音室、控制室的电力和照明用电	一级
		洗印室、电视电影室、审听室、通道照明用电	二级
8	剧场	甲等剧场的舞台照明、贵宾室、演员化妆室、舞台机械设备、电声设备、电视转播、显示屏和字幕系统用电	一级
		甲等剧场的观众厅照明、空调机房电力和照明用电	二级

续表

序号	建筑物名称	用电负荷名称	负荷级别
9	电影院	甲等电影院的照明与放映用电	二级
10	博展建筑	珍贵展品展室照明及安全防范系统用电	一级*
		甲等、乙等展厅安全防范系统及照明用电	一级
		丙等展厅照明用电、展览用电	二级
11	图书馆	藏书量超过100万册及重要图书馆的安全防护系统、图书检索用计算机系统用电	
		藏书量超过100万册的图书馆的照明用电	二级
12	体育建筑	特级体育场（馆）及游泳馆的比赛场（厅）、主席台、贵宾室、接待室、新闻发布厅、广场及主要通道照明、计时记分装置、计算机房、电话机房、广播机房、电台和电视转播及新闻摄影用电	一级*
		甲级体育场（馆）及游泳馆的比赛场（厅）、主席台、贵宾室、接待室、新闻发布厅、广场及主要通道照明、计时记分装置、计算机房、电话机房、广播机房、电台和电视转播及新闻摄影用电	
		特级及甲级体育场（馆）及游泳馆中非比赛用电、乙级及以下体育建筑比赛用电	二级
13	商场、百货商店、超市	大型百货商店、商场及超市的经营管理用计算机系统用电	一级
		大中型百货商店、商场、超市营业厅、门厅公共楼梯及主要通道的照明及乘客电梯、自动扶梯及空调用电	二级
14	金融建筑（银行、金融中心、证券交易中心）	重要的计算机系统和安全防护系统用电；特级金融设施	一级*
		大型银行营业厅备用照明用电；一级金融设施	一级
		中小型银行营业厅备用照明用电；二级金融设施	二级
15	民用机场	航空管制、导航、通信、气象、助航灯光系统设施和台站用电；边防、海关的安全检查设备用电；航班信息、显示及时钟系统用电；航站楼、外航驻机场航站楼办事处中不允许中断供电的重要场所的用电	一级*
		Ⅲ类及以上民用机场航站楼中的公共区域照明、电梯、送排风系统设备、排污泵、生活水泵、行李处理系统；航站楼、外航驻机场航站楼办事处、机场宾馆内与机场航班信息相关的系统、综合监控系统及其他信息系统用电；站坪照明、站坪机务用电；飞行区内雨水泵站等用电	一级
		航站楼内除一级负荷以外的公共场所空调系统设备、自动扶梯、自动人行道用电；Ⅳ类及以下民用机场航站楼的公共区域照明、电梯、送排风系统设备、排污泵、生活水泵等用电	二级

续表

序号	建筑物名称	用电负荷名称	负荷级别
16	铁路旅客车站综合交通枢纽站	特大型铁路旅客车站、集大型铁路旅客车站及其他车站等为一体的大型综合交通枢纽站中不允许中断供电的重要场所的用电	一级*
		特大型铁路旅客车站、国境站和集大型铁路旅客车站及其他车站等为一体的大型综合交通枢纽站的旅客站房、站台、天桥、地道用电,防灾报警设备用电;特大型铁路旅客车站、国境站的公共区域照明用电;售票系统设备、安全防护及安全检查设备、通信系统用电	一级
		大、中型铁路旅客车站、集中型铁路旅客车站及其他车站等为一体的综合交通枢纽站的旅客站房、站台、天桥、地道用电,防灾报警设备用电;特大和大型铁路旅客车站、国境站的列车到发预告显示系统、旅客用电梯、自动扶梯、国际换装设备、行包用电梯、皮带输送机、送排风机、排污泵设备用电;特大型铁路旅客车站的冷热源设备用电;大、中型铁路旅客车站的公共区域照明、管理用房照明及设备用电;铁路旅客车站的驻站警务室	二级
17	城市轨道交通车站磁浮列车站地铁车站	通信系统设备、信号系统设备、地铁车站内的变电站操作电源、车站内不允许中断供电的其他重要场所的用电	一级*
		电力、环境与设备监控系统、自动售票系统设备用电;车站中为事故疏散用的自动扶梯、电动屏蔽门(安全门)、防护门、防淹门、排雨泵、车站排水泵、信息设备管理用房照明、公共区域照明用电;地下站厅站台照明、地下区间照明用电	一级
		非消防用电梯及自动扶梯、地上站厅站台及附属房间照明、送排风机、排污泵等用电	二级
18	港口客运站	一级港口客运站的通信、监控系统设备,导航设施及广播用电	一级
		港口重要作业区、一级及二级客运站公共区域照明、管理用房照明及设备、电梯、送排风系统设备、排污水设备、生活水泵用电	二级
19	汽车客运站	一、二级客运站广播及照明用电	二级
20	旅游饭店	四星级及以上旅游饭店的经营及设备管理用计算机系统用电	一级*
		四星级及以上旅游饭店的宴会厅、餐厅、厨房、康乐设施用房、门厅及高级客房、主要通道等场所的照明用电,厨房、排污泵、生活水泵、主要客梯用电,计算机、电话、电声和录像设备、新闻摄影用电	一级

续表

序号	建筑物名称	用电负荷名称	负荷级别
20	旅游饭店	三星级旅游饭店的宴会厅、餐厅、厨房、康乐设施用房、门厅及高级客房、主要通道等场所的照明用电，厨房、排污泵、生活水泵、主要客梯用电，计算机、电话、电声和录像设备、新闻摄影用电，除上栏所述之外的四星级及以上旅游饭店的其他用电	二级
21	科研院所、高等院校建筑	四级生物安全实验室等对供电连续性要求极高的国家重点实验室用电	一级 *
		三级生物安全实验室和除上栏所述之外的其他重要实验室用电	一级
		主要通道照明用电	二级
22	二级以上医院	重要手术室、重症监护等涉及患者生命安全的设备（如呼吸机等）及照明用电	一级 *
		急诊部、重症监护病房、手术部、分娩室、婴儿室、血液病房的净化室、血液透析室、病理切片分析、磁共振、介入治疗用 CT 及 X 光机扫描室、血库、高压氧仓、加速器机房、治疗室及配血室的电力照明用电，培养箱、冰箱、恒温箱用电，走道照明用电，百级洁净度手术室空调系统用电，重症呼吸道感染区的通风系统用电	一级
		除上栏所述之外的其他手术室空调系统用电，电子显微镜、一般诊断用 CT 及 X 光机用电，客梯用电，高级病房、肢体伤残康复病房照明用电	二级
23	住宅建筑	建筑高度不小于 50m 且 19 层及以上的高层住宅的航空障碍照明、走道照明、值班照明、安全防护系统、电子信息设备机房、客梯、排污泵、生活水泵用电	一级
		10～18 层的二类高层住宅的走道照明、值班照明、安全防护系统、客梯、排污泵、生活水泵用电	二级
24	一类高层民用建筑	消防用电，值班照明、警卫照明、障碍照明用电，主要业务和计算机系统用电，安全防护系统用电，电子信息设备机房用电，客梯用电，排污泵、生活水泵用电	一级
		主要通道及楼梯间照明用电	二级
25	二类高层民用建筑	消防用电，主要通道及楼梯间照明用电，客梯用电，排污泵、生活水泵用电	二级
26	建筑高度大于 250m 的超高层建筑	消防负荷用电	一级 *
27	景观照明	具有重大社会影响区域的用电负荷	一级
		经常举办大型夜间游园、娱乐、集会等活动的人员密集场所的用电负荷	二级

注　1. 负荷分级表中"一级 *"为一级负荷中特别重要负荷。

　　2. 各类建筑物的分级见现行的有关设计规范。

　　3. 各类建筑物中的应急照明负荷等级应为该建筑中最高负荷等级。

　　4. 表中同类建筑负荷除注明的一级、二级外，其余为三级负荷。

2. 负荷的供电方式

不同等级的负荷对应的供电要求不同，GB 50052—2009《供配电系统设计规范》中对不同负荷等级的供电要求如下：

（1）一级负荷应由双重电源供电，当一电源发生故障时，另一电源不应同时受到损坏。

（2）一级负荷中特别重要的负荷供电，应符合下列要求：

1）除应由双重电源供电外，尚应增设应急电源，并严禁将其他负荷接入应急供电系统；

2）设备的供电电源的切换时间，应满足设备允许中断供电的要求。

（3）下列电源可作为应急电源：

1）独立于正常电源的发电机组。

2）供电网络中独立于正常电源的专用的馈电线路。

3）蓄电池。

4）干电池。

（4）应急电源应根据允许中断供电的时间选择，并应符合下列规定：

1）允许中断供电时间为 15s 以上的供电，可选用快速自启动的发电机组。

2）自投装置的动作时间能满足允许中断供电时间的，可选用带有自动投入装置的独立于正常电源之外的专用馈电线路。

3）允许中断供电时间为毫秒级的供电，可选用蓄电池静止型不间断供电装置或柴油机不间断供电装置。

（5）应急电源的供电时间，应按生产技术上要求的允许停车过程时间确定。

（6）二级负荷的供电系统，宜由两回线路供电。在负荷较小或地区供电条件困难时，二级负荷可由一回 6kV 及以上专用的架空线路供电。

（7）各级负荷的备用电源设置可根据用电需要确定。

（8）备用电源的负荷严禁接入应急供电系统。

3. 系统接线方式

我国供电网络的接线方式分为三种，即 IT、TT 和 TN 系统。第一个字母表示电源与地的关系。T 表示电源有一点直接接地；I 表示电源端所有带电部分不接地或有一点通过阻抗接地。第二个字母表示电气装置的外露可导电部分与地的关系。N 表示电气装置的外露可导电部分与电源端有直接电气连接；T 表示电气装置的外露可导电部分直接接地，此接地点在电气上独立于电源端的接地点。

（1）IT 系统。

IT 系统的带电部分与大地间不直接连接，而电气设施的外露可导电部分则是接地的，如图 5-2 所示。

IT 系统适用于各种不接地（或通过阻抗接地）配电网，在这些配电网中，凡使用设备由于绝缘损坏或其他原因而可能带危险电压的金属部分，除另有规定外，均应接地。在 IT 系统中当任何一相故障接地时，因为大地可作为相线继续工作，系统可以继续运行。所以在线路中需加单相接地检测装置，故障时报警。

（2）TT 系统。

TT 系统有一个直接接地点，电气设施的外露可导电部分接至电气上与电力系统的接地点无关的接地极，如图 5-3 所示。

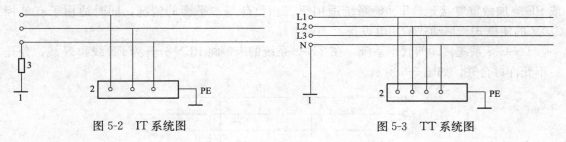

图 5-2　IT 系统图　　　　　　　　　　图 5-3　TT 系统图

TT 系统主要应用于低压公用用户，即用于未装备配电变压器，从外面引进低压电源的小型用户。在 TT 系统中当电气设备的金属外壳带电（相线碰壳或漏电）时，接地保护可以减少触电危险，但低压断路器不一定跳闸，设备的外壳对地电压可能超过安全电压。当漏电电流较小时，需加漏电保护器。接地装置的接地电阻应满足单相接地故障时，在规定的时间内切断供电线路的要求，或使接地电压限制在 50V 以下。

（3）TN 系统。

TN 系统有一点直接接地，电气设施的外露可导电部分用保护线与该点连接。按中性线与保护线的组合情况，TN 系统有以下三种形式：

1）TN-S 系统：整个系统的中性线和保护线是分开的。

2）TN-C 系统：整个系统的中性线和保护线是合一的。

3）TN-C-S 系统：系统中有一部分中性线和保护线是合一的。

TN-S：即五线制系统，三根相线分别是 L1、L2、L3，一根零线 N，一根保护线 PE，仅电力系统中性点一点接地，用电设备的外露可导电部分直接接到 PE 线上，如图 5-4 所示。

在事故发生时，PE 线中有电流通过，使保护装置迅速动作，切断故障。一般规定 PE 线不允许断线和进入开关。N 线（工作零线）在接有单相负载时，可能有不平衡电流。TN-S 系统适用于工业与民用建筑等低压供电系统，是目前我国在低压系统中普遍采取的接地方式。

TN-C 系统：即四线制系统，三根相线 L1、L2、L3，一根中性线与保护线合并的 PEN 线，用电设备的外露可导电部分接到 PEN 线上，如图 5-5 所示。

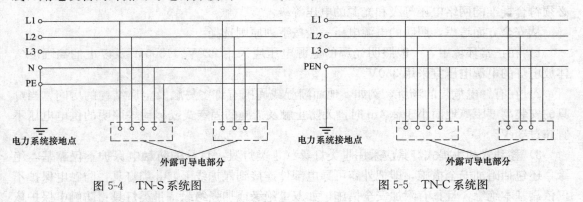

图 5-4　TN-S 系统图　　　　　　　　　图 5-5　TN-C 系统图

在 TN-C 系统接线中当存在三相负荷不平衡和有单相负荷时,PEN 线上呈现不平衡电流,设备的外露可导电部分有对地电压的存在。由于 N 线不得断线,故在进入建筑物前 N 或 PE 应加做重复接地。TN-C 系统适用于三相负荷基本平衡的情况,同时适用于有单相 220V 的便携式、移动式的用电设备。

TN-C-S 系统:即四线半系统,在 TN-C 系统的末端将 PEN 分开为 PE 线和 N 线,分开后不允许再合并。如图 5-6 所示。

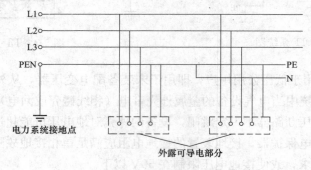

图 5-6　TN-C-S 系统图

TN-C-S 系统的前半部分具有 TN-C 系统的特点,在系统的后半部分却具有 TN-S 系统的特点。目前在一些民用建筑中在电源入户后,将 PEN 线分为 N 线和 PE 线。该系统适用于工业企业和一般民用建筑。当负荷端装有漏电开关,干线末端装有接零保护时,也可用于新建住宅小区。

4. 照明线路的电压与电压质量

照明线路的电压与电压质量不仅影响到配电方式和线路敷设的投资费用,还影响着照明设备的寿命和人的视觉舒适度。

(1) 供电电压。

照明线路的供电电压,直接影响到配电方式和线路敷设的投资费用,当负荷相同时,若采用较高的电压等级,线路负荷电流便相应减小,因而就可以选用较小的导线截面。我国的配电网络电压,在低压范围内的标准等级为 500V、380V、220V、127V、110V、36V、24V、12V 等。而一般照明用的白炽灯电压等级主要有 220V、110V、36V、24V、12V 等。所谓光源的电压是指对光源供电的网络电压,不是指灯泡(灯管)两端的电压降。供电电压必须符合标准的网络电压等级和光源的电压等级。

从安全方面考虑,照明的电源电压一般按下列原则选择:

1) 在正常环境中,一般照明光源的电源电压应采用 220V。1500W 及以上的高强度气体放电灯的电源电压宜采用 380V。

2) 在有触电危险的场所,例如,地面潮湿或周围有许多易触及金属结构的房间,当灯具的安装高度距离地面小于 2.4m 时,无防止触及措施的固定式或移动式照明的供电电压不宜超过 36V。

3) 移动式和手提式灯具应采用Ⅲ类灯具(Ⅰ类灯具:灯具的防触电保护不仅靠基本绝缘,还包括附加安全措施,即把外露可导电部件连接到保护线上。Ⅱ类灯具:防触电保护不仅依靠基本绝缘,且具有附加安全措施,如双重绝缘或加强绝缘。Ⅲ类灯具:防触电保护依靠电源电压为安全特低电压 SELV），用安全特低电压供电，其电压在干燥场所不大于 50V，在潮湿场所不大于 25V。

4）由专用蓄电池供电的照明电压，可根据容量的大小和使用要求，分别采用 220V、24V 或 12V 等。

（2）电压偏移。

电压偏移 δ_u 是指光源两端实际电压 U 偏离光源额定电压 U_n 的程度。电压偏移计算公式为

$$\delta_u = \frac{U - U_n}{U_n} \times 100\% \tag{5-1}$$

照明光源只有在额定电压下工作才有最好的照明效果，如果照明设备所承受的实际电压与其额定电压有偏移时，其运行特性将恶化。照明器具的端电压不宜过高和过低，电压过高，会缩短光源寿命；电压低于额定值，会使光通量下降，照度降低。当气体放电灯的端电压低于额定电压的 90% 时，甚至不能可靠地工作。当电压偏移在 −10% 以内，长时间不能改善时，计算照度应考虑因电压不足而减少的光通量，光通量降低的百分数见表 5-4。

表 5-4 电压在 100%～90% 额定电压范围内每下降 1% 时光通量降低的百分数

灯具	白炽灯	卤钨灯	荧光灯	高压汞灯	高压钠灯	金属卤化物灯
降低百分数	3.3%	3.0%	2.2%	2.9%	3.7%	2.8%

如采用金属卤化物灯照明，端电压为额定电压的 90%，则该金属卤化物灯的实际光通量为原光通量的 72%（即 $1 - 10 \times 2.8\%$）。

对于 LED 光源，电压只是能使其点亮的基础，超过其门槛电压，二极管就会发光，而电流决定其发光亮度，所以二极管一般采用恒流源来驱动。只要保持驱动电源是恒流源，电压在一定范围内变化就不影响 LED 光通量的变化。

在供电网络的所有运行方式中，维持用电设备的端电压始终等于额定值是很困难的。因此，在网络设计和运行时，必须规定用电设备端电压的容许偏移值。正常情况下，照明器具的端电压偏差允许值（以额定电压的百分数表示）宜符合下列要求：

1）在一般工作场所为 ±5%；

2）露天工作场所、远离变电站的小面积一般工作场所，难于满足 ±5% 时，可为 +5%～−10%；

3）应急照明、道路照明和警卫照明等为 +5%～−10%。

（3）电压波动与闪变。

电压波动是指电压的快速变化，而不是单方向的偏移，冲击性功率负荷引起连续电电压变动或电压幅值包络线周期性变动，变化速度不低于 0.002/s 的电压变化。当系统中具有冲击性负载在工作时（炼钢电弧炉、轧机、电焊机等），会引起配电网络电压时高时低（或周期性变动），电压在变化过程中所出现的电压有效值的最大值 U_{max} 与最小值 U_{min} 之差称为电压波动，通常用相对值表示：

$$\Delta u_f = \frac{U_{max} - U_{min}}{U_n} \times 100\% \tag{5-2}$$

电压波动会引起电光源光通量的波动，光通量的波动使物体被照面的照度、亮度都随时

间而波动，会使人眼有一种闪烁感。轻者使眼睛感到不舒适，严重者会造成眼睛受损，甚至影响工作，所以必须对电压波动进行限制。

闪变是指照度波动的影响，是人眼对灯闪的生理感觉。闪变电压是冲击性功率负荷造成供配电系统的波动频率大于 0.01IHz 闪变的电压波动，闪变电压限值 ΔU_t 就是引起闪变刺激性程度的电压波动值。人眼对波动频率为 10Hz 的电压波动值最为敏感。

电压波动和闪变会使人的视觉不舒适，也会降低光源寿命，为了减少电压波动和闪变的影响，照明配电尽量与动力负荷配电分开。目前，我国照明设计对电压波动没有提出具体要求，以下为国外在照明设计时对电压波动的要求，仅供参考。

当电压波动值小于等于额定电压的 1% 时，灯具对电压波动次数不限制；当电压波动值大于额定电压的 1% 时，允许电压波动次数按式（5-3）限定

$$n = 6/(U_t\% - 1) \tag{5-3}$$

式中　n——在 1h 内最大允许电压波动次数；

$U_t\%$——电压波动百分数绝对值。

如当 $U_t\% = 4$ 时，每小时内最大允许电压波动次数 $n = 6/(U_t\% - 1) = 2$；当 $U_t\% = 7$ 时，每小时内最大允许电压波动次数 $n = 6/(U_t\% - 1) = 1$。

5. 照明供电的供电要求

（1）应根据照明负荷中断供电可能造成的影响及损失。合理地确定负荷等级，并应正确地选择供电方案。

（2）当电压偏差或波动不能保证照明质量或光源寿命时，在技术经济合理的条件下，可采用有载自动调压电力变压器、调压器或专用变压器供电。

（3）三相照明线路各相负荷的分配宜保持平衡，最大相负荷电流不宜超过三相负荷平均值的 115%，最小相负荷电流不宜小于三相负荷平均值的 85%。

（4）特别重要的照明负荷，宜在照明配电盘采用自动切换电源的方式，负荷较大时可采用由两个专用回路各带约 50% 的照明灯具的配电方式，如体育场馆的场地照明，采用由两个专用回路各带约 50% 的照明灯具的配电方式，既节能，又可靠。

（5）在照明分支回路中不宜采用三相低压断路器对三个单相分支回路进行控制和保护。

（6）室内照明系统中的每一单相分支回路电流不宜超过 16A，光源数量不宜超过 25 个；大型建筑组合灯具每一单相回路电流不宜超过 25A，光源数量不宜超过 60 个（当采用 LED 光源时除外）。

（7）室外照明单相分支回路电流值不宜超过 32A，除采用 LED 光源外，建筑物轮廓灯每一单相回路不宜超过 100 个。

（8）当照明回路采用遥控方式时，应同时具有解除遥控的措施。

（9）重要场所和负载为气体放电灯和 LED 灯的照明线路，其中性导体截面积应与相导体规格相同。

（10）当采用配备电感镇流器的气体放电光源时，为改善其频闪效应，宜将相邻灯具（光源）分接在不同相别的线路上。

（11）不应将线路敷设在高温灯具的上部。接入高温灯具的线路应采用耐热导线配线或采取其他隔热措施。

（12）室内照明分支线路应采用铜芯绝缘导线，其截面积不应小于 1.5mm²；室外照明线路宜采用双重绝缘铜芯导线，照明支路导线截面积不应小于 2.5mm²。

（13）观众厅、比赛场地等的照明灯具，当顶棚内设有人行检修通道以及室外照明场所，单灯功率为 250W 及以上时，宜在每盏灯具处设置单独的保护。

（14）应急照明供电要求见第六章。

5.4.3 照明负荷计算

计算负荷的确定是供电设计中很重要的一环，计算负荷确定得是否合理直接影响到电气设备选择的合理性、经济性。计算负荷过大将使电气设备选得过大，造成投资和有色金属的浪费；而计算负荷过小，则电气设备运行时电能损耗增加，并产生过热，使其绝缘层过早老化，甚至烧毁，造成经济损失。照明用电负荷计算的目的，是为了合理地选择供电导线和开关设备等元件，使电气设备和材料得到充分的利用，同时也是确定电能消耗量的依据。计算结果的准确与否，对选择供电系统的设备、有色金属材料的消耗，以及一次投资费用有着重要的影响。与设备的负荷计算类似，照明供配电系统的负荷计算常采用需要系数法和单位面积估算法，两者适用于不同的设计阶段。

1. 单位面积估算法

在初步设计时，为计算用电量和规划用电方案，需估算照明负荷。估算公式为

$$P_j = P_D \times A \qquad (5\text{-}4)$$

式中　P_D——单位建筑面积照明负荷（W/m^2），可参考表 5-5 所列的单位建筑面积照明负荷指标；

　　　A——被照建筑面积，m^2。

表 5-5　　　　　　　　　　　　　　　　　单位建筑面积照明负荷

建筑物名称	计算负荷（W·m^2）		建筑物名称	计算负荷（W·m^2）	
	白炽灯	荧光灯		白炽灯	荧光灯
一般住宅楼	6~12		餐厅	8~16	
单身宿舍		5~7	高级餐厅	15~30	
一般办公楼		8~10	旅馆、招待所	11~18	
高级办公楼	15~23		高级宾馆、招待所	20~35	
科研楼	20~25		文化馆	15~18	
技术交流中心	15~20	20~25	电影院	12~20	
图书馆	15~25		剧场	12~27	
托儿所、幼儿园	6~10		体育练习馆		12~24
大、中型商场	13~20		门诊楼		12~15
综合服务楼	10~15		病房楼		12~25
照相馆	8~10		服装生产车间		20~25
服装店	5~10		工艺品生产车间		15~20
书店	6~12		库房		5~7
理发店	5~10		车房		5~7
浴室	10~15		锅炉房		5~8
粮店、副食店、邮政所、洗染店、综合修理店	8~12				

2. 需要系数法

照明供配电系统的负荷计算，通常采用需要系数法。需要系数就是用电设备组在最大负荷时所需的有功功率与其设备容量之比。设备实际运行中，不是用电设备组所有设备都同时运行，而运行的这些设备也不一定都是满负荷工作。另外，在运行过程中，设备本身有功率损耗，而供电线路上也有功率损耗，把诸多因素都考虑进去，就获得了需要系数。它是用电设备组的负荷系数、同时系数、平均效率和供电线路的平均效率共同确定的综合系数，其值一般都小于1。实际上，影响需要系数 K_d 的因素是很复杂的，是很难准确的计算出来的，所以经过长期实践，进行实测和统计得出的。

用电设备铭牌上都标有设备的额定功率，用"P_N"表示。但是由于各用电设备的额定工作条件不同，例如有长期工作的，有短时工作的，因而在进行负荷计算时，不能把这些铭牌上的额定功率简单直接地相加，必须首先换算成统一规定的工作制下的额定功率即"设备容量"，用"P_e"表示。对照明灯具来说，其设备容量与设备额定功率的关系取决于照明灯具的类型，对于白炽灯和高压卤钨灯来说，其设备容量即为灯泡上标出的额定容量；而气体放电灯、金属卤化物灯除灯管的额定容量外，还应考虑镇流器的功率损耗；对于低压卤钨灯来说，除灯泡的额定容量外，还应考虑变压器的功率损耗。

各种气体放电光源配用的镇流器，其功率损耗通常用功率损耗系数 α（或光源功率的百分数）来表示。气体放电光源镇流器的功率损耗系数见表5-6。

表 5-6　　　　　　　　　　　气体放电光源镇流器的功率损耗系数

光源种类	损耗系数 α	光源种类	损耗系数 α
荧光灯	0.2	金属卤化物灯	0.14～0.22
荧光高压汞灯	0.07～0.3	涂荧光物质的金属卤化物灯	0.14
自镇流荧光高压汞灯	—	低压钠灯	0.2～0.8
高压钠灯	0.12～0.2		

对于有镇流器的气体放电光源，考虑镇流器的功率损耗，其设备容量计算应为

$$P_e = P_N \times (1 + \alpha) \tag{5-5}$$

式中　P_e——气体放电光源照明设备安装容量，kW；

　　　P_N——气体放电光源的额定功率，kW；

　　　α——镇流器的功率损耗系数。

按需要系数法计算照明计算负荷 P_c，就是把照明设备总容量 $\sum P_e$ 乘以需要系数 K_d，其计算公式为

$$P_c = K_d \times \sum P_e \tag{5-6}$$

式中　P_c——计算负荷，W；

　　　$\sum P_e$——照明设备总容量，包括所有光源和镇流器所消耗的功率，W；

　　　K_d——需要系数，它表示不同性质的建筑对照明负荷需要的程度（主要反映各照明设备同时点燃的情况）。

照明干线需要系数见表5-7。民用建筑照明负荷需要系数见表5-8。照明灯具及照明支线的需要系数为1。

表 5-7　　　　　　　　　　　　　照明干线需要系数

建筑类别	K_d	建筑类别	K_d
住宅区、住宅	0.6～0.8	由小房间组成的车间或厂房	0.85
医院	0.5～0.8	辅助小型车间、商业场所	1.0
办公楼、实验室	0.7～0.9	仓库、变电所	0.5～0.6
科研楼、教学楼	0.8～0.9	应急照明、室外照明	1.0
大型厂房（由几个大跨度组成）	0.8～1.0	厂区照明	0.8

表 5-8　　　　　　　　　　　　民用建筑照明负荷需要系数

建筑物名称		需要系数 K_d	备　　注
一般住宅楼	20 户以下	0.6	单元式住宅，多数为每户两室，两室户内插座为 6～8 个，装户表
	20～50 户	0.5～0.6	
	50～100 户	0.4～0.5	
	100 户以上	0.4	
高级住宅楼		0.6～0.7	
集体宿舍楼		0.6～0.7	一开间内 1～2 盏灯，2～3 个插座
一般办公楼		0.7～0.8	一开间内 2 盏灯，2～3 个插座
高级办公楼		0.6～0.7	
科研楼		0.8～0.9	一开间内 2 盏灯，2～3 个插座
发展与交流中心		0.6～0.7	
教学楼		0.8～0.9	三开间内 6～11 盏灯，1～2 个插座
图书馆		0.6～0.7	
托儿所、幼儿园		0.8～0.9	
小型商业、服务业用房		0.85～0.9	
综合商业、服务楼		0.75～0.85	
食堂、餐厅		0.8～0.9	
高级餐厅		0.7～0.8	
一般旅馆、招待所		0.7～0.8	一开间内一盏灯，2～3 个插座，集中卫生间
高级旅馆、招待所		0.6～0.7	带独立卫生间
旅游宾馆		0.35～0.45	单间客房 4～5 盏灯，4～6 个插座
电影院、文化馆		0.7～0.8	
剧场		0.6～0.7	
礼堂		0.5～0.7	
体育练习馆		0.7～0.8	
体育馆		0.65～0.75	
展览馆		0.5～0.7	
门诊楼		0.6～0.7	
一般病房楼		0.65～0.75	
高级病房楼		0.5～0.6	
锅炉房		0.9～1	

5.5 照明线路与设备的选择

为了合理的理选择供电系统、导线、电缆和开关设备等元件，需要进行照明负荷计算和电流计算。

5.5.1 照明线路的计算与选择

计算电流是选择导线截面的直接依据，也是计算电压损失的主要参数之一。在进行照明供电设计时，要注意照明设备多数都是单相设备。若采用三相四线 380V/220V 供电，按建筑电气设计技术规范规定：单相负载应逐相均匀分配。当回路中单相负荷的总容量小于该网络三相对称负荷总容量的 15％时，全部按三相对称负荷计算。当单相负荷的总容量超过三相负荷容量的 15％时，应将单相负荷进行等效三相负荷的换算，换算时又因单相设备的接法不同而进行不同的换算。此外，照明线路是采用单一光源还是混合光源也对计算电流有所影响。

1. 照明光源与计算电流

（1）当采用一种光源时，线路计算电流可按以下公式计算：

三相线路计算电流：

$$I_c = \frac{P_c}{\sqrt{3} U_n \cos\varphi} \tag{5-7}$$

单相线路计算电流：

$$I_c = \frac{P_c'}{U_n \cos\varphi} \tag{5-8}$$

式中　P_c，P_c'——三相及单相照明线路计算负荷，W。

　　　U_n——照明线路的额定电压，V。三相线路为 380V，单相线路为 220V。

　　$\cos\varphi$——光源的功率因数，单相照明负荷的功率因数时见表 5-9。

表 5-9 　　　　　　　　　　　　　单相照明负荷的功率因数

照明负荷		功率因数
白炽灯		1.0
荧光灯	带有无功功率补偿装置	0.95
	不带无功功率补偿装置	0.5
高光强气体放电灯	带有无功功率补偿装置	0.9
	不带无功功率补偿装置	0.5

当照明设备的单相负荷容量超过计算范围内三相对称负荷总容量的 15％时，应将单相负荷换算为等效的三相负荷，换算的公式如下：

$$P_{eq} = 3P_{cmax} \tag{5-9}$$

式中　P_{eq}——三相等效计算负荷，kW；

　P_{cmax}——当照明设备接在相电压时为 3 个单相负荷中最大的相负荷，当照明设备接在线电压时为三相负荷中最大线间负荷，kW。

（2）对于白炽灯、卤钨灯与气体放电灯混合的线路，其计算电流可由下式计算：

$$I_c=\sqrt{(I_{c1}+I_{c2}\cos\varphi)^2+(I_{c2}\sin\varphi)^2} \tag{5-10}$$

式中　I_{c1}——混合照明线路中，白炽灯、卤钨灯的计算电流（A）；

　　　I_{c2}——混合照明线路中，气体放电灯的计算电流（A）；

　　　φ——气体放电灯的功率因数角。

2. 照明线路导线截面的选择与计算

照明负荷线路一般具有距离长、负荷相对比较分散的特点，常用的照明导线截面选择与计算的方法有按载流量选择、按电压损失选择、按机械强度选择。按某种方法选择导线型号后，还需要进行导线截面的校验。

（1）按允许载流量选择导线截面。

电流在导线中通过时会产生热而使导线温度升高，温度过高会使绝缘老化或损坏。为了使导线具有一定的使用寿命，各种电线根据其绝缘材料特性规定最高允许工作温度。导线在持续电流的作用下，其温升不得超过允许值。常见的电线、电缆线芯允许长期工作温度见表 5-10。

表 5-10　　　　　电线、电缆线芯允许长期工作温度　　　　　（单位：℃）

电线、电缆类别	塑料绝缘电线	交联聚乙烯绝缘电力电缆	聚氯乙烯绝缘电力电缆	乙丙橡胶电力电缆	矿物绝缘电力电缆
允许长期工作温度	70	90	70	90	105

在已知条件下，导线的温升可以通过计算确定，但是这种计算很复杂，所以在照明配电设计中一般使用已经标准化了的计算和试验结果，即所谓载流量数据。导线的载流量是在使用条件下、温度不超过允许值时允许的长期持续电流，表 5-11～表 5-14 列出部分常用导线的载流量。

表 5-11　　　　　BV、BLV、BVR 型单芯电线单根敷设载流量（在空气中敷设）

导线截面（mm²）	长期连续负荷允许载流量（A）		相应电缆表面温度（℃）	导线截面（mm²）	长期连续负荷允许载流量（A）		相应电缆表面温度（℃）
	铜芯	铝芯			铜芯	铝芯	
0.75	16		60	25	138	105	60
1.0	19		60	35	170	130	60
1.5	24	18	60	50	215	165	60
2.5	32	25	60	70	265	205	60
4	42	32	60	95	325	250	60
6	55	52	60	120	375	285	60
10	75	59	60	150	430	325	60
16	105	80	60	185	490	380	60

表 5-12　RV、RVV、RVB、RVS、RFB、RFS、BVV、BLVV 型塑料软线和护套线单根敷设载流量

导线截面 （mm²）	长期连续负荷允许载流量（A）					
	一芯		二芯		三芯	
	铜芯	铝芯	铜芯	铝芯	铜芯	铝芯
0.12	5		4		3	
0.2	7		5.5		4	
0.3	9		7		5	
0.4	11		8.5		6	
0.5	12.5		9.5		7	
0.75	16		12.5		9	
1.0	19		15		11	
1.5	24		19		12	
2	28		22		17	
2.5	32	25	26	20	20	16
4	42	34	36	26	26	22
6	55	42	47	33	32	25
10	75	50	65	51	52	40

表 5-13　　　　BV、BLV 型单芯电线穿钢管敷设载流量

导线截面 （mm²）	长期连续负荷允许载流量（A）					
	穿二根		穿三根		穿四根	
	铜芯	铝芯	铜芯	铝芯	铜芯	铝芯
1.0	14		13		11	
1.5	19	15	17	12	16	12
2.5	26	20	24	18	22	15
4	35	27	31	24	28	22
6	47	35	41	32	37	28
10	65	49	57	44	50	38
16	82	63	73	56	65	50
25	107	80	95	70	85	65
35	133	100	115	90	105	80
50	165	125	140	110	130	100
70	205	155	183	143	165	127
95	250	190	225	170	200	152
120	300	220	260	195	230	172
150	350	250	300	225	265	200
185	380	285	340	255	300	230

表 5-14　　　　　　　　　**BV、BLV 型单芯电线穿塑料管敷设载流量**

导线截面 （mm²）	长期连续负荷允许载流量（A）					
	穿二根		穿三根		穿四根	
	铜芯	铝芯	铜芯	铝芯	铜芯	铝芯
1.0	12		11		10	
1.5	16	13	15	11.5	13	10
2.5	24	18	21	16	19	14
4	31	24	28	22	25	19
6	41	31	36	27	32	25
10	56	42	49	38	44	33
16	72	55	65	49	57	44
25	95	73	85	65	75	57
35	120	90	105	80	93	70
50	150	114	132	102	117	90
70	185	145	167	130	148	115
95	230	175	205	158	185	140
120	270	200	240	180	215	160
150	305	230	275	207	250	185
185	355	265	310	235	280	212

表 5-11～表 5-14 中导线最高允许工作温度 65℃，环境温度 25℃。有了这些载流量数据表，便可按下列关系式根据导线允许温升选择导线截面：

$$I_{al} \geqslant I_c \qquad\qquad (5\text{-}11)$$

式中　I_c——照明配电线路计算电流，A；

　　　I_{al}——导线允许载流量，A。

各种型号的电线、电缆的持续载流量应根据敷设方式、环境温度等条件的不同进行修正。表 5-15 ～表 5-17 给出了不同环境温度和敷设条件下导体载流量的校正系数，当环境温度和敷设条件不同时，所列载流量均应乘以相应的校正系数。

1）环境温度校正。

表 5-11～表 5-14 中所列导线和电缆载流量是按环境温度为 25℃和规定的最高允许温度给出的，当环境温度不是 25℃时，载流量应按表 5-15 给出的校正系数进行校正。

表 5-15　　　　　　　　　**不同环境温度时载流量的校正系数**

线芯最高允许工 作温度（℃）	环境温度（℃）								
	5	10	15	20	25	30	35	40	45
90	1.14	1.11	1.08	1.03	1.0	0.960	0.920	0.875	0.830
80	1.17	1.13	1.09	1.04	1.0	0.954	0.905	0.853	0.798
70	1.20	1.15	1.10	1.05	1.0	0.940	0.880	0.815	0.745
65	1.22	1.17	1.12	1.06	1.0	0.935	0.865	0.791	0.707
60	1.25	1.20	1.13	1.07	1.0	0.926	0.845	0.756	0.655
50	1.34	1.26	1.18	1.08	1.0	0.895	0.775	0.633	0.447

此外，当环境温度不是 25℃时，导线允许温升选择导线截面的计算还可以根据按下式进行：

$$K_t \cdot I_{al} \geqslant I_c \qquad (5-12)$$

式中 K_t——环境修正系数。

$$K_t = \sqrt{\frac{\theta_n - \theta_a}{\theta_n - \theta_c}} \qquad (5-13)$$

式中 θ_n——电线、电缆线芯允许长期工作温度，℃；

θ_a——敷设处的环境温度，℃；

θ_c——已知载流量数据的对应温度，℃。

2）并列敷设校正系数。

当电缆在空气中多根并列敷设时，由于散热条件不同，允许载流量也将不同。因此当多根电缆并列敷设时，表列载流量应按表 5-16 所列的校正系数进行校正。

表 5-16　　　　　　　　电缆在空气中并列敷设时载流量校正系数

电缆中心距离 s（mm）	根数及排列方式						
	1	2	3	4	4	5	6
	○	○○	○○○	○○○○	○○○○	○○○○○	○○○○○○
D	1.0	0.90	0.85	0.82	0.80	0.80	0.75
2d	1.0	1.0	0.98	0.95	0.90	0.90	0.90
3d	1.0	1.0	1.0	0.98	1.0	0.96	0.96

3）土壤热阻系数不同的校正系数。

直接埋地是指电缆在土壤中直埋，埋深大于 0.7m，并非地下穿管敷设。土壤温度采用一年中最热月份地下 0.8m 的土壤平均温度；土壤热阻系数取 80℃·cm/W。当土壤热阻系数不同时，应乘以表 5-17 所列的土壤热阻系数不同时载流量校正系数。

表 5-17　　　　　　　　土壤热阻系数不同时的载流量校正系数

电缆线芯截面（mm²）	土壤热阻系数（℃·cm/W）				
	60	80	120	160	200
2.5～16	1.06	1.0	0.90	0.83	0.77
25～95	1.08	1.0	0.88	0.80	0.73
120～240	1.09	1.0	0.86	0.78	0.71
土壤情况	潮湿地区：沿海、湖、河畔地带、雨量多的地区，如华东地区等		普通土壤：如东北大平原夹杂的黑土或黄土，华北大平原黄土、黄黏土砂土等		干燥土壤：如高原地区，雨量少的地区、丘陵、干燥地带

（2）按线路电压损失选择。

任何导线都存在着阻抗，当导线中有电流通过时，就会在线路上产生电压降，当线路压降较大时，就会使照明设备电压偏离额定电压。为了保证用电设备运行，用电设备的端电压必须在要求的范围内，所以对线路的电压损失也必须限定在允许值内。

1）照明线路允许电压损失

电压损失是指线路的始端电压与终端电压有效值的差。即

$$\Delta U = U_1 - U_2 \tag{5-14}$$

式中 U_1——线路始端电压，V；

U_2——线路终端电压，V。

ΔU 是电压损失的绝对值表示法，在实际应用中，常用相对值 $\Delta u\%$ 来表示电压损失，工程上通常用与线路额定电压的百分比来表示电压损失。即

$$\Delta u\% = \frac{\Delta U}{U_n} \times 100\% \tag{5-15}$$

式中 U_n——线路（电网）额定电压，V。

控制电压损失就是为了使线路末端灯具的电压偏移符合要求。照明线路电压的允许损耗值见表 5-18。

表 5-18 照明线路电压的允许损耗值

照明线路	允许电压损耗（%）
对视觉作业要求高的场所，白炽灯、卤钨灯及钠灯的线路	2.5
一般作业场所的室内照明，气体放电灯的线路	5
露天照明、道路照明、应急照明、36V 及以下照明线路	10

2）照明线路电压损失的计算。

①三相平衡的照明负荷线路。

对于三相负荷平衡的三相四线制照明线路，中性线没有电流通过，所以其电压损失算与无中性线的三相线路相同。

考虑线路电抗时其线路电压损失计算公式为

$$\Delta u\% = \frac{\sqrt{3}}{10U_n} \times (R\cos\varphi + X\sin\varphi)Il = \Delta u_a\% Il \tag{5-16}$$

不考虑线路电抗，即 $\cos\varphi = 1$ 时线路电压损失计算公式为

$$\Delta u\% = \frac{\sqrt{3}}{10U_n} R \sum Il \tag{5-17}$$

当整条线路的导线截面积、材料及敷设方式均相同且 $\cos\varphi = 1$ 时，线路电压损失计算公式可简化为

$$\Delta u\% = \frac{1}{10U_n^2 \gamma S} \sum Pl = \frac{\sum M}{CS} \tag{5-18}$$

式中 $\Delta u_a\%$——三相线路每安培千米的电压损失百分数，$\%/(A \cdot km)$；

I——照明负荷计算电流，A；

R——三相线路单位长度的电阻，Ω/km；

X——三相线路单位长度的电抗，Ω/km；

l——各段线路的长度，km；

U_n——线路的标称电压，kV；

$\cos\varphi$——照明负荷功率因数；

M——总负荷矩，负荷 P 与线路长度 L 的乘积，$kW \cdot km$；

S——导线截面，mm^2；

γ——导线的导电率；

C——功率因数为 1 时的计算系数，$C=10U_n^2\gamma$，见表 5-19。

②接于相电压的单相负荷线路。

在单相线路中，负荷电流流过相线和中性线，中性线上的电阻和电抗也引起电压损失。线路的电压损失等于相线电压损失和中性线电压损失之和。在单相线路中，中性线的材料和截面与相线相同。考虑线路电抗时，单相线路电压损失计算公式为

$$\Delta u \% = \frac{2}{10U_{n\varphi}} \times (R\cos\varphi + X\sin\varphi)Il \approx 2\Delta u_a \% Il \tag{5-19}$$

不考虑线路电抗，即 $\cos\varphi=1$ 时线路电压损失简化计算公式如下：

$$\Delta u \% = \frac{2.25R}{10U_{n\varphi}^2}Pl = \frac{2.25}{10U_{n\varphi}^2\gamma S}Pl = \frac{Pl}{CS} \tag{5-20}$$

表 5-19　　　　线路电压损失的计算系数 C 值（$\cos\varphi=1$）

标称电压（V）	线路系统	计算公式	导线 C 值（$\theta=50℃$）		母线 C 值（$\theta=65℃$）	
			铝	铜	铝	铜
220/380	三相四线	$10U_n^2\gamma$	45.7	75	43.40	71.10
220/380	两相三线	$\dfrac{10U_n^2\gamma}{2.25}$	20.3	33.30	19.30	31.60
220	单相及直流	$5U_{n\varphi}^2\gamma$	7.66	12.56	7.27	11.92
110			1.92	3.14	1.82	2.98
36			0.21	0.34	0.20	0.32
24			0.091	0.15	0.087	0.14
12			0.023	0.037	0.022	0.036
6			0.005 7	0.009 3	0.005 4	0.008 9

注　1. 20℃时 ρ 值（$\Omega\cdot\mu m$）：铝母线、铝导线为 0.028 2；铜母线、铜导线为 0.017 2。

　　2. 计算 C 值时，导线工作温度为 50℃，铝导线 γ 值（$S/\mu m$）为 31.66，铜导线为 51.91，母线工作温度为 65℃，铝母线 γ 值（$S/\mu m$）为 30.05，铜母线为 49.27。

③$\cos\varphi\neq1$ 时，线路电压损失的计算。

由于气体放电灯的大量采用，实际照明负载 $\cos\varphi\neq1$，为简化计算，根据线路的敷设方式、导线材料、截面积和线路功率因数等有关条件，算出三相线路每 1A·km（电流矩）的电压损失百分数，常用电线、电缆每 1A·km 电压损失百分数见表 5-20、表 5-21，查出表中电压损失百分数数值，根据上述简化公式，即可算出相应的电压损失。

表 5-20　　　　1kV 聚氯乙烯电力电缆用于三相 380V 系统的电压损失［单位:%/(A·km)］

铜截面积（mm^2）	电阻 $\theta=60℃$（Ω/km）	感抗（Ω/km）	$\cos\varphi$					
			0.5	0.6	0.7	0.8	0.9	1.0
2.5	7.981	0.100	1.858	2.219	2.579	2.938	3.294	3.638
4	4.988	0.093	0.174	1.398	1.622	1.844	2.065	2.274
6	3.325	0.093	0.795	0.943	1.091	1.238	1.383	1.516

续表

铜截面积 (mm²)	电阻 θ=60℃ (Ω/km)	感抗 (Ω/km)	cosφ					
			0.5	0.6	0.7	0.8	0.9	1.0
10	2.035	0.087	0.498	0.588	0.678	0.766	0.852	0.928
16	1.272	0.082	0.322	0.378	0.433	0.486	0.538	0.580
25	0.814	0.075	0.215	0.250	0.284	0.317	0.349	0.371
35	0.581	0.072	0.161	0.185	0.209	0.232	0.253	0.265
50	0.407	0.072	0.121	0.138	0.153	0.168	0.181	0.186
70	0.291	0.069	0.094	0.105	0.115	0.125	0.133	0.133
95	0.214	0.069	0.076	0.084	0.091	0.097	0.102	0.098
120	0.169	0.069	0.066	0.071	0.076	0.081	0.083	0.077
150	0.136	0.070	0.059	0.063	0.066	0.069	0.070	0.062
185	0.110	0.070	0.053	0.056	0.058	0.059	0.059	0.050
240	0.085	0.070	0.047	0.049	0.050	0.050	0.049	0.039

表 5-21　　　　1kV 交联聚氯乙烯绝缘电力电缆用于三相 380V 系统的电压损失

[单位:% (A·km)]

铜截面积 (mm²)	电阻 θ=60℃ (Ω/km)	感抗 (Ω/km)	cosφ					
			0.5	0.6	0.7	0.8	0.9	1.0
4	5.332	0.097	1.253	1.494	1.733	1.971	2.207	2.430
6	3.554	0.092	0.846	1.006	0.164	0.321	1.476	1.620
10	2.175	0.085	0.529	0.626	0.722	0.816	0.909	0.991
16	1.359	0.082	0.342	0.402	0.460	0.518	0.574	0.619
25	0.870	0.082	0.231	0.268	0.304	0.340	0.373	0.397
35	0.622	0.080	0.173	0.199	0.224	0.249	0.271	0.284
50	0.435	0.079	0.130	0.148	0.165	0.180	0.194	0.198
70	0.310	0.078	0.101	0.113	0.124	0.134	0.143	0.141
95	0.229	0.077	0.083	0.091	0.098	0.105	0.109	0.104
120	0.181	0.077	0.072	0.078	0.083	0.087	0.090	0.083
150	0.145	0.077	0.063	0.068	0.071	0.074	0.075	0.060
185	0.118	0.078	0.058	0.061	0.064	0.064	0.064	0.054
240	0.091	0.077	0.051	0.053	0.054	0.054	0.053	0.041

（3）按机械强度选择。

在正常的工作状态下，导线应有足够的机械强度，以防断线保证安全可靠运行，因此照明线路的线缆必须满足表 5-22 所示的绝缘电线最小允许截面积要求。

表 5-22 绝缘电线最小允许截面积要求

用途及敷设方式		线芯的最小截面积		
		铜芯软线	铜线	铝线
室内灯头线		0.4	1.0	2.5
室外灯头线		1.0	1.0	2.5
绝缘导线穿管、线槽敷设			1.5	10
绝缘导线明敷（室内）	$L \leqslant 2m$		1.5	10
绝缘导线明敷（室外）（L 为支点距离）	$L \leqslant 2m$		1.5	10
	$2m < L \leqslant 6m$		2.5	10
	$6m < L \leqslant 16m$		4	10
	$16m < L \leqslant 25m$		6	10

（4）按短路热稳定选择导线的截面积。

在短路情况下，导线必须保证在一定的时间内，安全承受短路电流通过导线时所产生的热的作用，以保证供电安全。

1）对于短路电流持续时间不超过 5s 的电线或电缆线路，其截面积应满足式（5-21）规定

$$S \geqslant \frac{I_k}{K}\sqrt{t} \tag{5-21}$$

式中　S——绝缘导体的线芯截面积，mm^2；

　　　I_k——短路电流有效值（均方根值），A；

　　　K——热稳定系数，见表 5-23；

　　　t——短路电流持续的时间，s。

表 5-23 热稳定系数 K

绝缘	聚氯乙烯（PVC）		橡胶 60℃	交联聚乙烯、乙丙橡胶（XIPE/EPR）	矿物绝缘	
	$\leqslant 300mm^2$	$> 300mm^2$			带 PVC	裸的
铜芯导体	115	103	141	143	115	135
铝芯导体	76	68	93	94		

注 1. 表中 K 值不适用 6mm² 及以下的电缆。

　　2. 当短路电流持续时间小于 0.1s 时应计入短路电流非周期分量的影响，导体 K^2S^2 值应大于电器制造厂提供的电器允许通过的 I^2t 值；大于 5s 时应计入散热的影响。

2）对于 PE 线或 PEN 线的截面积 S 应满足式（5-22）要求

$$S \geqslant \frac{I_{dp}}{K}\sqrt{t} \tag{5-22}$$

式中　I_{dp}——接地故障电流（IT 系统为两相短路电流），A；

　　　K——热稳定系数；

　　　t——短路电流持续的时间（适用于 $t \leqslant 5s$），s。

3）PE 线及 PEN 线参照表 5-24 选用时，可不按式（5-21）进行校验。

表 5-24   **PE 线、PEN 线选择**

相线截面积 S（mm²）	PE、PEN
$S<16$	S
$16 \leqslant S \leqslant 35$	16
$S>35$	$S/2$

4）三相四线制配电线路符合下列情况之一时，其中性线的截面积应不小于相线截面积：

①以气体放电灯为主的配电线路；

②单相配电回路；

③晶闸管调光回路；

④计算机电源回路。

5.5.2　照明线路的保护

当导线流过的电流过大时，由于导线温升过高，会对其绝缘、接头、端子或导体周围的物质造成损害。温升过高时，还可能引起着火，因此照明线路应具有过电流保护装置。过电流的原因主要是短路或过负荷（过载），因此过电流保护又分为短路保护和过载保护两种。此外，照明线路及照明器在电气故障时，为防止人身电击、电气线路损坏和电气火灾，应装设短路保护、过负荷保护及接地故障保护，用以切断供电电源或发出报警信号，一般采用熔断器、断路器和剩余电流动作保护器进行保护。

1. 线路保护的类型

照明线路的保护类型主要是短路保护、过载保护和接地故障保护三种。

（1）短路保护。

所谓的短路保护是指在短路电流对导体和连接件产生的热作用和机械作用造成危害前切断短路电流。所有照明配电线路均应设短路保护，通常用熔断器或低压断路器的瞬时脱扣器作短路保护。采用低压断路器作为保护电器时，短路电流不应小于低压断路器瞬时（或短延时）过电流脱扣整定电流的 10/13。对于照明配电线路，干线或分干线的保护电器应装设在每回路的电源侧、线路的分支处和线路载流量减小处（包括导线截面积减小或导体类型、敷设条件改变等导致的载流量减小）。

一般照明配电线路中，常采用相线上的保护电器保护 N 线，且 N 线的截面积与相线截面积相同，或虽小于相线但已能被相线上的保护电器所保护时，不需为 N 线设置保护。当 N 线不能被相线上保护电器所保护时，则应为 N 线设置保护电器。

（2）过载保护。

照明配电线路过负载保护目的是在线路过负载电流所引起导体的温升对其绝缘、接插头、端子或周围物质造成严重损害之前切断电路。照明配电线路除不可能增加负荷或因电源容量限制而不会导致过载外，均应装过过载保护。通常由断路器的长延时过流脱扣器或熔断器作过载保护。

过负载保护电器宜采用反时限特性的保护电器，其分断能力可低于保护电器安装处的短路电流，但应能承受通过的短路能量。

过负载保护电器的约定动作电流应大于被保护照明线路的计算电流，但应小于被保护照明线路允许持续载流量的 1.45 倍。

过负载保护电器的整定电流应保证在出现正常的短时尖峰负载电流时，保护电器不应切断线路供电。

（3）接地故障保护。

接地故障是指相线对它或与它有联系的导电体之间的短路。它包括相线与大地，及 PE 线、PEN 线、配电设备和照明灯具的金属外壳、敷线管槽、建筑物金属构件、水管、暖气管以及金属屋面等之间的短路。接地故障是短路的一种，仍需要及时切断电路，以保证线路短路时的热稳定。不仅如此，若不切断电路，则会产生更大的危害性。当发生接地短路时在接地故障持续的时间内，与它有联系的配电设备（照明配电箱、插座箱等）和外露可导电部分对地和对装置外导电部分间存在故障电压，此故障电压可使人身遭受电击，也可因对地的电弧或火花引起火灾或爆炸，造成严重的生命财产损失。由于接地故障电流较小，保护方式还因接地形式和故障回路阻抗不同而异，所以接地故障保护比较复杂。

1）接地保护总的原则是：

①切断接地故障的时限，应根据系统接地形式和用电设备使用情况确定，但最长不宜超过 5s。

在正常环境下，人身触电时安全电压限值 U_L 为 50V。当接触电压不超过 50V 时，人体可长期承受此电压而不受伤害。允许切断接地故障电路的时间最大值不得超过 5s。

②应设置总等电位联结，将电气线路的 PE 干线或 PEN 干线与建筑物金属构件和金属管道等导电体联结。

2）不同接地系统的接地故障保护。

①TN 系统的接地故障保护：TN 系统是中性点直接接地的供电系统，电气设备的外露可导电部分用保护线与该点联结。根据中性线（N）与保护线（PE）的组合情况，TN 系统有三种类型 TN-C、TN-S、TN-C-S。不管哪种类型，其接地故障保护应满足

$$Z_s \cdot I_a \leqslant U_0 \eqno(5\text{-}23)$$

式中　Z_s——接地故障回路阻抗（Ω）；

　　　I_a——保证保护电器在规定时间内自动切断故障回路的动作电流值（A）；

　　　U_0——对地标称电压（V）。

切断故障回路的规定时间：对于配电干线和供电给固定灯具及电器的线路不大于 5s，对于供电给手提灯、移动式灯具的线路和插座回路不大于 0.4s。

②TT 系统的接地故障保护：TT 电力系统有一个直接接地点，电气设备的外露可导电部分（外壳）采取单独的接地（与电力系统接地点无关）。

该系统接地故障保护应满足

$$R_A \cdot I_a \leqslant 50V \eqno(5\text{-}24)$$

式中　R_A——设备外露导电部分接地电阻和接地线（PE 线）电阻（Ω）；

　　　I_a——保证保护电路切断故障回路的动作电流（A）。

I_a 值的具体要求是：

a. 当采用熔断器或断路器长延时脱扣器时，为在 5s 内切断故障回路的动作电流。

b. 当采用断路器瞬时过流脱扣器时，为保证瞬时动作的最小电流。

c. 当采用漏电保护时，为漏电保护器的额定动作电流。

2. 线路保护的电器

常见的照明线路保护电器主要为熔断器、断路器和剩余电流保护装置三种，用以实现线路的短路保护、过载保护和接地故障保护，其中断路器可以实现三种故障的保护，而熔断器可以实现短路保护和过载保护，剩余电流保护装置主要是实现接地故障保护，但与熔断器配合也可实现短路保护的功能。

（1）熔断器。

熔断器是一种保护电器，它主要由熔体和安装熔体用的绝缘器组成。它在低压电网中主要用于短路保护，有时也用于过载保护。熔断器的保护作用是靠熔体来完成的，一定截面的熔体只能承受一定值的电流，当通过的电流超过规定值时，熔体将熔断，从而起到保护的作用。熔体熔断所需时间与电流的大小有关，当通过熔体的电流越大时，熔断的时间越短。

最常用的低压熔断器的系列产品设备有：RC 系列瓷插式熔断器，用于负载较小的照明电路；RL 系列螺旋式熔断器，适用于配电线路的过载和短路保护，也常作为电动机的短路保护电器；RM 无填料密封管式熔断器；RT 系列有填料密封闭管式熔断器，灭弧能力强，分断能力高，并有限流作用。

熔断器主要用于线路的短路保护、过负荷保护和接地故障保护，由熔断体和熔断体支持件组成。熔断器使用类别见表 5-25。

表 5-25　　　　　　　　　　　　　　熔断器使用类别

类别		描　述
按分断范围分类	g	全范围分断：在规定条件下，能分断使熔断体熔断的电流至额定分断能力之间的所有电流
	a	部分范围分断：在规定条件下，能分断示于熔断体熔断时间-电流特性曲线上的最小电流至额定分断能力之间的所有电流
按使用类别分类	G	一般用途：可用于保护配电线路
	M	用于保护电动机回路

注　对于上述两种分类可以有不同的组合，如 gG、aM。

1）熔断体额定电流的确定。

选择熔断器应满足正常工作时不动作，故障时在规规定时限内可靠切断电源，在线路允许温升内保护线路，上、下级能够实现选择性切断电源。

①按正常工作电流选择

$$I_N \geqslant I_C \tag{5-25}$$

②按启动尖峰电流选择

$$I_N \geqslant K_m I_C \tag{5-26}$$

式中　I_N——熔断体额定电流，A；

　　　I_C——线路计算电流，A；

　　　K_m——熔断体选择计算系数，取决于电光源启动状况和熔断体时间—电流特性，其值见表 5-26。

表 5-26　　　　　　　　　　　　　　　K_m 值

熔断器型号	熔断体额定电流（A）	K_m		
		白炽灯、卤钨灯、荧光灯	高压钠灯、金属卤化物灯	LED 灯
RL7、NT	≤63	1.0	1.2	1.1
RL6	≤63	1.0	1.5	1.1

③为使熔断器迅速切断故障电路，其接地故障电流 I_k 与熔断体额定电流 I_N 应满足式（5-27）要求。

$$I_k/I_N \geqslant K_i \tag{5-27}$$

K_i 值见表 5-27。

表 5-27　　　　TN 系统故障防护采用熔断器切断故障回路时 I_k/I_N（K_i）最小允许值

切断时间（s）	I_N（A）							
	16	20	25	32	40	50	63	80
5	4.0	4.0	4.2	4.2	4.3	4.4	4.5	5.3
0.4	5.5	6.5	6.8	6.9	7.4	7.6	8.3	9.4
切断时间（s）	I_N（A）							
	100	125	160	200	250	315	400	500
5	5.4	5.5	5.5	5.9	6.0	6.3	6.5	7.0
0.4	9.8	10.0	10.8	11.0	11.2	—	—	—

当不能满足上述要求时，应采取其他措施。

2）熔断体支持件额定电流的确定。熔断体电流确定后，根据熔断体电流和产品样本可确定熔断体支持件的额定电流及规格、型号，但应按短路电流校验熔断器的分断能力。熔断器最大开断电流应大于被保护线路最大三相短路电流的有效值。

3）熔断器与熔断器的级间配合。在一般配电线路过负荷和短路电流较小的情况下，可按熔断器的时间—电流特性不相交，或按上下级熔体的额定电流选择比来实现。当弧前时间大于 0.01s 时，额定电流大于 12A 的熔断体电流选择比（即熔体额定电流之比）不小于 1.6∶1。即认为满足选择性要求。

在短路电流很大，弧前时间小于 0.01s 时，除满足上述条件外，还需要用 I^2t 值进行校验，只有上一级熔断器弧前 I^2t 值大于下级熔断器的熔断 I^2t 值时，才能保证满足选择性要求。

（2）断路器。

断路器可用于照明线路的过负荷、短路和接地故障保护。断路器反时限和瞬时过电流脱扣器整定电流分别为

$$I_{set1} \geqslant K_{set1} I_C \tag{5-28}$$

$$I_{set3} \geqslant K_{set3} I_C \tag{5-29}$$

$$I_{set1} \leqslant I_z \tag{5-30}$$

式中　　I_{set1}——反时限过电流脱扣器整定电流，A；

I_{set3}——瞬时过电流脱扣器整定电流，A；

I_C——线路计算电流，A；

I_z——导体允许持续载流量，A；

K_{set1}、K_{set3}——反时限和瞬时过电流脱扣器可靠系数，取决于电光源启动特性和断路器特性，其值见表 5-28。

表 5-28　　　　　照明线路保护的断路器反时限和瞬时过电流脱扣器可靠系数

低压断路器种类	可靠系数	白炽灯、卤钨灯	荧光灯	高压钠灯、金属卤化物灯	LED 灯
反时限过电流脱扣器	K_{set1}	1.0	1.0	1.0	1.0
瞬时过电流脱扣器	K_{set3}	10～12	5	5	5

对于气体放电灯，启动时镇流器的限流方式不同，会产生不同的冲击电流，除超前顶峰式镇流器启动电流低于正常工作电流外，一般启动电流为正常工作电流的 1.7 倍左右，启动时间较长，高压汞灯为 4～8min，高压钠灯约 3min，金属卤化物灯为 2～3min，选择反时限过电流脱扣器整定电流值要躲过启动时的冲击电流，除在控制上要采取避免灯具同时启动的措施外，还要根据不同灯具启动情况留有一定裕度。

如果采用断路器可靠切断单相接地故障电路，则应满足下式

$$I_{kmin} \geqslant K_i I_{set3} \tag{5-31}$$

式中　I_{kmin}——被保护线路末端最小单相接地故障电流，A；

　　　K_i——脱扣器动作可靠系数，取 1.3；

　　　I_{set3}——瞬时过电流脱扣器整定电流，A。

如果线路较长，单相接地故障电流较小，不能满足上述要求，可以采用剩余电流动作保护器作接地故障保护。

目前，断路器瞬时过电流脱扣器的整定电流一般为反时限过电流脱扣器整定电流的 5～10 倍，因此只要正确选择反时限过电流脱扣器的整定电流值，一般就满足瞬时过电流脱扣器的要求。但应按短路电流校验断路器的分断能力，即断路器的分断能力应大于等于被保护线路三相短路电流周期分量的有效值。

断路器的额定电流，尚应根据使用环境温度进行修正，尤其是装在封闭式的室外配电箱内，温度升高可达 10～15℃，其修正值一般情况下可按 40℃进行修正。

（3）剩余电流动作保护器。

通过保护装置主回路各相电流的矢量和称为剩余电流。正常情况下，剩余电流为零；当人触击到带电体或所保护的线路及设备绝缘损坏时，呈现剩余电流。当剩余电流达到漏电保护器的动作电流时，就在规定的时间内漏电断路器自动切断电路。

剩余电流动作保护器的最显著功能是接地故障保护，其漏电动作电流一般有 30mA、50mA、100mA、300mA、500mA 等，带有过负荷和短路保护功能的剩余电流动作保护器称为有剩余电流动作保护功能的断路器。如果剩余电流动作保护器无短路保护功能，则应另行考虑短路保护，如加装熔断器配合使用。

1）剩余电流动作保护器的选择。剩余电流动作保护器应符合如下使用环境条件：

①环境温度：-5～+55℃。

②相对湿度：85%（+25℃时）或湿热型。

③海拔：<2000m。

④外磁场：<5倍地磁场值。

⑤抗振强度：0~8Hz，30min≥5g。

⑥半波，26g≥2000震次，持续时间6ms。

2）剩余电流动作保护器应符合如下选用原则：

①剩余电流动作保护器应能迅速切断故障电路，在导致人身伤亡及火灾事故之前切断电路。

②有剩余电流动作保护功能的断路器的分断能力应能满足过负荷及短路保护的要求。当不能满足分断能力要求时，应另行增设短路保护电器。

③对电压偏差较大的配电回路、电磁干扰强烈的地区、雷电活动频繁的地区（雷暴日超过60）以及高温或低温环境中的电气设备，应优先选用电磁型剩余电流动作保护器。

④安装在电源进线处及雷电活动频繁地区的电气设备，应选用耐冲击型的剩余电流动作保护器。

⑤在恶劣环境中装设的剩余电流动作保护器，应具有特殊防护条件。

⑥有强烈振动的场所（如射击场等）宜选用电子型剩余电流动作保护器。

⑦为防止因接地故障引起的火灾而设置的剩余电流动作保护器，其动作电流宜为0.3~0.5A，动作时间为0.15~0.5s，并为现场可调型。

⑧分级安装的剩余电流动作保护器的动作特性，上下级的电流值一般可取3：1，以保证上下级间的选择性，见表5-29。

表 5-29　　　　　　　　　　　　剩余电流动作保护器的配合表

保护级别	第一级（$I_{\Delta n1}$）	第二级（$I_{\Delta n2}$）	
	干线	分干线	线路末端
动作电流（$I_{\Delta n}$）	2.5≤$I_{\Delta n}$<3倍线路与设备漏泄电流总和或≥3$I_{\Delta n2}$	2.5≤$I_{\Delta n}$<3倍线路与设备漏泄电流总和	3≤$I_{\Delta n}$<4倍设备漏泄电流

在一般正常情况下，末端线路剩余电流动作保护器的动作电流不大于30mA，上一级的动作电流不宜大于300mA，配电干线的动作电流不大于500mA，并有适当延时。

5.5.3　照明装置的电气安全

在日常生活中，照明设备的应用和分布很广泛，而且线路分支较复杂。为了保障照明设备和人身安全，必须重视照明设备及其线路的电气安全。

1. 安全电流和安全电压

人体触及带电体而承受过高电压，从而引起死亡或局部受伤的现象称为触电（又称电击）。触电严重时可导致心室颤动而使人死亡。实验表明：通过人体的电流在30mA及以下时不会产生心室颤动，不致死亡。大量的测试数据还表明：在正常环境下，人体的总阻抗在1000Ω以上，在潮湿环境中，则在1000Ω以下。根据这个平均值，IEC（国际电工委员会）规定了长期保持接触电压的最大值（称为通用接触电压极限值U_L）：对于15~100Hz交流电在正常环境下为50V，在潮湿环境下为25V；对于脉动值不超过10%的直流电，则应为120V及60V。我国规定的安全电压标准为：42V、36V、24V、12V、6V。

2. 预防触电的保护措施

人体触电有两种形式：一是直接触电即人体与带电体直接接触而触电；二是间接触电即

人体与正常不带电而在异常时带电的金属结构部分接触而触电。

（1）预防直接触电的措施。

1）采用安全电压。

2）采用电气隔离措施或选用加强绝缘的灯具：比如设置使人体不能与带电部分接触的绝缘；设置必要的遮拦将人与带电体隔离，隔离距离为人伸手不能触摸到；或选取防触电保护灯具。

（2）预防间接触电措施。

1）采用接零保护并在照明网络中采用等电位联结措施。

2）整定低压断路器或熔断器在发生间接触电时使其尽快自动切断故障电路。

3）采用剩余电流保护装置（RCD）预防触电（漏电保护）。

3. 照明装置及线路应采用的电气安全措施

（1）照明装置正常不带电的金属可导电部分，必须与保护线（PE 线）或保护中性线（PEN 线）实行可靠的电气联结。这些外露可导电部分是：照明灯具的金属外壳、开关、插座、降压变压器、配电箱（盘）的金属外壳、支架、电缆的金属外皮等。

（2）各种灯具在接零保护时，必须采用单独的保护线（PE 线）与保护中性线（PEN 线）相接，不合许将灯具的外壳与直接工作的中性线（N 线）相连，也不允许将几个照明设备的外壳接地支线相串联。

（3）采用硬质塑料管或难燃塑料管的照明线路，要敷设专用的保护线（PE 线）。

（4）爆炸危险场所 1 区、10 区的照明装置，应敷设专用的保护接地线（PE 线）。

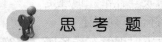

思 考 题

1. 按照明用途情况，照明的分类有哪些？

2. 正常照明和应急照明的关系是什么？

3. 照明方式的原则有哪些？

4. 灯具布置的要求有哪些？

5. 照明设计程序包括哪些方面？

6. 灯具布置设计的原则有哪些？

7. 照明供电的负荷分级有哪些？

8. 不同负荷等级的供电要求有哪些？

9. 我国供电网络的接线方式分为哪几种？各自的特点是什么？

10. 从安全方面考虑，照明的电源电压一般按哪些原则选择？

11. 如何按允许载流量选择导线截面？

12. 照明线路电压损失怎么计算？

13. 线路保护的类型有哪些？

14. 常见的照明线路保护电器有哪些？

15. 剩余电流动作保护器应符合哪些原则？

16. 预防直接触电的措施有哪些？

第6章 应 急 照 明

应急照明是在正常照明系统因电源发生故障，不再提供正常照明的情况下，供人员疏散、保障安全或继续工作的照明。应急照明作为工业及民用建筑照明设施的一个部分，同人身安全和建筑物、设备安全密切相关。当电源中断，特别是建筑物内发生火灾或其他灾害而电源中断时，应急照明对人员疏散、保证人身安全都占有特殊地位。目前，国家和行业规范对应急照明都作了规定，例如 GB 50034—2013《建筑照明设计标准》、GB 50016—2014《建筑设计防火规范》、JGJ 242—2011《住宅建筑电气设计规范》等，在做应急照明设计时，要参照国标规范，还应参考相关行业规范，并按较严格的标准执行。

6.1 应急照明的基本要求

应急照明的设计应满足相关规范的要求，主要体现在照度标准值、照明设备的设置场所和部位、供电电源的供电时间及转换时间等方面。

6.1.1 应急照明照度

1. GB 50034—2013《建筑照明设计标准》的规定

（1）备用照明的照度标准值应符合下列规定：

1）供消防作业及救援人员在火灾时继续工作场所，应符合 GB 50016—2014《建筑设计防火规范》的有关规定。

2）医院手术室、急诊抢救室、重症监护室等应维持正常照明的照度。

3）其他场所的照度值除另有规定外，不应低于该场所一般照明照度标准值的10%。

（2）安全照明的照度标准值应符合下列规定：

1）医院手术室应维持正常照明照度的30%。

2）其他场所不应低于该场所一般照明照度标准值的10%，且不应低于15lx。

（3）疏散照明的地面平均水平照度值应符合下列规定：

1）水平疏散通道不应低于1lx，人员密集场所、避难层（间）不应低于2lx。

2）垂直疏散区域不应低于5lx。

3）疏散通道中心线的最大值与最小值之比不应大于40∶1。

4）寄宿制幼儿园和小学的寝室、老年公寓、医院等需要救援人员协助疏散的场所不应低于5lx。

对于大型体育建筑，应急照明除上述应急照明种类外，还应保证应急电视转播的需要，需要根据电视转播机构要求，如要求应急电视转播照明的垂直照度不应低于700lx，并能同时满足固定摄像机和移动摄像机对照明的要求。

2. GB 50016—2014《建筑设计防火规范》的规定

（1）疏散照明的地面最低水平照度应符合下列规定：

1）对于疏散走道，不应低于 1lx。

2）对于人员密集场所、避难层（间），不应低于 3lx；对于病房楼或手术部的避难层间，不应低于 10lx。

3）对于楼梯间、前室或合用前室、避难走道，不应低于 5lx。

（2）备用照明的照度标准值应符合的规定：消防控制室、消防水泵房、自备发电机房、配电室、防排烟机房以及发生火灾时仍需正常工作的消防设备房，应设置备用照明，其作业面的最低照度不应低于正常照明的照度。

6.1.2 设置场所和部位

1. 备用照明

下列场所应设置备用照明：

（1）消防控制室、消防水泵房、自备发电机房、配电室、防排烟机房以及发生火灾时仍需正常工作的消防设备房。

（2）金融建筑中的营业厅、交易厅、理财室、离行式自助银行、保管库等金融服务场所；数据中心、银行客服中心的主机房；消防控制室、安防监控中心（室）、电话总机房、配变电所、发电机房、气体灭火设备房等重要辅助设备机房。

（3）二级至四级生物安全实验室及实验工艺有要求的场所。

（4）医疗建筑中的重症监护室、急诊通道、化验室、药房、产房、血库、病理实验与检验室等需确保医疗工作正常进行的场所。

2. 疏散照明

除建筑高度小于 27m 的住宅建筑外，民用建筑、厂房和丙类仓库的下列部位应设置疏散照明：

（1）封闭楼梯间、防烟楼梯间及其前室、消防电梯间的前室或合用前室和避难层（间）。

（2）观众厅、展览厅、多功能厅和建筑面积大于 200m² 的营业厅、餐厅、演播室等人员密集场所。

（3）建筑面积大于 100m² 的地下或半地下公共活动场所。

（4）公共建筑内的疏散走道。

（5）人员密集的厂房内的生产场所及疏散走道。

疏散照明灯具应设置在出口的顶部、墙面的上部或顶棚上，备用照明灯具应设置在墙面的上部或顶棚上。

3. 疏散指示标志

公共建筑、高度大于 54m 的住宅建筑、高层厂房（库房）和甲、乙、丙类单、多层厂房，应设置灯光疏散指示标志，并应符合下列规定：

（1）应设置在安全出口和人员密集场所的疏散门的正上方。

（2）应设置在疏散走道及其转角处距地面高度 1m 以下的墙面或地面上。灯光疏散指示标志间距不应大于 20m；对于袋形走道，不应大于 10m；在走道转角区，不应大于 1m。

（3）对于空间较大、人员密集的场所，要增设辅助的疏散指示标志以利疏散，要求下列建筑或场所应在其疏散走道和主要疏散路径的地面上增设能保持视觉连续的灯光疏散指示标志或蓄光疏散指示标志：

1）总建筑面积大于 8000m² 的展览建筑。

2）总建筑面积大于 5000m² 的地上商店。

3）总建筑面积大于 500m² 的地下或半地下商店。

4）歌舞娱乐放映游艺场所。

5）座位数超过 1500 个的电影院、剧场，座位数超过 3000 个的体育馆、会堂或礼堂。

6）车站、码头建筑和民用机场航站楼中建筑面积大于 3000m² 的候车、候船厅和航站楼的公共区。

还需说明的是，对于大型建筑或人员密集场所，有些地方标准规定疏散指示标志间距不大于 10m，在具体应急照明设计时，尚应参考项目所在地的地方标准。

4. 安全照明

（1）手术室、抢救室应设置安全照明。

（2）生化实验、核物理等特殊实验室应根据工艺要求确定是否设置安全照明。

（3）高危作业区域，为处于潜在危险过程或情形中人员的安全，并为工作人员和其他场所使用者能恰当地终止程序应设置安全照明。

（4）观众席和运动场地安全照明的平均水平照度值不应低于 20lx。

6.1.3　备用电源连续供电时间及转换时间

1. 备用电源连续供电时间

应急照明在正常照明电源故障时使用，因此除正常照明电源外，尚应由与正常照明电源独立的电源供电，除主供电源外，应设置备用电源。

（1）备用电源可以选用以下几种方式的电源：

1）来自电力网有效的独立于正常电源的馈电线路。如分别接自两个区域变电站，或接自有两回路独立高压线路供电的变电站的不同变压器引出的馈电线。

2）专用的应急发电机组。

3）带有蓄电池组的应急电源（交流/直流），包括集中或分区集中设置的，或灯具自带的蓄电池组。

4）备用照明、安全照明由上述三种方式中两种至三种电源的组合，疏散照明和疏散指示标志应由第三种方式供电。

（2）备用电源的连续供电时间应符合下列规定：

1）建筑高度大于 100m 的民用建筑，不应小于 1.5h。

2）医疗建筑、老年人建筑、总建筑面积大于 100 000m² 的公共建筑和总建筑面积大于 20 000m² 的地下、半地下建筑，不应少于 1h。

3）其他建筑，不应少于 0.5h。

4）人防战时应急照明的连续工作时间不应小于该防控地下室的隔绝防护时间，即医疗救护工程、专业队队员掩蔽部、一等人员掩蔽所、食品站、生产车间、区域供水站不应小于 6h；二等人员掩蔽所、电站控制室不应小于 3h；物资库等其他配套工程不应小于 2h。

2. 备用电源转换时间

当正常电源故障停电后，应自动转换到备用电源，其转换时间应满足下列规定：

（1）应急照明配电箱在应急转换时，应保证灯具在 5s 内转入应急工作状态，高危险区域的应急转换时间不大于 0.25s。

（2）现金交易柜台、保管库、自动柜员机等处的备用照明电源转换时间不应大于 0.1s，其他应急照明的电源转换时间不应大于 1.5s。

6.2 应 急 照 明 设 计

6.2.1 疏散照明设计

1. 疏散照明的功能

（1）明确、清晰地标示疏散路线及出口或应急出口的位置。

（2）为疏散通道提供必要的照明，保证人员能安全向出口或应急出口行进。

（3）能容易看到沿疏散通道设置的火警呼叫设备和消防设施。

疏散照明包括疏散照明灯和疏散指示标志灯，疏散照明灯应满足疏散照度的要求，疏散指示标志灯要标清楚安全出口和疏散方向。

2. 疏散照明灯的布置

（1）设置的场所：疏散走道交叉处、拐弯处、台阶处；连廊的连接处；自动扶梯上方或侧上方；安全出口外面及附近区域。

（2）疏散照明灯的装设位置应满足容易找寻在疏散路线上的所有手动报警器、呼叫通信装置和灭火设备等设施。

（3）疏散通道的疏散照明灯通常安装在顶棚下，需要时也可以安装在墙上，并保持楼梯各部位的最小照度。

（4）灯距地安装高度不宜小于 2.5m，但也不应太高。

（5）应与通道的正常照明相协调，使得通道顶部美观一致。

3. 疏散标志灯的布置

（1）安全出口标志灯的布置应符合下列要求：

1）首层消防应急标志灯具应设置在出口门的内侧，在出口门的上方居中位置，底边离门框距离不大于 200mm。

2）各楼层应设置在通向疏散楼梯间或防烟楼梯间前室的门口；宜设置在顶棚 0.5m 以下；顶棚高度低于 2m 时，应设置在门的两侧，但不能被门遮挡，侧边离门框距离不大于 200mm。

3）室内最远点至房间疏散门距离超过 15m 的房间门。

4）在疏散走道内的安全出口，应在安全出口标志面的垂直疏散走道的顶部设双面消防疏散指示标志灯具。

5）可调光型出口标志灯，宜用于影剧院、歌舞娱乐游艺场所的观众厅，在正常情况下减光使用，应急使用时，应自动接通至全亮状态。

（2）疏散指示标志灯的布置应符合下列要求：

1）设置的场所：疏散走道拐弯处；地下室疏散楼梯间；超过 20m 的直行走道、超过 10m 的袋形走道；人防工程；避难间、避难层及其他安全场所。

2）当设置在疏散走道的顶部时，两个标志灯具间距离不应大于 20m，其底边距地面高度宜为 2.2～2.5m。

3）设置在疏散走道的侧面墙上时，设置高度宜底边距地 1m 以下，标志灯具设置间距不应大于 10m，灯具突出墙面部分的尺寸不宜超过 20mm，且表面平滑。

4）指示疏散方向的消防应急标志灯具在地面设置时，灯具表面高于地面距离不应大于 3mm，灯具边缘与地面垂直距离高度不应大于 1mm，标志灯具设置间距不应大于 3m。

5）地面设置的消防应急标志灯具防护等级应符合 IP65 要求，室外地面设置的消防应急标志灯具防护等级应符合 IP67 要求。

疏散照明照度计算是不考虑墙面、地面等反射影响的，疏散照明灯应满足疏散照度的要求；安全出口标志灯、疏散指示标志灯只考虑亮度，不考虑照度。疏散照明灯、安全出口标志灯、疏散指示标志灯的设置部位示例见图 6-1、图 6-2。

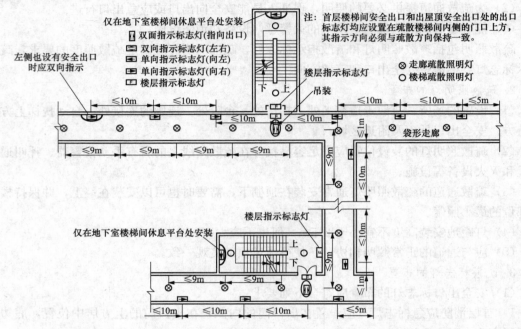

图 6-1　疏散照明灯、安全出口标志灯、疏散指示标志灯的设置部位示例（一）

指示楼层的消防应急标志灯具应设置在楼梯间内朝向楼梯的正面墙上；地面层应同时设置指示地面层和指示安全出口方向的消防应急标志灯具；地下室至地面层的楼梯间，指示出口的消防应急标志灯具应设置在地面层出口内侧。

6.2.2　备用照明设计

（1）可以利用正常照明的一部分以至全部作为备用照明，尽量减少另外装设过多的灯具。

（2）对于消防机房等重要机房，备用照明与正常照明照度相同，利用正常照明灯具，在正常电源故障时，备用电源自动转换到备用电源供电。

（3）对于特别重要的场所，如大会堂、国宾馆、国际会议中心、国际体育比赛场馆、高级饭店，备用照明要求较高照度，可利用一部分正常照明灯具作备用照明，正常电源故障时能自动转换到备用电源供电。

（4）对于某些重要部位、某个生产或操作地点需要备用照明的，如操纵台、控制屏、接线台、收款处、生产设备等，常常不要求全室均匀照明，只要求照亮这些需要备用照明的部位，则宜从正常照明中分出一部分灯具，该部分灯具采用集中蓄电池或灯具自带蓄电池

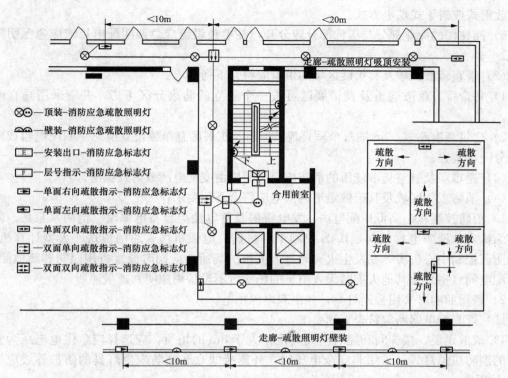

图 6-2　疏散照明灯、安全出口标志灯、疏散指示标志灯的设置部位示例（二）

供电。

6.2.3　安全照明设计

安全照明往往是为满足某个工作区域或某个设备需要而设置的，一般不要求整个房间或场所具有均匀照明，而是重点照亮某个或几个设备，或工作区域。根据情况，可利用正常照明的一部分或专为某个设备单独装设。

6.2.4　应急照明的供电设计

（1）平面疏散区域供电应符合下列要求：

1）应急照明总配电柜的主供电源以树干式或放射式供电，并按防火分区设置应急照明配电箱、应急照明集中电源或应急照明分配电装置；非人员密集场所可在多个防火分区设置一个共用应急照明配电箱，但每个防火分区宜采用单独的应急照明供电回路。

2）大于 2000m² 的防火分区应单独设置应急照明配电箱或应急照明分配电装置；小于 2000m² 的防火分区可采用专用应急照明回路。

3）应急照明回路沿电缆管井垂直敷设时，公共建筑应急照明配电箱供电范围不宜超过 8 层，住宅建筑不宜超过 18 层。

4）一个应急照明配电箱或应急照明分配电装置所带灯具覆盖的防火分区总面积不宜超过 4000m²，地铁隧道内不应超过一个区段的 1/2，道路交通隧道内不宜超过 500m。

5）应急照明集中电源、应急照明分配电装置的设置应符合下列要求：

①二者在同一平面层时，应急照明电源应采用放射式供电方式。

②二者不在同一平面层，且配电分支干线沿同一电缆管井敷设时，应急照明集中电源可

采用放射式或树干式供电方式。

6）商住楼的商业部分与居住部分应分开，并单独设置应急照明配电箱或应急照明集中电源。

（2）垂直疏散区域及其扩展区域的供电应符合下列要求：

1）每个垂直疏散通道及其扩展区可按一个独立的防火分区考虑，并应采用垂直配灯方式。

2）建筑高度超过50m的每个垂直疏散通道及扩展区宜单独设置应急照明配电箱或应急照明分配电装置。

（3）避难层及航空疏散场所的消防应急照明应由变配电所放射式供电。

（4）消防工作区域及其疏散走道的供电应符合下列要求：

1）消防控制室、高低压配电房、发电机房及蓄电池类自备电源室、消防水泵房、防烟及排烟机房、消防电梯机房、BAS控制中心机房、电话机房、通信机房、大型计算机房、安全防范控制中心机房等在发生火灾时有人值班的场所，应同时设置备用照明和疏散照明；楼层配电间（室）及其他火灾时无人值班的场所可不设备用照明和疏散照明。

2）备用照明可采用普通灯具，并由双电源供电。

（5）灯具配电回路应符合下列要求：

1）疏散走道、楼梯间和建筑空间高度不大于8m的场所，应选择应急供电电压为安全电压的消防应急灯具；采用非安全电压时，外露接线盒和消防应急灯具的防护等级应达到IP54的要求。

2）AC 220V或DC 216V灯具的供电回路工作电流不宜大于10A；安全电压灯具的供电回路工作电流不宜大于5A（高大空间的应急照明除外）。

3）每个应急供电回路所配接的灯具数量不宜超过64个。

4）应急照明集中电源应经应急照明分配电装置配接消防应急灯具。

5）应急照明集中电源、应急照明分配电装置及应急照明配电箱的输入及输出配电回路中不应装设剩余电流动作脱扣保护装置。

（6）应急照明配电箱及应急照明分配电装置的输出应符合下列要求：

1）输出回路不应超过8路。

2）采用安全电压时的每个回路输出电流不应大于5A。

3）采用非安全电压时的每个回路输出电流不应大于16A。

6.3 应急照明设备

应急照明设备主要包括应急照明光源、灯具、电源以及应急照明控制系统。

6.3.1 光源

应急照明光源应使用能够瞬时启动的光源，一般使用荧光灯、场致发光光源、LED等，LED已成为应急照明光源的主流，不应使用高强气体放电灯，白炽灯、卤钨灯属于淘汰的不节能光源，尽管能瞬时启动，但不应采用。

对于大型体育场馆等高大空间场所，可采用荧光灯、卤钨灯，也可采用带热触发装置的金属卤化物光源，但目前大功率LED技术已经成熟，采用LED已是趋势。

6.3.2 灯具

1. 消防应急灯具的分类

GB 17945—2010《消防应急照明和疏散指示系统》中规定了消防应急灯具的组成，如图 6-3 所示。

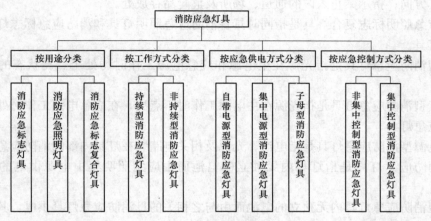

图 6-3 消防应急灯具的组成

消防应急灯具是指为人员疏散、消防作业提供照明和标志的各类灯具，包括消防应急照明灯具和消防应急标志灯具（图 6-4～图 6-7）。

图 6-4 安全出口指示标志

图 6-5 楼层显示标志

图 6-6 疏散方向指示标志

图 6-7 消防应急照明灯

消防应急照明灯具是为人员疏散、消防作业提供照明的消防应急灯具，其中发光部分为便携式的消防应急照明灯具也称为疏散用手电筒。

消防应急标志灯具是指用图形和/或文字完成下述功能的消防应急灯具：即指示安全出口、楼层和避难层（间）；指示疏散方向；指示灭火器材、消火栓箱、消防电梯、残疾人楼梯位置及其方向；指示禁止入内的通道、场所及危险品存放处。

消防应急照明标志复合灯具是指同时具备消防应急照明灯具和消防应急标志灯具功能的消防应急灯具。

持续型消防应急灯具是指光源在主电源和应急电源工作时均处于点亮状态的消防应急灯具。

非持续型消防应急灯具是指光源在主电源工作时不点亮，在应急电源工作时处于点亮状态的消防应急灯具。

自带电源型消防应急灯具是指电池、光源及相关电路装在灯具内部的消防应急灯具。集中电源型消防应急灯具是指灯具内无独立的电池而由应急照明集中电源供电的消防应急灯具。

子母型消防应急灯具内无独立的电池而由与之相关的母消防应急灯具供电，其工作状态受母灯具控制的一组消防应急灯具。

非集中控制型消防应急灯具与集中控制型消防应急灯具的区别就是灯具的工作状态是否由应急照明控制器控制。

2. 消防应急灯具的性能要求

（1）一般要求。

1）消防应急标志灯具的表面亮度应满足下述要求：

①仅用绿色或红色图形构成标志的标志灯，其标志表面最小亮度不应小于 $50cd/m^2$，最大亮度不应大于 $300cd/m^2$；

②用白色与绿色组合或白色与红色组合构成的图形作为标志的标志灯表面最小亮度不应小于 $5cd/m^2$，最大亮度不应大于 $300cd/m^2$，白色、绿色或红色本身最大亮度与最小亮度比值不应大于 10。白色与相邻绿色或红色交界两边对应点的亮度比不应小于 5 且不大于 15。

2）消防应急照明灯具应急状态光通量不应低于其标准光通量，且不小于 50lm。疏散用手电筒的发光色温应在 2500～2700K 之间。

3）消防应急照明标志复合灯具应同时满足对于消防应急标志灯具和消防应急照明灯具的要求。

4）灯具在处于为接入光源、光源不能正常工作或光源规格不符合要求等异常状态时，内部元件表面最高温度不应超过 90℃，且不影响电池的正常充电。光源恢复后，灯具应能正常工作。

5）对于有语音提示的灯具，其语音宜使用"这里是安全（紧急）出口""禁止入内"等；其音量调节装置应置于设备内部；正前方 1m 处测得声压级应在 70～115dB 范围内，且清晰可辨。

6）闪亮式标志灯的闪亮频率应为（1±10%）Hz，点亮与非点亮时间比应为 4：1。

7）顺序闪亮并形成导向光流的标志灯的顺序闪亮频率应在 2Hz～32Hz 范围内，但设定后的频率变动不应超过设定值的±10%，且其光流指向应与设定的疏散方向相同。

（2）自带电源型和子母型消防应急灯具的性能。

1）自带电源型和子母型灯具（地面安装的灯具和集中控制型灯具除外）应设主电、充电、故障状态指示灯。主电状态用绿色、充电状态用红色、故障状态用黄色；集中控制型系统中的自带电源型和子母型灯具的状态指示应集中在应急照明控制器上显示，也可以同时在灯具上设置指示灯。疏散用手电筒的电筒与充电器应可分离，手电筒应采用安全电压。

2）自带电源型和子母型灯具的应急状态不应受其主电供电线短路、接地的影响。

3）自带电源型和子母型灯具（集中控制型灯具除外）应设模拟主电源供电故障的自复式试验按钮（开关或遥控装置）和控制关断应急工作输出的自复式按钮（开关或遥控装置），不应设影响由主电工作状态自动转入应急工作状态的开关。在模拟主电源供电故障时，主电不得向光源和充电回路供电。

4）消防应急灯具用应急电源盒的状态指示灯、模拟主电故障及控制关断应急工作输出的自复式试验按钮（开关或遥控装置），应设置在与其组合的灯具的外露面，状态指示灯可采用一个三色指示灯，灯具处于主电工作状态时亮绿色，充电状态时亮红色，故障状态或不能完成自检功能时亮黄色。

5）地面安装及其他场所封闭安装的灯具还应满足以下要求：

①状态指示灯和控制关断应急工作输出的自复式按钮（开关）应设置在灯具内部，且开盖后清晰可见；非集中控制型灯具应设置远程模拟主电故障的自复式试验按钮（开关）或遥控装置；

②非闪亮持续型或导向光流型的标志灯具可不在表面设置状态指示灯，但灯具发生故障或不能完成自检时，光源应闪亮，闪亮频率不应小于1Hz；导向光流型灯具在故障时的闪亮频率应与正常闪亮频率有明显区别；

③照明灯具的状态指示灯应设置在灯具外露或透光面能明显观察到位置，状态指示灯可采用一个三色指示灯，灯具处于充电状态时亮红色，充满电时亮绿色，故障状态或不能完成自检功能时亮黄色。

6）子母型灯具的子母灯具之间连接线的线路压降不应超过母灯具输出端电压的3%。

7）非持续型的自带电源型和子母型灯具在光源故障的条件下应点亮故障状态指示灯，正常光源接入后应能恢复到正常工作状态。

8）具有遥控装置的消防应急灯具，遥控器与接收装置之间的距离应不小于3m，且不大于15m。

（3）集中电源型灯具。

集中电源型灯具（地面安装的灯具和集中控制型灯具除外）应设主电和应急电源状态指示灯，主电状态用绿色，应急状态用红色。主电和应急电源共用供电线路的灯具可只用红色指示灯。

6.3.3 应急照明配电箱及应急照明分配电装置

1. 应急照明配电箱性能

（1）双路输入型应急照明配电箱在正常供电电源发生故障时应能自动投入到备用供电电源，并在正常供电电源恢复后自动恢复到正常电源供电；正常电源与备用电源不能同时输出，并应设置手动试验转换装置，手动试验转换完毕后应能自动恢复到正常供电电源供电。

（2）应急照明配电箱应能接收应急转换联动控制信号，切断供电电源，使连接的灯具转入应急状态，并发出反馈信号。

（3）应急照明配电箱每路输出应设有保护电器。

（4）应急照明配电箱正常供电电源和备用供电电源均应设置绿色状态指示灯，显示电源供电状态。

（5）应急照明配电箱在应急转换时，应能保证灯具在 5s 内转入应急工作状态，高危险区域的应急转换时间不大于 0.25s。

2. 应急照明分配电装置性能

（1）应能完成主电工作状态到应急工作状态的转换。

（2）应急工作状态在额定负载条件下，输出电压不应低于额定工作电压的 85%。

（3）应急工作状态在空载条件下，输出电压不应高于额定工作电压的 110%。

6.3.4　集中型应急电源（简称 EPS）

集中型应急电源 EPS 目前应用十分广泛（图 6-8），EPS 分为直流制式应急照明电源 EPS-DC 和交流制式应急照明电源 EPS-AC。由 EPS 供电的灯内不带蓄电池组。

EPS-DC：正常状态时交流电网电源旁路输出，应急状态时输出为直流电。

EPS-AC：正常状态时交流电网电源旁路输出，应急状态时输出为交流正弦波。

EPS 容量按下式选择

$$S_e > K \sum P / \cos\varphi \qquad (6\text{-}1)$$

式中　S_e——EPS 容量，kVA；

　　　$\sum P$——EPS 所带全部负荷之和，kW；

　　　$\cos\varphi$——功率因数；

　　　K——可靠系数，EPS-DC 一般取 $K=1.1\sim1.15$，EPS-AC 一般取 $K=1.1\sim1.3$。EPS-DC 与 EPS-AC 的比较见表 6-1。

图 6-8　EPS 应急电源

表 6-1　　　　　　　　　　　　EPS-DC 与 EPS-AC 的比较

比较项目		EPS-DC	EPS-AC
相同点	转换时间	安全级：≤0.25s；一般级：≤5s	
	启动时过负荷	1.5~2.0 倍额定电流	
	后备电源	蓄电池组	
	输入电源	AC 220/380V，50Hz	
	正常状态灯具支路输出	交流电网电源旁路，AC 220V，50Hz	
不同点	效率	较高	较低
	应急输出	DC 216V	AC 220/380V，50Hz
	适用负荷	白炽灯、电子镇流器荧光灯、LED、电致发光灯	白炽灯、电子或电感镇流器荧光灯、LED、电致发光灯
	不适用负荷	电感镇流器荧光灯、HID 灯	HID 灯
	过载能力	200%~300% 报警但不关断	长期过载 120%

6.3.5　蓄光型疏散标志

蓄光型疏散标志不能单独使用，只能作为电光源型标志的辅助标志，其特点和要求如下：

（1）蓄光型疏散标志具有蓄光—发光功能，即亮处吸收日光、灯光、环境杂散光等各种可见光，黑暗处即可自动持续发光。

（2）蓄光型疏散标志是利用稀土元素激活的碱土铝酸盐、硅酸盐材料加工而成的，无须电源，该产品无毒、无放射、化学性能稳定。

（3）设置蓄光型疏散标志的场所，其照射光源在标志表面的照度：当光源为荧光灯等冷光源时，不应低于25lx。

（4）蓄光部分的发光亮度应满足表6-2的要求。

表 6-2　　　　　　　　　　　　　　　蓄光部分的发光亮度

时间（min）	5	10	20	30	60	90
亮度（不小于，mcd/m²）	810	400	180	100	55	30

（5）在疏散走道和主要疏散路线的地面或墙上设置的蓄光型疏散导流标志，其方向指示标志图形应指向最近的疏散出口，在地面上设置时，宜沿疏散走道或主要疏散路线的中心线设置；在墙面上设置时，标志中心线距地面高度不应大于0.5m；疏散导流标志宜连续设置，标志宽度不宜小于8cm；当间断设置时，蓄光型疏散导流标志长度不宜小于30cm，间距不应大于1m。

（6）疏散走道上的蓄光型疏散指示标志宜设置在疏散走道及其转角处距地面高度不大于1m的墙面上或地面上，设置在墙面上时，其间距不应大于10m；设置在地面上时，其间距不应大于5m。

（7）疏散楼梯台阶标志的宽度宜为20～50mm。

（8）安全出口轮廓标志，其宽度不应小于80mm。

（9）在电梯、自动扶梯入口附近设置的警示标志，其位置距地面宜为1.0～1.5m。

（10）疏散指示示意图标志中所包含的图形、符号及文字应使用深颜色制作，图表文字等信息符号规格不应小于40mm×40mm。

6.3.6　集中控制型消防应急系统

集中控制型消防应急系统是一种新型智能型应急照明系统，代表了应急照明已向系统化方向发展，该系统特别适用于功能复杂、大型的建筑物。集中控制型应急照明分为自带电源型和集中电源型，特别是随着LED和信息技术的发展，消防应急照明和疏散指示系统集保护、监测、控制、通信等多种功能于一体，另外，LED采用低压直流供电，提高了安全性。

集中控制型消防应急系统主要功能有：

（1）日常维护巡检功能。集中控制型消防应急灯具对底层灯具、上层主机以及集中控制型消防应急灯具各个环节的通信设备工作状态进行严格监控，实时主报工作状态。较容易出现产品致命问题的环节具备监测措施。具有通信自检功能，监测集中控制型消防应急灯具内部每一回路的通信线路。此外，一个回路中的通信故障不会影响其他回路正常通信。

（2）灯具定期自检。集中控制型消防应急灯具还必须定期进行灯具自检，自主设定灯具自检的周期，人员较少的情况下主机自动将灯具和其他设备切换到应急状态，检测设备的应急转换功能、应急时间等，将不符合规范标准的灯具筛选出来，声光报警提醒维护人员及时更换设备。

（3）换向功能。疏散指示标志灯具具备换向功能，语言标志灯具具备语音功能，保持视觉连续的导向疏散标志具备换向功能。在火灾发生时，能根据联动信息调整疏散标志灯具指示方向。

（4）其他功能。中央主机应具有日志记录功能、查询功能、打印功能、声光报警功能、实时显示现场设备工作状态的功能等。

由于采用 LED 灯具，系统功率小，集中电池供电易于实现，LED 采用直流 24V 或 48V 电源供电，控制回路与电源回路可共管敷设，增加了系统安全性及施工便利性。集中电源集中控制型典型系统示例见图 6-9。

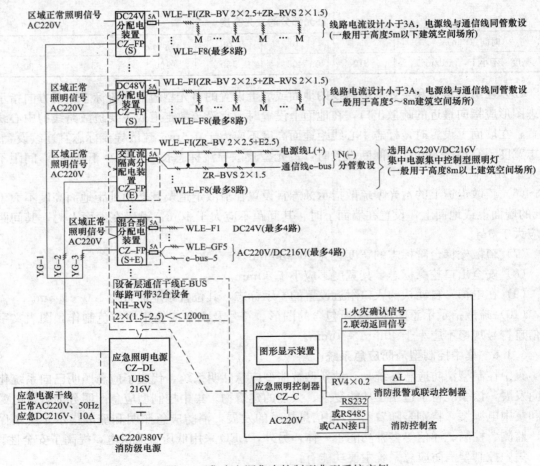

图 6-9　集中电源集中控制型典型系统实例

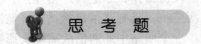

思　考　题

1. 备用照明的照度标准值应符合哪些规定？

2. 疏散照明的地面最低水平照度应符合哪些规定?

3. 哪些场所应设置备用照明?

4. 哪些建筑或场所应在其疏散走道和主要疏散路径的地面上增设能保持视觉连续的灯光疏散指示标志或蓄光疏散指示标志?

5. 安全照明应设置在哪些场所?

6. 疏散照明灯应如何布置?

7. 备用照明设计的步骤是什么?

8. 消防应急灯具的分类有哪些?

9. 集中控制型消防应急系统主要功能有哪些?

第7章 照 明 与 节 能

随着现代技术的发展，信息控制技术、计算机技术得到了全面的普及和推广，它们在照明领域的应用，使得照明控制有了长足的进步，尤其是新颖、实用的照明控制系统应运而生，大大增强了照明设计的效果。因此，照明控制逐渐成为照明设计中不可缺少的一个重要环节，同时，照明控制对绿色照明工程的实施具有特别的意义。此外，随着天然光利用技术的发展，并逐渐应用到实际的照明系统中，都能够有效地降低照明系统的能耗，达到建筑节能的目的。

7.1 照 明 控 制

照明控制技术是随着建筑和照明技术的发展而发展的，在实施绿色照明工程的过程中，照明控制是一项很重要的内容，照明不仅要满足人们视觉上明亮的要求，还要满足艺术性要求，要创造出丰富多彩的意境，给人们以视觉享受，这些只有通过照明控制才能方便地实现。

1. 照明控制的原则

照明控制的基本原则是安全、可靠、灵活、经济。做到控制的安全性，是最基本的要求；可靠性是要求控制系统本身可靠，不能失控，要达到可靠的要求，控制系统要尽量简单，系统越简单，越可靠；建筑空间布局经常变化，照明控制要尽量适应和满足这种变化，因此灵活性是控制系统所必需的；经济性是照明工程要考虑的，性能价格比好，要考虑投资效益，照明控制方案不考虑经济性，往往是不可行的。

2. 照明控制的作用

照明控制的作用体现在以下四个方面：

（1）照明控制是实现节能的重要手段，现在的照明工程强调照明功率密度不能超过标准要求，通过合理的照明控制和管理，节能效果是很显著的；

（2）照明控制减少了开灯时间，可以延长光源寿命；

（3）照明控制可以根据不同的照明需求，改善工作环境，提高照明质量；

（4）对于同一个空间，照明控制可实现多种照明效果。

7.1.1 照明控制策略

照明控制策略是照明控制方案的关键，常用的照明控制策略有如下几种：

1. 昼光控制

早期的研究，例如英国BRE（Building Research Establishment）的研究者发现人对照明器的使用周期和室内天然采光的水平有着密切的联系，因此，照明控制可以采用"昼光控制"的策略。

昼光照明控制器由光敏传感器、开关或调光装置组成，随天然采光的变化，自动调节电灯开启的数量。当昼光提供的照度增加时，关闭一定量的电灯，反之亦然。所有一切都是启动进行，无需人为动作。昼光控制通常用于办公建筑、机场、集市和大型廉价商场等场合。

2. 时间表控制

时间表控制分为可预知时间表控制和不可预知时间表控制两种。

对于每天使用内容及使用时间变化不大的场所，采用可预知时间表控制策略。这种控制策略通过定时控制方式来满足活动要求，适用于普通的办公室、按时营业的百货商场、餐厅或者按时上下班的厂房。

对于每天的使用内容及使用时间经常变化的场所，可采用不可预知时间表控制策略。这种控制策略采用人体活动感应开关控制方式，以应付事先不可预知的使用要求，主要适用于会议室、复印中心、档案室等场所。

3. 局部光环境控制

局部光环境控制是指按个人要求调整光照。即考虑到个人的视觉差异较为显著，照明标准的制定主要是符合多数人满意的照度水平，但是也可以根据工作人员自己的视觉作业要求、爱好等需要来调整照度。目前，通过遥控技术可实现局部光环境控制。

个人控制局部光环境的一大优点是，它能赋予工作人员控制自身周围环境的权力感，这有助于工作人员心情舒畅，使工作效率得以提高。

4. 平衡照明日负荷曲线控制

电力公司为了充分利用电力系统中的装置容量，提出了"实时电价"的概念，即电价随一天中不同的时间而变化，鼓励人们在电能需求低谷的时段用电，以平衡日负荷曲线。我国部分城市和地区现已推出"峰谷分时电价"，将电价分为峰时段、平时段、谷时段，也就是说，电能需求高峰时电价贵，低谷时电价廉。作为用户就可以在电能需求高峰时卸掉一部分电力负荷，以降低电费支出。这一过程应较为缓慢，因而使用者不会觉察到照度水平的变化。为达到此要求，需要一个连续能量管理系统，缓慢地渐变照明。

5. 明暗适应补偿

这一策略利用了明暗适应现象，即在室外变暗时，减少室内光线；在室外变亮时，增加室内光线，这样便减少人眼的光适应范围。对于隧道，可采用开/关部分灯的方法进行补偿；对于高级的零售商店，要求更高的舒适度，则补偿应按波动的昼光变化进行。

7.1.2 照明控制方式

照明控制的种类很多，控制方式多样，通常有以下几种形式。

1. 跷板开关控制或拉线开关控制

传统的控制形式把跷板开关或拉线开关设置于门口，开关触点为机械式，对于面积较大的房间，灯具较多时，采用双联、三联、四联开关或多个开关，此种形式简单、可靠，其原理接线如图 7-1 所示。

对于楼道和楼梯照明，多采用双控方式（有的长楼道采用三地控制），在楼道和楼梯入口安装双控跷板开关，楼道中间需要开关控制处设置多地控制开关，其特点是在任意入口处都可以开闭照明装置，但平面布线复杂。其原理接线如图 7-2 所示。

2. 定时开关或声光控开关控制

为节能考虑，在楼梯口安装双控开关，但如果人的行为没有好的节能习惯，楼梯也会出现长明灯现象，因此住宅楼、公寓楼甚至办公楼等楼梯间现在多采用定时开关或声光控开关

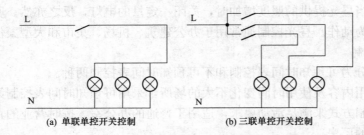

(a) 单联单控开关控制　　　　(b) 三联单控开关控制

图 7-1　面板开关控制原理接线图

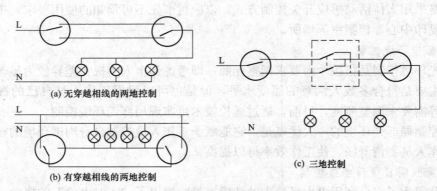

(a) 无穿越相线的两地控制

(b) 有穿越相线的两地控制

(c) 三地控制

图 7-2　面板开关双控或三地控制原理接线图

控制，其原理接线如图 7-3 所示。

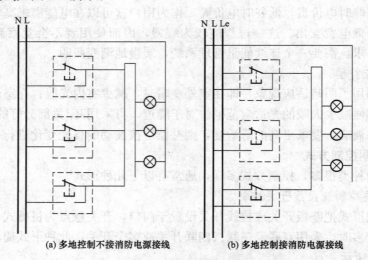

(a) 多地控制不接消防电源接线　　　(b) 多地控制接消防电源接线

图 7-3　声光控或延时控制原理接线图

消防电源由消防值班室控制或与消防泵联动。对于住宅、公寓楼梯照明开关，采用红外移动探测加光控较为理想。

对于地下车库照明控制，采用 LED 灯具，利用红外移动探测、微波（雷达）感应等技术，很容易实现高低功率转换，甚至还可以利用光通信技术实现车位寻址功能，这是车库照明控制的趋势。

对于室外泛光、园林景观照明，一般由值班室统一控制，照明控制方式多种多样，为便于管理，应做到具有手动和自动功能，手动主要是为了调试、检修和应急的需要，自动有利于运行，自动又分为定时控制、光控等。为节能，灯光开启宜做到平时、一般节日、重大节日三级控制，并与城市夜景照明相协调，能与整个城市夜景照明联网控制。

3. 断路器控制

对于大空间的照明，如大型厂房、库房、展厅等，照明灯具较多，一般按区域控制，如采用面板开关控制，其控制容量受限，控制线路复杂，往往在大空间门口设置照明配电箱，直接采用照明配电箱内的断路器控制，这种方式简单易行，但断路器一般为专业人员操作，非专业人员操作有安全隐患，断路器也不是频繁操作电器，目前较少采用。

4. 智能控制

随着照明技术的发展，建筑空间布局经常变化，照明控制要适应和满足这种变化，如果用传统控制方式，势必到处放置跷板开关，既不美观，也不方便，为增加控制的方便性，照明的自动控制越来越多，计算机及通信技术的发展也为照明系统的智能控制技术提供了基础。

7.1.3　照明控制系统

智能照明控制系统是智能建筑的一个重要组成部分，该系统是根据某一区域的功能、每天不同的时间、室内光亮度或该区域的用途来自动控制照明。智能照明系统应用在智能建筑中，不仅能营造出舒适的生活、工作环境以及现代化的管理方式，还能创造出可观的效果。

智能照明控制系统由输入单元和输出单元、系统单元三部分组成。

（1）输入单元（包括输入开关、场景开关、液晶显示触摸屏、智能传感器等）：将外界的信号转变为网络传输信号，在系统总线上传播；

（2）输出单元（包括智能继电器、智能调光模块）：收到相关的命令，并按照命令对灯光做出相应的输出动作；

（3）系统单元（包括系统电源、系统时钟、网络通信线）：为系统提供弱电电源和控制信号载波，维持系统正常工作。

智能照明系统通过计算机主机或 PC 监控器编程设计出各种不同的照明方案，如需集中管理的，可在控制室中设置一台主机。每个输入输出单元设置唯一的地址并用软件设定其功能。输入单元一般为安全电压。输入信号在通信网络上传送，所有的输出单元接收并作出判断，控制相应的输出回路。系统中的每个单元均内设微处理器（CPU）和数据存储器，所有的参数被分散存储在各个单元中，即使系统断电或某一单元损坏，也不影响其他单元的正常使用，整个系统则通过总线连接成网。

7.1.4　照明控制的发展

照明控制已从最开始的开关控制发展到如今多灯具的智能控制系统，常见的照明系统的智能控制方法有建筑设备监控系统控制照明、总线回路控制、数字可寻址照明接口（digital addressable lighting interface，DALI）控制、DMX 控制、基于 TCP/IP 网络控制、无线控制等。

1. 建筑设备监控系统控制照明

对于较高级的楼宇，一般设有建筑设备监控系统（building automation system，BA 系统），利用 BA 系统控制照明已为大家所接受，基本上是直接数字控制（direct digital control，DDC），其原理接线如图 7-4 所示。

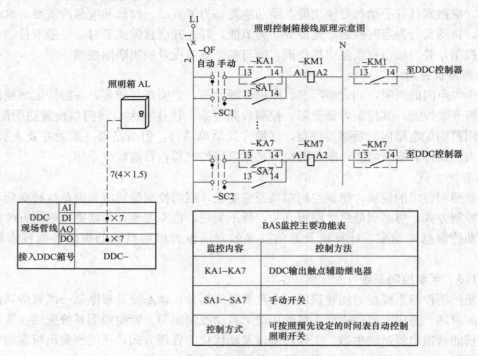

图 7-4　建筑设备监控系统控制照明（BA 系统控制照明）

由于 BA 系统不是专为照明而做的，有局限性，一是很难做到调光控制，二是没有专用控制面板，完全在计算机上控制，灵活性较差，对值班人员素质要求也较高。

2. 总线回路控制

现在有不少公司生产的智能照明控制系统在照明控制中得到应用，智能照明常用控制方式一般有场景控制、恒照度控制、定时控制、红外线控制、就地手动控制、群组组合控制、应急处理、远程控制、图示化监控、日程计划安排等。其主要功能有：

（1）场景控制功能。用户预设多种场景，按动一个按键，即可调用需要的场景。多功能厅、会议室、体育场馆、博物馆、美术馆、高级住宅等场所多采用此种方式。

（2）恒照度控制功能。根据探头探测到的照度来控制照明场所内相关灯具的开启或关闭。写字楼、图书馆等场所，要求恒照度时，靠近外窗的灯具宜根据天然光的影响进行开启或关闭。

（3）定时控制功能。根据预先定义的时间，触发相应的场景，使其打开或关闭。一般情况下，系统可根据当地的经纬度，自动推算出当天的日出日落时间，根据这个时间来控制照明场景的开关，具有天文时钟功能，特别适用于夜景照明、道路照明。

（4）就地手动控制功能。正常情况下，控制过程按程序自动控制，系统不工作时，可使用控制面板来强制调用需要的照明场景模式。

（5）群组组合控制功能。一个按钮可定义为打开/关闭多个箱柜（跨区）中的照明回路，可一键控制整个建筑照明的开关。

（6）应急处理功能。在接收到安保系统、消防系统的警报后，能自动将指定区域照明全部打开。

（7）远程控制功能。通过因特网（Internet）对照明控制系统进行远程监控，能实现：对系统中各个照明控制箱的照明参数进行设定、修改；对系统的场景照明状态进行监视；对系统的场景照明状态进行控制。

（8）图示化监控功能。用户可以使用电子地图功能，对整个控制区域的照明进行直观的控制。可将整个建筑的平面图输入系统中，并用各种不同的颜色来表示该区域当前的状态。

（9）日程计划安排功能。可设定每天不同时间段的照明场景状态。可将每天的场景调用情况记录到日志中，并可将其打印输出，方便管理。

3. 数字可寻址照明接口（DALI 控制）

数字可寻址照明接口（digital addressable lighting interface，DALI）。最初是锐高照明电子（上海）有限公司专为荧光灯电子镇流器设计的，也可置入到普通照明灯具中去，目前也用于 LED 灯驱动器。

DALI 控制总线采用主从结构，一个接口最多能接 64 个可寻址的控制装置/设备（独立地址），最多能接 16 个可寻址分组（组地址），每个分组可以设定最多 16 个场景（场景值），通过网络技术可以把多个接口互联起来控制大量的接口和灯具。采用异步串行协议，通过前向帧和后向帧实现控制信息的下达和灯具状态的反馈。DALI 寻址示意图如图 7-5 所示。

DALI 可做到精确地控制，可以单灯单控，即对单个灯具可独立寻址，不要求单独回路，与强电回路无关。可以方便控制与调整，修改控制参数的同时不改变已有布线方式。

DALI 标准的线路电压为 16V，允许范围为 9.5～22.4V；DALI 系统电流最大为250mA；数据传输速率为1200bit/s，可保证设备之间通信不被干扰；在控制导线截面积为 1.5mm^2 的前提下，控制线路长度可达 300m；控制总线和电源线可以采用一根多芯导线或在同一管道中敷设；可采用多种布线方式如星型、树干型或混合型。布线方式如图 7-6 所示。

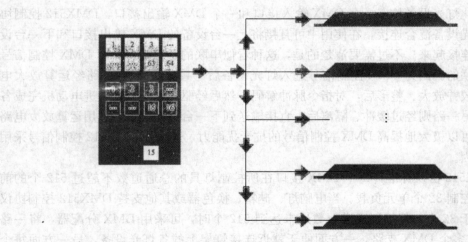

图 7-5　DALI 寻址示意图

4. DMX 控制协议（DMX512 控制协议）

DMX 是 digital multiplex（数字多路复用）的英文缩写。DMX512 协议最先是由USITT（美国剧院技术协会）发展而来的。DMX512 主要用于并基本上主导了室内外舞台

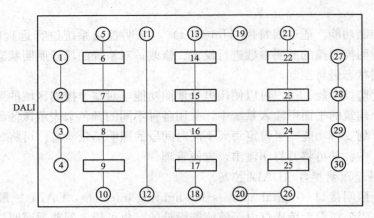

图 7-6 DALI 系统布线方式

类灯光控制及户外景观控制。基于 DMX512 控制协议进行调光控制的灯光系统称为数字灯光系统。目前，包括电脑灯在内的各种舞台效果灯、调光控制器、控制台、换色器、电动吊杆等各种舞台灯光设备，以其对 DMX512 协议的全面支持，已全面实现调光控制的数字化，并在此基础上逐渐趋于电脑化、网络化。

　　DMX512 数字信号以 512 个字节组成的帧为单位传输，按串行方式进行数据发送和接收，对于调光系统，每一个字节数据表示调光亮度值，其数值用 2 位十六进制数从 OOH（0%）～FFH（100%）来表示，每个字节表示相应点的亮度值，共有 512 个可控亮度值。一根数据线上能传输 512 个回路，DMX512 信号传输速率为 250kbit/s。

　　一个 DMX 接口最多可以控制 512 个通道，电脑灯一般都有几个到几十个功能，一台电脑灯需占用少则几个、多则几十个控制通道。如一个电脑灯有 8 个 DMX 控制通道，一个颜色轮，两个图案轮，具有调光、频闪、摇头及变换光线颜色、图案等功能。

　　所有数字化灯光设备均有一个 DMX 输入接口和一个 DMX 输出接口，DMX512 控制协议允许各种灯光设备混合连接，在使用中可直接将上一台设备的 DMX 输出接口和下一台设备的输入接口连接起来。不过需要清楚的是，这种看似串联的链路架构，对 DMX 控制信号而言其实是并联的。因为 DMX 控制信号进入灯光设备后"兵分两路"，一路经运算放大电路进行电压比较并放大、整形后，对指令脉冲解码，然后经驱动电路控制步进电动机完成各种控制动作；另一路则经过缓冲、隔离后，直接输送到下一台灯光设备，利用运算放大电路很印制能力，可以极大地提高 DMX 控制信号的抗干扰能力，这就是 DMX512 控制信号采用平衡传输的原因。

　　根据 DMX512 协议标准，每个 DMX 接口在所控制灯具的总通道数不超过 512 个的前提，最多只能控制 32 个单元负载。当电脑灯、硅箱、换色器或其他支持 DMX512 控制协议的灯光设备多于 32 个，但控制通道总数远未达到 512 个时，可采用 DMX 分配器，将一路 DMX 信号分成多个 DMX 支路，一方面便于就近连接灯架上的各灯光设备，另一方面每个支路均可驱动 32 个单元负载，不过属手同一 DMX 链路上的各支路所控制的通道总数仍不能超过 512 个。

　　与传统的模拟调光系统相比，基于 DMX512 控制协议的数字灯光系统，以其强大的控制功能给大、中型影视演播室和综艺舞台的灯光效果带来了翻天覆地的变化。但是 DMX512

控制标准也有一些不足，如速度不够快、传输距离不够远，布线与初始设置随系统规模的变大而变得过于烦琐等，另外控制数据只能由控制端向受控单元单向传输，不能检测灯具的工作情况和在线状态，容易出现传输错误。后来经过修订完善的 DMX512-A 标准支持双向传输可以回传灯具的错误诊断报告等信息，并兼容所有符合 DIVIX512 标准的灯光设备。另外，有些灯光设备的解码电路支持 12 位及 12 位数据扩展模式，可以获得更为精确地控制。

目前，LED 灯具采用 DMX 传输协议也十分普遍。

5. 基于 TCP/IP 网络控制

欧司朗（中国）照明有限公司（简称欧司朗公司）、上海光联照明有限公司等不少公司随着智慧城市的发展，开发的照明控制系统基于 TCP/IP 协议局域网（可以基于有线或 4G 搭建）控制逐步成熟，控制系统框架如图 7-7 和图 7-8 所示，其优点有：

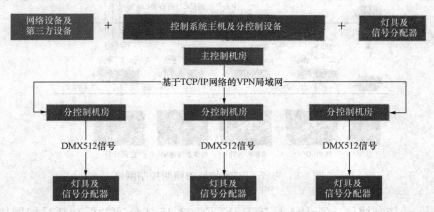

图 7-7　基于 TCP/IP 网络控制框图

（1）设备稳定性好，集成度高。

（2）层级式架构，扩展性好。

（3）控制软件灵活，容易编辑及整合。

（4）系统刷新率大于 30 帧/s。

（5）兼容各类标准控制协议。

（6）可以通过主动和被动两种方式进行节目的触发：

1）通过各类感应设备（光感、红外感应、声控等）和系统配件，进行主动式的灯光场景触发。

2）通过按钮/平板设备/移动终端等用户界面进行灯光场景的触发。

6. 无线控制

照明无线控制技术发展很快，声光

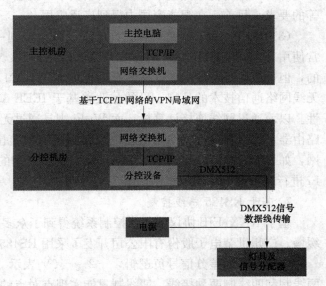

图 7-8　基于 TCP/IP 大型控制系统控制框图

控制、红外移动探测、微波（雷达）感应等技术在建筑照明控制中得到广泛应用。基于网络的无线控制技术也逐步应用于照明控制中，主要有 GPRS、ZigBee、Wi-Fi 等。

（1）GPRS 控制。GPRS 是通用分组无线服务技术（general packet radio service）的简称，是 GSM（global system of mobile communication）移动电话用户可用的一种移动数据业务，是 GSM 的延续。基于 GPRS 的城市照明控制网络如图 7-9 所示。

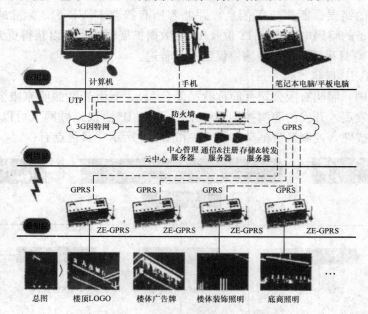

图 7-9　基于 GPRS 的城市照明控制网络

（2）Zigbee 控制协议。ZigBee 是基于 IEEE 802.15.4 标准的低功耗局域网协议，是一种短距离、低功耗、低速率的无线网络技术，适应无线传感器的低花费、低能量、高容错性等的要求，目前，在智能家居中得到广泛应用。

（3）Wi-Fi。Wi-Fi 是一种允许电子设备连接到一个无线局域网（WLAN）的技术，通常使用 2.4GHz UHF 或 5GHz SHF ISM 射频频段。连接到无线局域网通常是有密码保护的，但也可以是开放的，这样就允许任何在 WLAN 范围内的设备可以连接。Wi-Fi 是一个无线网络通信技术的品牌，目的是改善基于 IEEE 802.11 标准的无线网络产品之间的互通性。以前通过网线连接计算机，而 Wi-Fi 则是通过无线电波来连接网络，常见的是一个无线路由器，那么在这个无线路由器电波覆盖的有效范围内都可以采用 Wi-Fi 连接方式进行联网，如果无线路由器连接了一条 ADSL 线路或者别的上网线路，则又被称为热点。利用 Wi-Fi 进行城市照明控制示意图如图 7-10 所示。

7. 基于 RS485 总线控制

基于 KNX/EIB 协议的照明控制系统得到了众多厂商响应，满足开放性的要求，但发展缓慢。广州世荣电子股份有限公司开发了采用 RS485 总线的照明控制系统。

RS485 采用差分信号负逻辑，−2～−6V 表示"1"，＋2～＋6V 表示"0"。RS485 有两线制和四线制两种接线，四线制只能实现点对点的通信方式，现很少采用，现在多采用两线制接线方式，这种接线方式为总线式拓扑结构，在同一总线上最多可以挂接 32 个节点。在 RS485 通信网络中一般采用主从通信方式，即一个主机带多个从机。在很多情况下，连接 RS485 通信链路时只是简单地用一对双绞线将各个接口的"A""B"端连接起来。

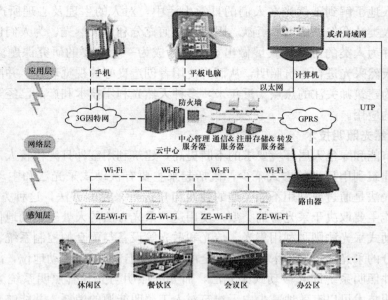

图 7-10　Wi-Fi 城市照明控制拓扑图

采用 RS485 协议，继电器具有机械自锁、回路电流检测功能、过零断开功能等优势；调光方面具有短路保护功能、完全切断回路、调光曲线任意编辑和修改、低噪声、低谐波、自散热等优势；总线具有通信总线保护技术、总线自愈技术等优势；软件具有能源管理技术、电子地图、光晕效果等优势，使智能控制更上一个台阶。

网络化的照明控制得到了较快的发展，城市照明的联动控制、遥控、集中控制和显示，已经得到大量应用，灯光控制系统在标准的 DMX512 协议的基础上建立了更加完整的开放式协议，使各个专业工厂明确控制指令的规则，系统可以将各个工厂、各种不同类型的可变光源灯具统一协调控制，最终实现多栋建筑的效果同步；采用 GPS 精准时钟为基础实现所有设备的同步控制，这是一项重大突破，其优点在于不依赖于网络是否畅通，可靠性很高，无论再大的范围，只要能接收到 GPS 信号，就能实现视觉与音频的同步效果。

LED 照明的低压、直流特点，使得照明采用以太网供电（power over ethernet，POE）成为可能，这种利用现存标准以太网传输电缆同时传送数据和电功率的方式，不仅提高了照明的安全性，还为照明的智能控制提供了极大的便利。

照明控制是在不断发展的，它的硬件、软件系统都随着技术的发展在不断前进，未来照明将走向智能、艺术、高科技，智能照明的出现和发展改变了照明行业的命运，提高了人们的生活品质，大数据时代精准的照度控制技术也即将闪亮登场，绿色节能的智能照明将会彻底地取代普通的照明。

7.2　天 然 光 的 利 用

日光被认为是最佳光源，人工照明只有相似于日光照明，人眼才会觉得舒适。照明系统所使用的所有人工照明质量评价的参数，就是将日光照明的效果进行分解提出的。从古至今，天然光作为人类生存的必不可少的元素，其作用一直为人们所重视。尤其是在现代社会，人们已深入地了解到天然光在人们的日常生活中，对人的生理及心理所产生的巨大影响，以及其为人类社会发展做出的贡献。因此，如何充分利用天然光，为人们创造一个良好的生活环境，并为人类的可持续发展做出贡献，已成为一个重要的研究课题。而在建筑领域，如何利用天然采光进行建筑照明，从而为使用者创造良好的视觉环境，并减少建筑的能源消耗，已成为建筑师关注的焦点。近年来，多种天然光利用技术和产品已经开发并在建筑中得到了相应的应用。

7.2.1 天然光照明技术

随着建筑节能和绿色人居环境要求的不断提高，建筑利用室外日光代替人工照明技术日益受到关注。建筑利用日光的方式不少，概括起来主要有被动式采光法和主动式采光法两种。被动式采光法是通过或利用不同类型的建筑窗户进行采光的方法，这种方法的采光量、光的分布及效能主要取决于采光窗的类型，使用这一采光方法的人处于被动地位，称为被动式采光法。主动式采光法则是利用集光、传光和散光等设备与配套的控制系统将天然光传送到需要照明部分的采光法，这种采光方法完全由人所控制，人处于主动地位，故称主动式采光法。采光天井照明系统即为被动式采光法，而光纤照明与光导管照明系统为主动式采光法。天然光照明技术可以有效地减少白天建筑对人工照明能源的消耗，并能够营造出和谐的照明环境。

1. 光纤照明

（1）光纤照明的概念。

光纤照明可以透过光纤导体的传输，将光源传导到任意的区域里，它是近年兴起的高科技照明技术。光纤照明将光源通过纤维束内部的光传导从一端传播到另一端，光在纤维束传播过程存在着透射和反射。为防止光从纤维束的侧面透射出去，需要在纤维束的外面包裹了一层低折射率的材料，降低光的折射损失。但是光在每次反射中仍然会有光损耗，这会造成纤维束发光。光损耗越多，纤维束会越亮，而且光能够传导的距离就越近。细纤维束加上相干光源则会减少内部反射，因而功效更高。图7-11是光纤式阳光导入系统的示意图以及集光器的实物图，支架将集光器固定在屋顶，通过光纤连接到室内的照明器具，实现将太阳光导入室内的照明系统。图7-12是阳光采集器即集光器的组成及各部分的主要功能。

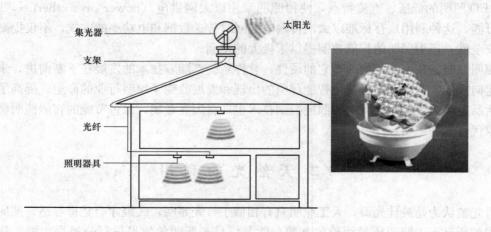

图 7-11　光纤式阳光导入系统

光纤在照明里的应用方式，分成两种，一种是端点发光，另一种是体发光。端点发光的部分主要是由两种组件所组成，即光投射主机以及光纤。投射主机包含了光源、反射罩以及滤色片。反射罩主要的目的在于增加光照的强度，而滤色片则可以进行色彩的演变，变换出不同的效果。体发光则是光纤本身就是发光体，会形成一个柔性的光条。

照明领域里所使用的光纤，大多都是塑料光纤。在不同光纤的材质里，塑料光纤的制作成本最便宜，与石英光纤相比，往往只有十分之一的制作成本。而因为塑料材质本身的特性，不论在后

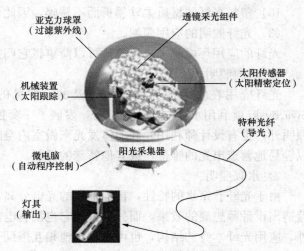

图 7-12 阳光采集器的组成及功能

加工或是产品本身的可变化性来说，都是所有光纤材质里最佳的选择。也因此照明所使用的光纤，就选择塑料光纤作为传导的介质。

(2) 光纤照明的特点如下：

1) 单一的光源可以同时拥有多个发光特性相同的发光点，利于使用在一个较广区域的配置上。

2) 光源易于更换，也易于维修。前面提到光纤照明使用了两个组件：投射主机与光纤。其中光纤的使用寿命长达二十年，而投射主机可分离，因此易于更换与维修。

3) 投射主机与真正的发光点是透过光纤来传输的，因此投射主机可以放置在安全的位置，具有防止破坏的功能。

4) 发光点的光是经由光纤传导而来，光源发出的波长是经过过滤的，只包含某段光谱，因此发射出来的光无紫外线与红外线光，这种特性可以减少对于某些物品的伤害。

5) 发光点小型化、重量轻、易于更换与安装，它可以制做成很小的尺寸，放置在不同的容器或其设计空间里，因此可以营造出与众不同的装饰照明效果。

6) 它不受电磁的干扰，可以应用在核磁共振室、雷达控制室等有电磁屏蔽要求的特殊场所里，而这一点是其他照明设备所无法达成的特性。

7) 它的光与电是分离的。一般的照明设备最重要的问题就是它需要电力供输，也因为电力能源的转换，发光体相对的也都会产生热。然而在很多空间的属性里，为了安全的考虑，大多希望光与电能够分离，例如石油、化工、天然气、水池、游泳池等的空间，都希望能避开电的部分，因此光纤照明就很适合应用在这些领域里。同时它的发热来源可以分离，因此可以降低空调系统的负担。

8) 光线可以柔性的传播。一般的照明设备都具有光的直线特性，因此要改变光的方向，就得利用不同屏蔽的设计。光纤照明因为是使用光纤来进行光的传导，所以它具有轻易改变照射方向的特性，也利于设计师特殊设计的需求。

9) 它可以自动变换光色。透过滤色片的设计，投射主机可以轻易地改变不同颜色的光源，让光的颜色可以多样化，这也是光纤照明的特色之一。

10）塑料光纤的材质柔软易折而不易碎，因此可以轻易地加工成各种不同的图案。

（3）光纤照明的应用领域。

光纤的应用环境越来越普及，可以简单将它归类为六个区域。

1）室内照明。

光纤应用在室内的照明是最普及的，常见的应用有天花板的星空效果，像知名的Swarovski就利用水晶与光纤的结合，发展了一套独特的星空照明产品。除了天花板的星空照明外，也有设计师利用光纤的体发光来做室内空间的设计，利用光纤柔性照明的效果，可以轻易地营造出光的帷幕，或其他特殊的场景。

2）水景照明。

由于光纤有亲水的特性，再加上它的光电分离，所以使用在水景的照明方面，可以轻易营造出设计师想要的效果，而另一方面它也没有电击的问题，能达到安全上的考量。除此之外，应用光纤本身的结构，也可以与水池相互搭配，让光纤本体也成为水景的一部分，这是其他照明设计不易达成的效果。

3）泳池照明。

泳池的照明亦或是现在流行的SPA场合的照明，光纤的应用可说是最佳选择。因为这是人体活动的场所，安全性的考量远高于上面的水池或是其他室内场所，因此光纤本身的光电分离特性，以及色彩的多样颜色效果，同时可以满足这一类场所的需求。

4）建筑照明。

在建筑方面大多使用体发光的光纤照明来达到凸显建物轮廓线的效果，也因为光电分离的特性，在整体照明的维护成本，可以有效的降低。因为光纤本体的寿命长达二十年，而光投射机可以设计在内部的配电箱里，维护的人员可以轻易地进行光源的更换。传统的照明设备，若是设计的位置较为特殊，往往得动用许多机器设施才能进行维护，成本的消费就比光纤照明高出很多。

5）建筑文物照明。

一般而言古文物或古建筑都容易因为紫外光与热而加速老化，由于光纤照明没有紫外线与热的问题，因此很适合这类场所的照明。除此之外，现在应用最普遍的，是在钻石珠宝或水晶饰品的商业照明应用里。在这类商业照明的设计上，大多都是采取重点照明的方式，透过重点照明来凸显商品本身的特性。利用光纤照明不但没有热的问题，同时又能满足重点照明的需求，所以这类商业空间也是光纤照明应用较广泛的部分。

6）易燃易爆照明。

在油库、矿区、化工厂等严禁火种入内的危险场合中，其他的照明设备都有明火的危险，这一部分光纤照明正可以解决这类的问题。而在医疗或是特殊实验的环境里，有电磁屏蔽问题的场所，也是光纤照明强项的部分。

2．光导管技术

（1）光导管系统定义。

光导照明，在国外被称为Tubular Daylighting System，国内的标准叫法为光导管日光照明系统，又称自然光导光管照明系统，无电照明或光导照明。该系统是通过采光装置收集自然光，经过特殊光学多层膜（反射率高达99.7%）进行高效反射传输，由漫射器将自然光均匀散射到室内的任何角落。无论是阴天还是雨天，该采光系统都能将自然光充分地导入室内。图 7-13 是光导管日光照明系统的组成与应用示意。

（2）工作原理。

导光管系统由三个部分组成，分别为采光帽（采光）、反射管（光传输）、漫射器（光漫射），辅助组件有补光系统、能耗监控、光线调节器。

1）采光区：采光装置主要用于收集室外的自然光线。采光帽为光学级 PC 材质，透光率接近 90%，完全隔离紫外线和红外光，抗冲击性是普通亚克力材料的 30 倍，以保证整个系统安全性。

2）传输区：光导管把由采光装置收集的自然光导入室内的管道。反射管内壁为 3M 公司的光学多层膜反射材料，反射率高达 99.7%，显色性强（无色差），使用寿命超过 20 年，不生锈，零维护。

3）漫射区：漫射器是把光导管传过来的光线均匀分散到室内各个需要光线的地方。漫射区的透镜漫射器能够实现太阳光大角度散射，光照均匀，放射出柔和的自然光。

4）补光系统：在阴天和夜晚实现智能补光，以满足全天候照明照度需求。

5）能耗监控：通过室外传感器采集室外照度数据，功率计采集灯具的消耗功率，上传并保存至服务器。在客户端将采集的数据以曲线形式呈现出来。

6）光线调节器：客户可通过光线调节器的智能遥控来调节照明亮度。

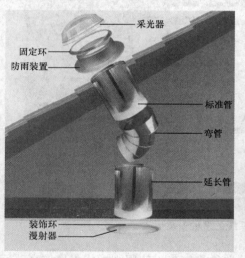

图 7-13　光导管日光照明系统及应用示意

核心部件如图 7-14 所示，包括球形采光器、平板采光罩、反射管、圆形漫射器、方形漫射器、防雨帽、调光器以及补光模块等。

光导管技术作为一项可持续能源技术，是一种很有效的绿色照明技术。光导管可以在建筑的顶层、侧墙、路面及绿化安装，因此可以广泛应用在地下空间、工业厂房、物流中心、学校、办公场所、酒店、住宅等场所。光导管照明系统多种安装形式如图 7-15 所示。

3. 采光井照明系统

采光井照明系统是一种可将室外阳光采集并转移到地下室内，对建筑物内的地下室光线照射不足的地方进行增强光照，可以节约能源，但现有的采光器都需要与太阳跟踪装置配套

球形采光罩　　平板采光罩　　反射管　　圆形漫射器

方形漫射器　　防雨帽　　调光器　　补光模块

图 7-14　导光管系统的核心部件

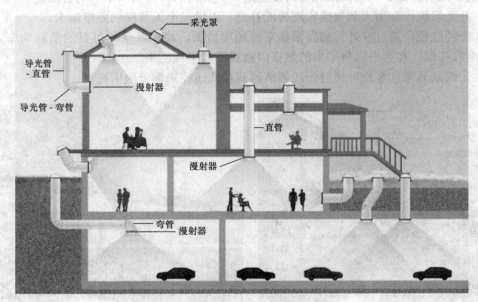

图 7-15　光导管照明系统的多种安装形式

才能工作，由于跟踪装置结构复杂，造成采光装置价格较高，使用维护成本也较高，远远高于节约的能源成本，而采光井照明系统克服现有采光器的不足之处，设计一种结构简单、成本低廉、采光效果较好的镜面采光井。

采光井照明系统主要包括增光器、采光口、通风装置、防虫器、隔离栏、支架、长方形导光弯管、排水管、下水道、光照窗，其中的采光口为平板夹胶钢化玻璃构造；长方形导光弯管，内壁为高效反光镜内壁。增光器、采光口装在室外，光照窗装在地下室侧面墙壁的室内，长方形导光弯管连接在采光口与光照窗之间。为了增强采光效果，防止灰尘聚集和小昆生，以及通风性，可在采光口前端的侧面装有增光器，并可在采光口四周安装通风装置和下水口、防生器；采光口可装在建筑墙外地面上，光照窗可装地下室地面高度 1.3～1.5m 的墙壁上；长方形导光弯管的长度根据采光口与光照窗之间的距离而定；长方形导光弯管的弯曲斜度根据反射光路通过光照窗照在地下室地面上或地下室顶面上而定，光照窗可设一扇单开窗或两扇双开窗，窗镜可为平板玻璃透镜、平板钻石玻璃透镜、平板并列凸透镜组合。在白天有光时，光线通过采光口的平板夹胶钢化玻璃射向长方形导光弯管，经内壁高效反光镜再射向光照窗，再从光照窗射向需要光线的地下室；室外的空气通过通风装置，再经光照窗进入地下室室内；室外的雨水通过通风装置的排水管，进入下水道；使地下室的拥有阳光和空气。采光井照明具有结构简单合理，安装使用方便，采光效果好、无能耗等优点。同时，由于不用跟踪装置配套，又可就近安装在外墙壁上，使采光装置价格降低，并可免维护，使用方便，有利于普及推广使用。采光井照明系统如图 7-16 所示。

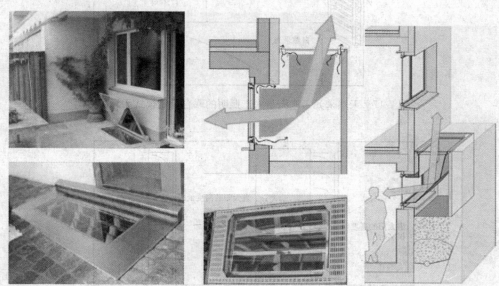

图 7-16　采光井照明系统

随着科学技术的发展，天然光利用技术也在逐渐发展，除了上述天然光利用技术之外，近年来还出现了光导玻璃采光、自然光聚光分流照明系统等新产品、新技术。伴随着天然光照明产品和技术的逐渐发展和成熟，今后建筑照明系统中对天然光的利用必然会逐渐提高。

7.2.2　天然光和人工照明的优化控制

1. 天然采光、遮阳与人工照明的联合控制模式

从建筑实际的使用看，采用天然采光、遮阳与人工照明的联合控制模式非常重要，因为利用天然光往往会与为了减少夏季空调冷负荷而采用的遮阳手段相矛盾。但是，如果能够在恰当控制天然采光量的基础上保证遮阳，就能够在有效减少照明能耗的同时又能够降低日射带来的空调冷负荷。图 7-17 为天然采光、遮阳与人工照明的联合控制模式示意图，图 7-18 为自动百叶窗系统。

2. 自动百叶窗系统

人们通常根据室外天气状况开启百叶窗，一般当直射阳光射入室内时，拉下百叶窗，而自动百叶窗系统可以自动完成这些工作。该系统主要控制百叶窗的上下运动及百叶的开启角度。系统中存储有以建筑所在地的纬度、经度为基础的一年内太阳的位置的数据，通过这些数据与室外天气传感器，根据直射阳光强度调节百叶角度。该系统不但能够确保视野（开放感），还可以达到当时最有效的窗口采光。

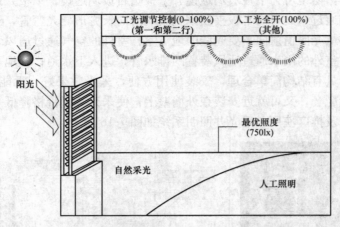

图 7-17   天然采光、遮阳与人工照明的联合控制模式示意图

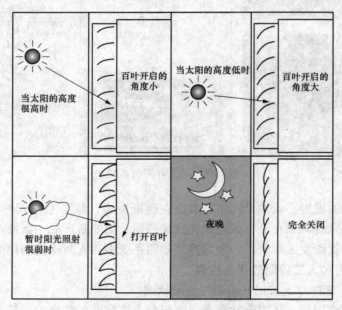

图 7-18   自动百叶窗系统

3. 完全自动调光系统

如果在建筑顶棚上设置照度传感器，始终对照明灯具下方的照度进行监控，当照度不够时增加照明灯具的光量，当室内的自然光达到设定照度以上时，减少光量，完全采用自动控制系统。该系统一般每 $10m^2$ 的区域设置 1 台传感器，以此为单位进行调光控制。从而即使使用者在白天关上百叶窗等，照明灯具也可以自动地进行个别调整，不会给使用者带来不便。在照明设计时，针对照明灯具或光源的光通衰减特性，预先设定保守率，设定的照度比照度标准高三到四成，而它能确保必要的照度。因此，可减少初期保守设定的多余光。如图 7-19、图 7-20 所示。

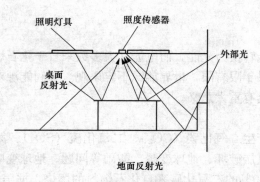

图 7-19 完全自动调光系统

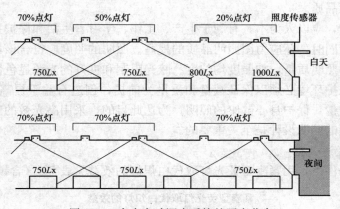

图 7-20 完全自动调光系统的照度分布

7.3 照 明 节 能

照明节能属于建筑节能及环境节能的重要的组成部分之一，照明节能范畴包括过照明光源的优化、照度分布的设计及照明时间的控制，以达到照明的有效利用率最大化的目的。照明节能的方案基本从以下几个方面着手：

自然光的充分利用：通过充分利用窗户、阳台和天棚的自然采光，采用电动遮阳控制技术，实现对自然采光的有效利用。

节能光源的优选：采用节能、高效的光源，在相同照度和色温的前提下，可以大幅度降低光源的能耗比。

照度分布及照明时间的自动控制：采用智能照明控制技术通过对有效的照明区域、照度需求和照明时间的自动控制，提高人工照明的效率。

7.3.1 绿色照明

绿色照明是节约能源，保护环境，有益于提高人们生产、工作、学习效率和生活质量，保护身心健康的照明。我国目前已制定了常用照明光源及镇流器等产品能效标准、各类建筑照明标准，完善了实施绿色照明工程的措施和管理机制，继续大力全方位推进绿色照明的发展。

1. 绿色照明的宗旨

(1) 节约能源。

人工照明源于由电能转换为光能，而电能又大多数来自于化石燃料的燃烧。地球上的石油、天然气和煤炭的可采年限有限，世界能源不容乐观。节约能源对于地球资源的保存，实现人类社会可持续发展具有重大意义。

(2) 保护环境。

由于化石燃料燃烧产生二氧化碳（CO_2）、二氧化硫（SO_2）、氮氧化合物（NO_x）等有害气体，造成地球的臭氧层破坏、地球变暖、酸雨等问题。地球变暖的因素中，50％是由二氧化碳形成的，而大约80％的二氧化碳来自化石燃料的燃烧。据美国的资料，每节约1kWh的电能，可减少大量大气污染物，由此可见，节约电能，对于环境保护的意义重大。

(3) 提高照明品质。

提高照明品质，应以人为本，有利于生产、工作、学习、生活和保护身心健康。在节约能源和保护环境的同时，还应力图照明品质的提高。照明的照度应符合该场所视觉工作的需要，而且有良好的照明质量，如照度均匀度、眩光限制和良好的光源显色性以及相宜的色表等。节约能源和保护环境必须以保证数量和质量为前提，创造有益于提高人们生产、工作、学习效率和生活质量，保护身心健康的照明，为达此目的，采用高光效的光源、灯具和电器附件以及科学合理的照明设计是至关重要的。

2. 绿色照明经济效益

在照度相同条件下，用紧凑型荧光灯取代白炽灯的效益见表 7-1（含镇流器功耗）。

表 7-1　　　　　　　　　　　　　紧凑型荧光灯取代白炽灯的效益

普通照明白炽灯（W）	紧凑型荧光灯（W）	节电效果（W）	节电率（％）
100	21	79	79
60	13	47	78.3
40	10	30	75

直管形荧光灯升级换代的效益见表 7-2（未计镇流器功耗）。

表 7-2　　　　　　　　　　　　　直管形荧光灯升级换代的效益

灯种	镇流器形式	功率（W）	光通量（lm）	光效（lm/W）	替换方式	节电率（％）
T12（38mm）	电感式	40	2850	71	—	—
T8（26mm）	电感式	36	3350	93	T12→T8	23.6
T8（26mm）	电子式	32	3200	100	T12→T8	29
T5（16mm）	电子式	28	2800	100	T12→T5	29

高强度气体放电灯的相互替换的效益见表 7-3（未计算镇流器功耗）。

表 7-3　　　　　　　　　　　　　高强度气体放电灯的相互替换的效益

灯种	功率（W）	光通量（lm）	光效（lm/W）	寿命（h）	显色指数 Ra	替换方式	节电率（％）
荧光高压汞灯	400	22 000	55	15 000	40	—	—
高压钠灯	250	28 000	112	24 000	25	1→2	50.9

续表

灯种	功率（W）	光通量（lm）	光效（lm/W）	寿命（h）	显色指数 Ra	替换方式	节电率（%）
金属卤化物灯	250	19 000	76	20 000	69	1→3	27.6
金属卤化物灯	400	35 000	87.5	20 000	69	1→4	37.1
陶瓷金卤灯	250	21 000	84	20 000	85	1→5	34.5

LED 灯相对于紧凑型荧光灯，按筒灯计，平均节能达 40%～50%。

7.3.2　照明节能的主要技术措施

1. 合理确定照度标准

（1）按相关标准确定照度

照明设计标准有：

1）GB 50034—2013《建筑照明设计标准》，规定了工业与民用建筑的照度标准值。

2）GB 50582—2010《室外作业场地照明设计标准》，规定了机场、铁路站场、港口码头、船厂、石油化工厂、加油站、建筑工地、停车场等室外作业场地的照度标准值。

3）CJJ 45—2015《城市道路照明设计标准》，规定了城市道路的亮度和照度标准值。

4）JGJ/T 163—2008《城市夜景照明设计规范》，规定了城市建筑物、构筑物、特殊景观元素、步行街、广场、公园等景物的夜景照明标准值。

设计中应按照相关标准确定照度水平。

（2）控制设计照度与照度标准值的偏差。

设计照度值与照度标准值相比较允许有不超过±10%的偏差（灯具数量小于 10 个的房间允许有较大的偏差），避免设计时过高的照度计算值。

（3）作业面临近区、非作业面、通道的照度要求。

作业面邻近区为作业面外 0.5m 的范围内，其照度可低于作业面的照度，一般允许降低一级（但不低于 200lx）。

通道和非作业区的照度可以降低到作业面临近周围照度的 1/3，这个规定符合实际需要，对降低实际功率密度值（LPD）有很明显作用。

作业面及邻近区域的关系、照度值示例见图 7-21。

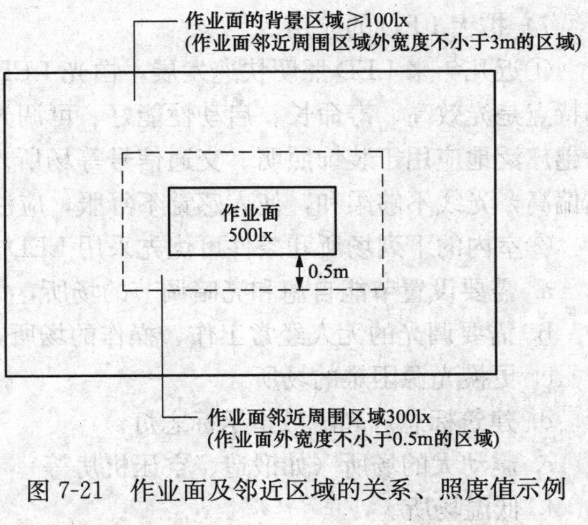

图 7-21　作业面及邻近区域的关系、照度值示例

2. 合理选择照明方式

为了满足作业的视觉要求，应分情况采用一般照明、分区一般照明或混合照明的方式。要求较高的场所，单纯使用一般照明的方式，不利于节能。

（1）混合照明的应用。

在照度要求高，但作业面密度又不大的场所，若只装设一般照明，会大大增加照明安装功率，应采用混合照明方式，以局部照明来提高作业面的照度，以节约能源。一般在照度标准要求超过 750lx 的场所设置混合照明，在技术经济方面是合理的。

（2）分区一般照明的应用。

在同一场所不同区域有不同照度要求时，为贯彻该高则高和该低则低的原则，应采用分区一般照明方式。

3. 选择优质、高效的照明器材

（1）选择高效光源，淘汰和限制低效光源的应用。

1）选用的照明光源需符合国家现行相关标准，并应符合以下原则：

①光效高，宜符合标准规定的节能评价值的光源。

②颜色质量良好，显色指数高，色温宜人。

③使用寿命长。

④启动快捷可靠，调光性能好。

⑤性价比高。

2）严格限制低光效的普通白炽灯应用，除抗电磁干扰有特殊要求的场所使用其他光源无法满足要求者外不得选用。

3）除商场重点照明可选用卤素灯外，其他场所均不得选用低光效卤素灯。

4）在民用建筑、工业厂房和道路照明中，不应使用荧光高压汞灯，特别不应使用自镇流荧光高压汞灯。

5）对于高度较低的功能性照明场所（如办公室、教室、高度在 8m 以下公共建筑和工业生产房间等）应采用细管径直管荧光灯，而不应采用紧凑型荧光灯，后者主要用于有装饰要求的场所。

6）高度较高的场所，宜选用陶瓷金属卤化物灯；无显色要求的场所和道路照明宜选用高压钠灯；更换光源很困难的场所，宜选用无极荧光灯。

7）扩大 LED 的应用。

①近几年来 LED 照明快速发展，白光 LED 灯的研制成功为进入照明领域创造了条件，其特点是光效高、寿命长、启动性能好、可调光、光利用率高、耐低温、耐振动等，已经越来越广泛地应用于装饰照明、交通信号等场所。但对于多数室内场所，目前普通 LED 灯色温偏高，光线不够柔和，使人感觉不舒服，应注意选用符合照明质量要求的产品。

②室内的下列场所和条件可优先采用 LED 灯：

a. 需要设置节能自熄和亮暗调节的场所，如楼梯间、走廊、电梯内、地下车库。

b. 需要调光的无人经常工作、操作的场所，如机房、库房和只进行巡检的生产场所。

c. 更换光源困难的场所。

d. 建筑标志灯和疏散指示标志灯。

e. 震动大的场所（如锻造、空压机房等）。

f. 低温场所。

（2）选择高效灯具的要求。

灯具效率的高低以及灯具配光的合理配置，对提高照明能效同样有不可忽视的影响。但是提高灯具效率和光的利用系数，涉及问题比较复杂，和控制眩光、灯具的防护（防水、防固体异物等级）装饰美观要求等有矛盾，必须合理协调，兼顾各方面要求。

1）选用高效率的灯具。在满足限制眩光要求条件下，应选用效率高的直接型灯具，如以视觉功能为主的办公室、教室和工业场所等；对于要求空间亮度较高或装饰要求高的公共场所（如酒店大堂、候机厅），可采用半间接型或均匀漫射型灯具。

在满足眩光限制和配光要求条件下，荧光灯灯具效率不应低于：开敞式的为 75%，带透明保护罩的为 70%，带磨砂或棱镜保护罩的为 55%，带格栅的为 65%；出光口为格栅形式的 LED 筒灯灯具的效能：2700K 为 55lm/W，3000K 为 60lm/W，4000K 为 65lm/W；出光口为保护罩形式的 LED 筒灯灯具的效能：2700K 为 60lm/W，3000K 为 65lm/W，4000K 为 70lm/W；高强气体放电灯灯具效率不应低于：开敞式的为 75%，格栅或透光罩的为 60%；常规道路照明灯具不应低于 70%，泛光灯具不应低于 65%。上述数值均为最低允许值，设计中宜选择效率（或效能）更高的灯具。

2）选用光通维持率高的灯具，以避免使用过程中灯具输出光通过度下降。

3）选用配光合理的灯具。照明设计中，应根据房间的室形指数（RI）值选取不同配光的灯具，可参照下列原则选择：

①当 $RI=0.5\sim0.8$ 时，选用窄配光灯具。

②当 $RI=0.8\sim1.65$ 时，选用中配光灯具。

③当 $RI=1.65\sim5$ 时，选用宽配光灯具。

4）采取其他措施提高灯具利用系数。

①合理降低灯具安装高度。

②合理提高房间各表面反射比。

（3）选择镇流器的要求。

镇流器是气体放电灯不可少的附件，但自身功耗比较大，降低了照明系统能效。镇流器之优劣对照明质量和照明能效都有很大影响。

1）荧光灯用镇流器的选用。直管荧光灯应配用电子镇流器或节能型电感镇流器；两者各有优缺点，但电子镇流器以更高的能效、频闪小、无噪声、可调光等优势而获得越来越广泛的应用。

对于 T5 直管荧光灯由于电感镇流器不能可靠启动，应选用电子镇流器。

2）HID 灯用镇流器的选用。高压钠灯、金卤灯等 HID 灯应配节能型电感镇流器，不应采用传统的功耗大的普通电感镇流器。当采用功率较小的 HID 灯或质量有保证时，也可选用电子镇流器。

3）选用能效等级高的镇流器。管形荧光灯应按国家标准规定的能效等级选择。

4）镇流器的谐波电流限值。

照明设备的谐波限值应符合 GB 17625.1—2012《电磁兼容 限值 谐波电流发射限值（设备每相输入电流≤16A）》的要求。

有功输入功率不大于 25W 的照明设备，应符合下列两项要求之一：

①每瓦允许的最大谐波电流限值为 1.9mA/W。

②3 次谐波不应超过 86%，5 次谐波不应超过 61%。

对于 25W 以上的灯管配电子镇流器时谐波比较大，但还可接受；而 25W 及以下的，其 3 次谐波限值高达 86%。3 次谐波在中性线呈 3 倍叠加，使中性导体电流达到相导体基波电流的 258%，则是难以承受的，必须引起高度重视。建议照明设计时应采取以下措施之一：

a. 一座建筑内不要大量选用小于等于 25W 的灯管配电子镇流器（包括 T5—14W 和

T8-18W）。

　　b. 如必须选用，设计中应注明镇流器特殊订货要求，规定其较低的谐波限值。

　　c. 采取滤波措施。

　　d. 按可能出现的 3 次谐波值设计照明配电线及中性导体截面。

　　5）镇流器的功率因数。

　　电感镇流器的缺点之一是功率因数低，需要设计无功补偿；而 25W 以上的灯配电子镇流器，其功率因数很高，可达 0.95 以上；但设计时应注意小于等于 25W 的灯配电子镇流器，由于谐波大，而导致功率因数下降，约降低到 0.5～0.6，故不能采用电容补偿，只能用降低谐波的办法解决。

　　4. 合理利用天然光

　　天然光取之不尽，用之不竭。在可能条件下，应尽可能积极利用天然光，即宜采用各种导光装置，如导光管、光导纤维等，将光引入室内进行照明。或采用各种反光装置，如利用安装在窗上的反光板和棱镜等使光折向房间的深处，提高照度，节约电能。

　　合理利用天然光的其主要措施如下：

　　（1）房间的采光系数或采光窗的面积比应符合 GB 50033—2013《建筑采光设计标准》的规定。

　　（2）有条件时，宜随室外天然光的变化自动调节人工照明照度。

　　（3）有条件时，宜利用太阳能作为照明光源。

　　（4）有条件时，宜利用各种导光和反光装置将天然光引入无天然采光或采光很弱的室内进行照明。

　　5. 照明控制与节能

　　（1）照明控制方式对节能的影响。合理的照明控制有助于使用者按需要及时开关灯，避免无人管理的"长明灯"，无人工作时开灯，局部区域工作时点亮全部灯，天然采光良好时点亮人工照明等。照明控制可以提高管理水平，节省运行管理人力，节约电能。

　　（2）公共建筑应采用智能控制。体育馆、影剧院、候机厅、博物馆、美术馆等公共建筑宜采用智能照明控制，并按需要采取调光或降低照度的控制措施。

　　（3）住宅及其他建筑的公共场所应采用感应自动控制。居住建筑有天然采光的楼梯间、走道的照明，除应急照明外应采用节能自熄开关。此类场所在夜间走过的人员不多，但又需要有灯光，采用红外感应或雷达控制等类似的控制方式，有利于节电。如采用 LED 灯时还可以设置自动亮暗调节，对酒店走廊、电梯厅、地下车库等场所比节能自熄开关更有利，满足使用要求。

　　（4）地下车库、无人连续在岗工作而只进行检查、巡视或短时操作的场所应采用感应动光暗调节（延时）控制。

　　（5）一般场所照明分区、分组开关灯。在白天自然光较强，或在深夜人员很少时，可以方便地用手动或自动方式关闭一部分或大部分照明，有利于节电。分组控制的目的，是为了将天然采光充足或不充足的场所分别开关。公共建筑和工业建筑的走廊、楼梯间、门厅等公共场所的照明，应按建筑使用条件和天然采光状况采取分区、分组控制措施。

　　（6）宾馆的每套或每间客房应装设独立的总开关，控制全部照明和客房用电（但不宜包括进门走廊灯和冰箱插座），并采用钥匙或门卡锁匙连锁节能开关。

（7）道路照明（含工厂区、居住区道路、园林）应按所在地区的地理位置（经纬度）和季节变化自动调节每天的开关灯时间（按黄昏时天然光照度 15lx 时开灯，清晨天然光照度 20～30lx 时关灯），并根据天空亮度变化进行必要修正。道路照明采用集中遥控系统时，远动终端宜具有在通信中断的情况下自动开关路灯的控制功能和手动控制功能。道路照明每个灯杆装设双光源时，在"后半夜"应能关闭一个光源；装设单光源高压钠灯时，宜采用双功率镇流器，在后半夜能转换至半光通输出运行；当用 LED 灯时，宜采用自动调光控制。有条件时可按车流或人流状况自动调节路面亮（照）度。

（8）夜景照明定时（分季节天气变化及假日、节日）自动开关灯。夜景照明应具备平常日、一般节日、重大节日开灯控制模式。

7.3.3 各类建筑的照明节能指标

为了降低建筑物的能耗，国标规范以及行业设计标准都对各类建筑的照明功率密度限值进行了相关的规定。

1. 严格执行标准规定的照明功率密度限值（LPD）

（1）工业和民用建筑的场所应执行 GB 50034—2013《建筑照明设计标准》规定的 LPD 值，对于绿色建筑，节能建筑和有条件的应执行该标准规定的 LPD 目标值。

（2）城市道路照明应执行 CJJ 45—2015《城市道路照明设计标准》规定的 LPD 值。

（3）夜景照明应执行 JGJ/T 163—2008《城市夜景照明设计规范》规定的 LPD 值。

设计中应注意，上述规定的 LPD 值为最高限值，而不是节能优化值，实际设计中计算的 LPD 值应尽可能小于此值。因此不应利用标准规定的 LPD 限制值作为计算照度的依据。

2. 各场所照明功率密度值指标

在 GB 50034—2013《建筑照明设计标准》中规定了住宅、办公、商店、旅馆、医疗建筑、教育建筑、美术馆建筑、博物馆建筑、会展建筑、交通建筑和工业建筑的照明功率密度限值，其值见表 7-4～表 7-18。除住宅、图书馆和美术馆、科技馆、博物馆建筑外，其他建筑的照明功率密度限值均为强制性的。此外设装饰性灯具场所，可将实际采用的装饰性灯具总功率的 50% 计入照明功率密度值计算。设有重点照明的商店营业厅，该营业厅的照明功率密度限制应增加 5W/m²。另外，CJJ 45—2015《城市道路照明设计标准》中规定了机动车道的照明功率密度限值为强制性条文，其值见表 7-19。

表 7-4　　　　　　　　　　　住宅建筑每户照明功率密度限值

房间或场所	照度标准值（lx）	照明功率密度限值（W/m²）	
		现行值	目标值
起居室	100		
卧室	75		
餐厅	150	≤6.0	≤5.0
厨房	100		
卫生间	100		
职工宿舍	100	≤4.0	≤3.5
车库	30	≤2.0	≤1.8

表 7-5   图书馆建筑照明功率密度限值

房间或场所	照度标准值（lx）	照明功率密度限值（W/m²）	
		现行值	目标值
一般阅览室、开放式阅览室	300	≤9.0	≤8.0
目录厅（室）、出纳室	300	≤11.0	≤10.0
多媒体阅览室	300	≤9.0	≤8.0
老年阅览室	500	≤15.0	≤13.5

表 7-6   办公建筑和其他类型建筑中具有办公用途场所的照明功率密度限值

房间或场所	照度标准值（lx）	照明功率密度限值（W/m²）	
		现行值	目标值
普通办公室	300	≤9.0	≤8.0
高档办公室、设计室	500	≤15.0	≤13.5
会议室	300	≤9.0	≤8.0
服务大厅	300	≤11.0	≤10.0

表 7-7   商店建筑照明功率密度限值

房间或场所	照度标准值（lx）	照明功率密度限值（W/m²）	
		现行值	目标值
一般商店营业厅	300	≤10.0	≤9.0
高档商店营业厅	500	≤16.0	≤14.5
一般超市营业厅	300	≤11.0	≤10.0
高档超市营业厅	500	≤17.0	≤15.5
专卖店营业厅	300	≤11.0	≤10.0
仓储超市	300	≤11.0	≤10.0

表 7-8   旅馆建筑照明功率密度限值

房间或场所	照度标准值（lx）	照明功率密度限值（W/m²）	
		现行值	目标值
客房	—	≤7.0	≤6.0
中餐厅	200	≤9.0	≤8.0
西餐厅	150	≤6.5	≤5.5
多功能厅	300	≤13.5	≤12.0
客房层走廊	50	≤4.0	≤3.5
大堂	200	≤9.0	≤8.0
会议室	300	≤9.0	≤8.0

表 7-9　　　　　　　　　　医疗建筑照明功率密度限值

房间或场所	照度标准值（lx）	照明功率密度限值（W/m²）	
		现行值	目标值
治疗室、诊室	300	≤9.0	≤8.0
化验室	500	≤15.0	≤13.5
候诊室、挂号厅	200	≤6.5	≤5.5
病房	100	≤5.0	≤4.5
护士站	300	≤9.0	≤8.0
药房	500	≤15.0	≤13.5
走廊	100	≤4.5	≤4.0

表 7-10　　　　　　　　　　教育建筑照明功率密度限值

房间或场所	照度标准值（lx）	照明功率密度限值（W/m²）	
		现行值	目标值
教室、阅览室	300	≤9.0	≤8.0
实验室	300	≤9.0	≤8.0
美术教室	500	≤15.0	≤13.5
多媒体教室	300	≤9.0	≤8.0
计算机教室、电子阅览室	500	≤15.0	≤13.5
学生宿舍	150	≤5.0	≤4.5

表 7-11　　　　　　　　　　美术馆建筑照明功率密度限值

房间或场所	照度标准值（lx）	照明功率密度限值（W/m²）	
		现行值	目标值
会议报告厅	300	≤9.0	≤8.0
美术品售卖厅	300	≤9.0	≤8.0
公共大厅	200	≤9.0	≤8.0
绘画展厅	100	≤5.0	≤4.5
雕塑展厅	150	≤6.5	≤5.5

表 7-12　　　　　　　　　　科技馆建筑照明功率密度限值

房间或场所	照度标准值（lx）	照明功率密度限值（W/m²）	
		现行值	目标值
科普教室	300	≤9.0	≤8.0
会议报告厅	300	≤9.0	≤8.0
纪念品售卖区	300	≤9.0	≤8.0
儿童乐园	300	≤10.0	≤8.0
公共大厅	200	≤9.0	≤8.0
常设展厅	200	≤9.0	≤8.0

表 7-13　　　　　　　　　　建筑馆建筑照明功率密度限值

房间或场所	照度标准值（lx）	照明功率密度限值（W/m²）	
		现行值	目标值
会议报告厅	300	≤9.0	≤8.0
美术制作室	500	≤15.0	≤13.5
编目室	300	≤9.0	≤8.0
藏品库房	75	≤4.0	≤3.5
藏品提看室	150	≤5.0	≤4.5

表 7-14　　　　　　　　　　会展建筑照明功率密度限值

房间或场所	照度标准值（lx）	照明功率密度限值（W/m²）	
		现行值	目标值
会议室、洽谈室	300	≤9.0	≤8.0
宴会厅、多功能厅	300	≤13.5	≤12.0
一般展厅	200	≤9.0	≤8.0
高档展厅	300	≤13.5	≤12.0

表 7-15　　　　　　　　　　交通建筑照明功率密度限值

房间或场所		照度标准值（lx）	照明功率密度限值（W/m²）	
			现行值	目标值
候车（机、船）室	普通	150	≤7.0	≤6.0
	高档	200	≤9.0	≤8.0
中央大厅、售票大厅		200	≤9.0	≤8.0
行李认领、到达大厅、出发大厅		200	≤9.0	≤8.0
地铁站厅	普通	100	≤5.0	≤4.5
	高档	200	≤9.0	≤8.0
地铁进出站门厅	普通	150	≤6.5	≤5.5
	高档	200	≤9.0	≤8.0

表 7-16　　　　　　　　　　金融建筑照明功率密度限值

房间或场所	照度标准值（lx）	照明功率密度限值（W/m²）	
		现行值	目标值
营业大厅	200	≤9.0	≤8.0
交易大厅	300	≤13.5	≤12.0

表 7-17　　　　　　　　　　　　**工业建筑非爆炸危险场所照明功率密度限值**

房间或场所		照度标准值 （lx）	照明功率密度限值（W/m²）	
			现行值	目标值
1. 机、电工业				
机械加工	粗加工	200	≤7.5	≤6.5
	一般加工公差≥0.1mm	300	≤11.0	≤10.0
	精密加工公差<0.1mm	500	≤17.0	≤15.0
机电、仪表装配	大件	200	≤7.5	≤6.5
	一般件	300	≤11.0	≤10.0
	精密	500	≤17.0	≤15.0
	特精密	750	≤24.0	≤22.0
电线、电缆制造		300	≤11.0	≤10.0
线圈绕制	大线圈	300	≤11.0	≤10.0
	中等线圈	500	≤17.0	≤15.0
	精细线圈	750	≤24.0	≤22.0
线圈浇注		300	≤11.0	≤10.0
焊接	一般	200	≤7.5	≤6.5
	精密	300	≤11.0	≤10.0
钣金		300	≤11.0	≤10.0
冲压、剪切		300	≤11.0	≤10.0
热处理		200	≤7.5	≤6.5
铸造	溶化、浇铸	200	≤9.0	≤8.0
	造型	300	≤13.0	≤12.0
精密铸造的制模、脱壳		500	≤17.0	≤15.0
锻工		200	≤8.0	≤7.0
电镀		300	≤13.0	≤12.0
酸洗、腐蚀、清洗		300	≤15.0	≤14.0
抛光	一般装饰性	300	≤12.0	≤11.0
	精细	500	≤18.0	≤16.0
复合材料加工、铺叠、装饰		500	≤17.0	≤15.0
机电修理	一般	200	≤7.5	≤6.5
	精密	300	≤11.0	≤10.0
2. 电子工业				
整机类	整机厂	300	≤11.0	≤10.0
	装配厂房	300	≤11.0	≤10.0
元器件类	微电子产品及集成电路	500	≤18.0	≤16.0
	显示器件	500	≤18.0	≤16.0
	印刷线路板	500	≤18.0	≤16.0

房间或场所		照度标准值 (lx)	照明功率密度限值（W/m²）	
			现行值	目标值
2. 电子工业				
元器件类	光伏组件	300	≤11.0	≤10.0
	电真空器件、机电组件等	500	≤18.0	≤16.0
电子材料类	半导体材料	300	≤11.0	≤10.0
	光纤、光缆	300	≤11.0	≤10.0
酸、碱、药液及粉配制		300	≤13.0	≤12.0

表 7-18　　公共和工业建筑非爆炸危险场所通用房间或场所照明功率密度限值

房间或场所		照度标准值 (lx)	照明功率密度限值（W/m²）	
			现行值	目标值
走廊	一般	50	≤2.5	≤2.0
	高档	100	≤4.0	≤3.5
厕所	一般	75	≤3.5	≤3.0
	高档	150	≤6.0	≤5.0
试验室	一般	300	≤9.0	≤8.0
	精细	500	≤15.0	≤13.5
检验	一般	300	≤9.0	≤8.0
	精细，有颜色要求	750	≤23.0	≤21.0
计量室、测量室		500	≤15.0	≤13.5
控制室	一般控制室	300	≤9.0	≤8.0
	主控制室	500	≤15.0	≤13.5
电话站、网络中心、计算机站		500	≤15.0	≤13.5
动力站	风机房、空调机房	100	≤4.0	≤3.5
	泵房	100	≤4.0	≤3.5
	冷冻站	150	≤6.0	≤5.0
	压缩空气站	150	≤6.0	≤5.0
	锅炉房、煤气站的操作层	100	≤5.0	≤4.5
仓库	大件库	50	≤2.5	≤2.0
	一般件库	100	≤4.0	≤3.5
	半成品库	150	≤6.0	≤5.0
	精细件库	200	≤7.0	≤6.0
公共车库		50	≤2.5	≤2.0
车辆加油站		100	≤5.0	≤4.5

表 7-19　　　　　　　　　　　机动车道的照明功率密度限值

道路级别	车道数（条）	照明功率密度限值（W/m²）	对应的照度值（lx）
快速路、主干路	≥6	≤1.00	30
	<6	≤1.20	
	≥6	≤0.70	20
	<6	≤0.85	
次干路	≥4	≤0.80	20
	<4	≤0.90	
	≥4	≤0.60	15
	<4	≤0.70	
支路	≥2	≤0.50	10
	<2	≤0.60	
	≥2	≤0.40	8
	<2	≤0.45	

 思　考　题

1. 照明控制的原则是什么，作用体现在哪些方面？
2. 常用的照明控制策略有哪几种？
3. 跷板开关控制或拉线开关控制的工作原理是什么？
4. 智能照明控制系统的组成是什么？
5. 总线回路控制的主要功能有哪些？
6. 基于 TCP/IP 网络控制的优点有哪些？
7. 光纤照明的含义及特点是什么？
8. 光导管系统的定义和工作原理是什么？
9. 绿色照明的宗旨是什么？
10. 合理利用天然光的其主要措施有哪些？

第 8 章　照明设计与应用

室内照明是室内环境设计的重要组成部分，室内照明设计要有利于人的活动安全和舒适的生活。在人们的生活中，光不仅仅是室内照明的条件，而且是表达空间形态、营造环境气氛的基本元素。光照的作用，对人的视觉功能极为重要。室内自然光或灯光照明设计在功能上要满足人们多种活动的需要，而且还要重视空间的照明效果。本章主要介绍常见的室内照明包括居住建筑照明、教育建筑照明、办公照明、工厂照明。

8.1　室　内　照　明

室内照明是室内环境设计的重要组成部分，室内照明设计要有利于人的活动安全和舒适的生活。在人们的生活中，光不仅仅是室内照明的条件，而且是表达空间形态、营造环境气氛的基本元素。光照的作用，对人的视觉功能极为重要。室内自然光或灯光照明设计在功能上要满足人们多种活动的需要，而且还要重视空间的照明效果。本章主要介绍常见的室内照明包括居住建筑照明、教育建筑照明、办公照明、工厂照明。

8.1.1　居住建筑照明

居住建筑与人们的生活息息相关，光环境的好坏不仅影响人们的生活质量，还会影响人们的健康，居住建筑涉及的人群从老人到婴儿，对光环境有不同层次的要求，自然采光对居住建筑尤其重要，在居住建筑设计规范中对采光都有严格的规定，居住建筑主要包括住宅、宿舍，公寓、别墅也属于住宅的范畴，本章主要讨论住宅的人工照明。

1. 居住建筑照明方式和原则

居住建筑照明要根据整体空间进行艺术构思，以确定灯具的布局形式、光源类型、灯具样式及配光方式等，家居照明要做到客厅明朗化、卧室幽静化、书房目标化、装饰物重点化等，造成雕刻空间的效果。

居住建筑照明方式主要有一般照明和局部照明，对于一些需要展示的书法、绘画、壁毯等装饰品多采用重点照明方式。一般照明、局部照明、重点照明属于功能照明，另外，为了空间的艺术性，往往还需进行装饰性照明。

居住建筑照明要遵循如下原则：

（1）平衡一般照明与局部照明的关系。人们习惯于一间房间有一般照明用的"主体灯"，多是用吊灯或吸顶灯装在房间的中心位置。另外根据需要再设置壁灯、台灯落地灯等作为"辅助灯"，用于局部照明。高照度照明常常造成令人兴奋的气氛，低照度的照明则容易造成松弛、亲切的气氛，应按规范要求，要做好一般照明与局部照明的平衡。

（2）功能照明与装饰照明结合。功能照明要有实用性、满足显色性、控制眩光、保护视力的要求。实用性主要指室内照明确保用光卫生，保护眼睛，保护视力，光色无异常心理或者生理反应，灯具牢固，线路安全，开关灵活。

（3）照明控制适应不同的生活情景，灵活方便并考虑自然光的影响。

（4）照明还应做到安全、可靠，方便维护与检修。

2. 光源与灯具的选择

（1）光源。

光源选择应满足提高照明质量，有利于环保、节能要求。居住建筑照明可采用白炽灯、卤素灯、紧凑型荧光灯、直管荧光灯、LED 等。白炽灯显色性最好，但不节能，逐渐会被淘汰。对于起居室、卧室、厨房、卫生间等，推荐采用紧凑型荧光灯、LED、卤素灯；对于书房，推荐采用稀土三基色荧光粉的直管荧光灯，其具有显色性好、光效高、寿命长等特点，易于满足显色性、照度水平及节能的要求，可用 T8、T5 直管型荧光灯。LED 已经快速进入居住建筑照明领域，但当采用 LED 时，应注意满足色温不大于 4000K，特殊显色指数 R_9 大于零，色容差不大于 SSDCM，色品坐标偏差值满足国家标准要求。此外，发光面平局亮度高于 $2000cd/m^2$ 的 LED 灯具不宜用于卧室、起居室的一般照明；厨房和卫生间的一般照明宜采用带罩的漫射型 LED 灯具；局部照明宜采用直接型 LED 灯具。

（2）灯具选择。

1）灯具选择应遵循以下五条原则：

①同房间的高度相适应。房间高度在 3m 以下时，不宜选用长吊杆的吊灯及垂度高的水晶灯，否则会有碍安全。

②同房间的面积相适应。灯饰的面积不要大于房间面积的 2%～3%，如照度不足，可增加灯具数量或增大光源功率，否则会影响装饰效果。

③同整体的装修风格相适应。中式、日式、欧式的灯具要与周围的装修风格协调统一，才能避免给人以杂乱的感觉。

④同房间的环境质量相适应。卫生间、厨房等特殊环境，应该选择有防潮、防水特殊功能的灯具，以保证正常使用。

⑤同顶部的承重能力相适应。特别是做吊顶的顶部，必须有足够的荷载，才能安装相适应的灯具。吸顶灯由于占用空间少，光照均匀柔和，特别适合在门厅、走廊、厨房、卫生间及卧室等处使用。

另外，对于采用 LED 灯，应注意眩光控制，采用蓝光含量达标的灯具，推荐 LED 应有保护罩或应优先采用 LED 面板灯形式。

2）灯具常用类别、形式。居住建筑照明所运用的灯具应易于安装、维修，并注意节能，为了室内的光环境温馨，往往更多使用半直接型、全漫射型、半间接型、间接型配光形式的灯具，直接型灯具常用于局部或重点照明，常用的灯具有嵌入式灯具、吸顶式灯具、轨道安装灯具、吊灯、壁灯、台灯和落地灯。

3. 设计实例

（1）门厅、大堂、走廊照明。

门厅、大堂、走廊是人们过往必经之地，是进入室内第一印象处，亦是体现室内装饰的整体水准之一，一般门厅、大堂、走廊照明灯具选用小型的球形灯，扁圆形或方形吸顶灯，其规格、尺寸、大小应与客厅配套，有时也在门口处装有射灯、走廊采用发光顶棚。

（2）客厅照明。

客厅是家庭成员活动的中心区，亦是接待亲朋宾客的场所，灯饰的数量与亮度都有可调性，使家庭风格充分展现出来。一般采用一般照明与局部照明相结合的方式，一盏主灯，再配其他多种辅助灯饰。如：壁灯、筒灯、射灯等。若客厅层高在 3m 左右，主灯宜用吊灯；层高在 2.5m 以下的，宜用吸顶灯或不用主灯；如果层高超过 3.5m 以上的客厅，可选用规格尺寸稍大一点的吊灯或吸顶灯。

（3）卧室照明。

卧室主要功能是休息，但不是单一的睡眠区，多数家庭中，卧室亦是化妆和存放衣服的场所，也是在劳动之余短暂休息之地，要以营造恬静、温馨的气氛为主；照明方式以间接或漫射为宜。室内用间接照明，天花板的颜色要淡，反射光的效果才好，若用小型低瓦数投光灯照明，天花板应是深色，这样可营造一个浪漫柔和感性氛围。

尽量避免将床布置在吊灯的下方，这样人在床上躺着时，不会有灯光刺激眼睛。最好的方法是将下照灯装在墙上，并定向安装，让光线照在画上和书架上，产生优美的气氛，也可在适当位置设置半透明罩壁灯，上部罩口将光投向顶棚中心彩饰，下部以漫射光照在底层空可获得上下辉映的装饰效果。

（4）书房照明。

书房的环境应是文雅幽静、简洁明快。宜采用直接照明或半直接照明方式，光线最好从左肩上端照射，或在书桌前方装设专用台灯。专用书房的台灯，宜采用艺术台灯，如旋臂式台灯或调光艺术台灯，使光线直接照射在书桌上。一般不需全面用光，为检索方便，可在书柜上设隐形灯。若是一室多用的书房。宜用半封闭、不透明金属工作台灯，可将光集中投到桌面上，既满足作业平面的需要，又不影响室内其他活动。若是在座椅、沙发上阅读时，最好采用可调节方向和高度的落地灯。

（5）餐厅照明。

餐厅是就餐的场所，灯光装饰的焦点当然是餐桌。灯饰一般可用垂悬的吊灯，为了达到效果，吊灯不能安装太高，在用膳者的视平线之上即可。长方形的餐桌，则安装两盏吊灯或长的椭圆形吊灯，吊灯要有光的明暗调节器与可升降功能，以便兼作其他工作用，餐厅光源宜采用暖色和高显色性光源，不宜用冷色光源，菜肴讲究色、香、味、形，若受到冷色光的照射，将直接影响菜肴的成色，影响人的食欲。

（6）厨房照明。

厨房照明对照度和显色性要求较高，灯光对食物的外观也很重要，它可以影响人的烹饪；在操作台的上方设置嵌入式或半嵌入式散光型吸顶灯，并应考虑灰油污给灯具带来的麻烦。灶台上方一般设置抽油烟机，机罩内有隐形灯具，供灶台照明。若厨房兼作餐厅，可在餐桌上方设置单罩单火升降式或单层多叉式吊灯。

（7）卫生间、浴室照明。

卫生间、浴室照明要洁净、明亮、温馨，满足洗漱、卫浴的需要，保证行动安全，照明设计要在满足功能照明的前提下，考虑装修氛围的需要，卫生间、浴室照明由一般照明、重点照明组成，一般照明提供基础照明，一般在房间中心安装吸顶灯，有时为了氛围，结合吊顶安装灯槽做间接照明，重点照明主要满足洗漱、卫浴的需要，在洗漱台上方安装镜前灯，镜前灯可以采用壁灯形式，也可采用顶部嵌入式与建筑结构结合在一起，在坐便器、浴盆或淋浴房上方装下射灯。卫生间照明灯具应选用防水型灯具。

（8）照明配电与控制。

除大型别墅外，一般住宅和宿舍照明配电采用单相配电，照明与插座分回路配电，住宅、宿舍一般情况下用一个照明配电回路，对于面积较大的住宅和别墅需要多个照明配电回路。

一般住宅多采用面板开关控制，根据需要选择单联、双联、三联、四联单控开关，不宜选择所谓的电子多联开关。在需要两地控制的地方，如玄关处与客厅主照明开关、卧室进门处与床头照明开关设计双控功能，双控开关布线要复杂一些。卫生间（浴室）可采用人体感应灯。在大户型或别墅中，也可采用总线型智能照明控制，并且和电动窗帘一并控制。

8.1.2　教育建筑照明

教育建筑包括学校校园内的教学楼、图书馆、实验楼、风雨操场（体育场馆）、会堂、办公楼、学生宿舍、食堂及附属设施等供教育教学活动所使用的建筑物及生活用房。办公楼照，学校照明中最具特点的是教学楼和图书馆照明。

1. 教育建筑照度标准

与学校有关的设计标准、规范主要有：GB 50034《建筑照明设计标准》、GB 50099《中小学校设计规范》、GB 50346《生物安全实验室建筑技术规范》、JGJ 76《特殊教育学校建筑设计规范》、JGJ 310《教育建筑电气设计规范》等。

在 GB 50034—2013《建筑照明设计标准》中规定了教育建筑和图书馆照明标准值，已在第四章的表 4-16 和 4-10 中介绍。

在 JGJ 310—2013《教育建筑电气设计规范》中规定了教育建筑其他场所照明标准值和特殊教育学校主要房间照明标准值，分别如表 8-1、表 8-2 所示。

表 8-1　　　　　　　　　　　　　　教育建筑其他场所照明标准值

房间和场所	参考平面及其高度	照度标准值（lx）	统一眩光值 UCR	显色指数 R_a
艺术学校的美术教室	桌面	750	≤19	≥90
健身教室	地面	300	≤22	≥80
工程制图教室	桌面	500	≤19	≥80
电子信息机房	0.75m 水平面	500	≤19	≥80
计算机教室、电子阅览室	0.75m 水平面	500	≤19	≥80
会堂观众厅	0.75m 水平面	200	≤22	≥80
学生宿舍	0.75m 水平面	150	—	≥80
学生活动室	0.75m 水平面	200	≤22	≥80

表 8-2　　　　　　　　　　　　　　特殊教育学校主要房间照明标准值

学校类型	主要房间	参考平面及其高度	照度标准值（lx）	统一眩光值 UCR	显色指数 R_a
盲学校	普通教室、手工教室、地理教室及其他教学用房	课桌面	500	≤19	≥80
聋学校	普通教室、语言教室及其他教学用房	课桌面	300	≤19	≥80

续表

学校类型	主要房间	参考平面及其高度	照度标准值（lx）	统一眩光值 UCR	显色指数 R_a
智障学校	普通教室、语言教室及其他教学用房	课桌面	300	≤19	≥80
—	保健室	0.75m 水平面	300	≤19	≥80

2. 教学楼照明

（1）教室照明的基本要求。

教学楼照明中最主要的是教室照明，一般教学形式分为正式教学和交互式教学，正式教学主要是教师与学生之间交流，即教师看教案、观察学生、在黑板上书写，学生看书、写字，看黑板上的字与图，注视教师的演示等，交互式教学增加了学生之间的交流，学生之间应能互相看清各自的表情等。目前教室中除传统的教学区的黑板和学生区之外，教学区中大多采用投影等多种形式，学校以白天教学为主，有效利用自然采光以利节能。因此，教室照明中最基本的任务是：满足学生看书、写字、绘画等要求，保证视觉目标水平和垂直照度要求；满足学生之间面对面交流的要求；要引导学生把注意力集中到教学或演示区域；照明控制适应不同的演示和教学情景，并考虑自然光的影响；满足显色性，控制眩光，保护视力，构建健康舒适的光环境。除此之外，教室照明还应做到安全、可靠，方便维护与检修，并与环境协调。

（2）光源与灯具的选择。

1）光源。

光源选择应满足提高照明质量，有利于环保、节能要求。教室照明推荐采用稀土三基色荧光粉的直管荧光灯，其具有显色性好、光效高、寿命长等特点，易于满足显色性、照度水平及节能的要求。普通教室可用 T8、T5 直管型荧光灯。当采用 LED 时，应满足色温不大于 4000K，特殊显色指数 $R_9 > 0$，色容差不大于 SSDCM，色品坐标偏差值满足国家标准要求。

2）灯具选择。

①普通教室不宜采用无罩的直射灯具及盒式荧光灯具。宜选用有一定保护角、效率不低于 75% 的开启式配照型灯具。

②有要求或有条件的教室可采用带格栅（格片）或带漫射罩型灯具，格栅灯具效率不宜低于 65%，带玻璃或塑料保护罩的灯具效率不宜低于 70%。

③具有蝙蝠翼式光强分布特性灯具的光强分布如图 8-1 所示，一般有较大的遮光角，光输出扩散性好，布灯间距大，照度均匀，能有效地限制眩光和光幕反射，有利于改善教室照明质量和节能。图 8-2 所示为具有蝙蝠翼式光强分布特性的灯具与余弦光强分布的灯具的性能对比。前者比后者减少了光幕反射区及眩光区的光强分布，降低了眩光，特别是光幕反射的干扰；增大了有效区的光强分布，使灯具输出光通的有效利用率提高。

④不宜采用带有高亮度或全镜面控光罩（如格片、格栅）类灯具，宜采用低亮度、漫射或半镜面控光罩（如格片、格栅）类灯具。

⑤如果教室空间较高，顶棚反射比高，可以采用悬挂间接或半间接照明灯具，该类灯具

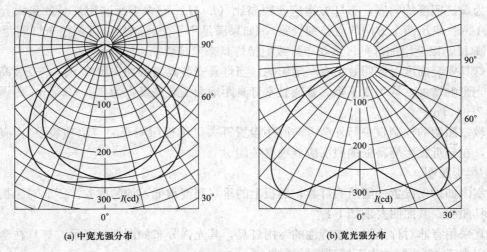

(a) 中宽光强分布　　　　　　　(b) 宽光强分布

图 8-1　蝙蝠翼式光强分布特性灯具的光强分布

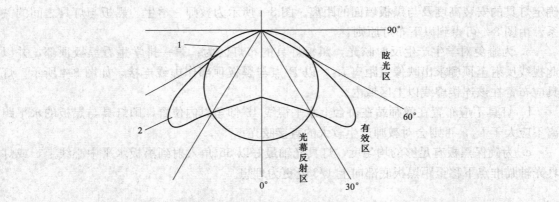

图 8-2　蝙蝠翼式光强分布特性灯具与余弦光强分布特性灯具的性能对比
1—余弦光强分布；2—蝙蝠翼式光强分布

除向下照射外，还有更多的光投射到顶棚，形成间接照明，营造更加舒适宜人的光环境。如果教室有吊顶，一般采用嵌入式或吸顶式灯具。

⑥对于 LED 直管灯，与荧光灯要求一致，注意眩光控制，应优先采用 LED 平面灯具。

（3）普通教室照明。

最亮的点或面通常最引人注意，在照明设计中，为确保学生集中注意力，桌面和黑板的亮度应为最高，因此教室照明通常由对课桌的一般照明和对黑板的局部照明组成。

1）教室一般照明。

①普通教室课桌呈规律性排列，宜采用顶棚上均匀布灯的一般照明方式。为减少眩光区和光幕反射区，荧光灯具宜纵向布置，即灯具的长轴平行于学生的主视线，并与黑板垂直。如果灯具横向配光良好，能有效控制眩光，灯具保护角较大，灯具表面亮度与顶棚表面差别不大，灯具排列也可与黑板平行。

②教室照明灯具如能布置在垂直黑板的通道上空，使课桌面形成侧面或两侧面来光，照明效果更好。

③为保证照度均匀度，布灯方案应使距高比（L/H）不大于所选用灯具的最大允许距高比（A-A、B-B 两个方向均应分别校验）。如果满足不了上述条件，可调整布灯间距 L 与灯具挂高 H，以至增加灯具、重新布灯或更换灯具来满足要求。

④灯具安装高度对照明效果有一定影响，当灯具安装高度增加，照度下降；安装高度降低，眩光影响增加，均匀度下降。普通教室灯具距地面安装高度宜为 2.5～2.9m，距课桌面宜为 1.7～2.1m。

⑤教室照明的控制宜平行外窗方向顺序设置开关（黑板照明开关应单独装设）。有投影屏幕时，在接近投影屏幕处的照明应能独立关闭。

2）黑板照明。

教室内如果仅设置一般照明灯具，黑板上的垂直照度很低，均匀度差。因此对黑板应设专用灯具照明，其照明要求如下：

①宜采用有非对称光强分布特性的专用灯具，其光强分布如图 8-3 所示。灯具在学生侧保护角宜大于 40°，使学生不感到直接眩光。

②黑板照明不应对教师产生直接眩光，也不应对学生产生反射眩光。在设计时，应合理确定灯具的安装高度及与黑板墙面的距离。图 8-4 所示为教师、学生、黑板与灯具之间的关系。由图 8-4 可得到以下布灯原则：

a. 为避免对学生产生反射眩光，黑板灯具的布灯区为：第一排学生看黑板顶部，并以此视线反射至顶棚求出映像点距离 L_1，以 P 点与黑板顶部作虚线连接，如图 8-4 所示，灯具应布置在该连接虚线以上区域内。

b. 灯具不应布置在教师站在讲台上水平视线 45°仰角以内位置，即灯具与黑板的水平距离不应大于 L_2，否则会对教师产生较大的直接眩光。

c. 为确保黑板有足够的均匀度，灯具光轴最好以 55°角入射到黑板水平中心线上，或灯具光轴瞄准点下移至距黑板底部向上 1/3 处更为理想。

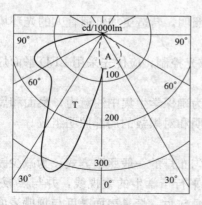

图 8-3　黑板照明灯具非对称光强分布图

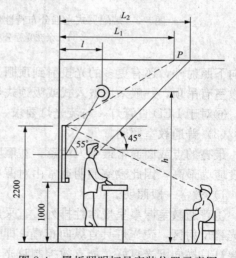

图 8-4　黑板照明灯具安装位置示意图

③黑板照明灯具数量，可参考表 8-3 进行选择。

表 8-3 黑板照明灯具数量选择

黑板宽度（m）	36W 单管专用荧光灯（套）
3～3.6	2～3
4～5	3～4

（4）阶梯教室（合班教室或报告厅）照明。

1）阶梯教室内灯具数量多，眩光干扰增大，宜选用限制眩光性能较好的灯具，如带格栅或带漫反射板（罩）型灯具、保护角较大的开启式灯具。有条件时，还可结合顶棚建筑装修，对眩光较大的照明灯具做隐蔽处理。例如图 8-5 是把教室顶棚分块做成阶梯形。灯具被下突部分隐蔽，并使其出光投向前方，向后散射的灯光被截去并通过灯具反射器也向前方投射。学生几乎感觉不到直接眩光。

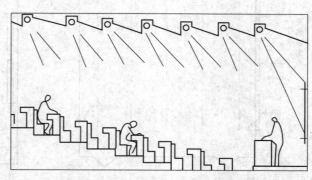

图 8-5　阶梯教室照明灯具布置示意图

2）为降低光幕反射及眩光影响，推荐采用光带（连续或不连续）及多管块形布灯方案，不推荐单管灯具方案。

3）灯具宜吸顶或嵌入方式安装。当采用吊挂安装方式时，应注意前排灯具的安装高度不应遮挡后排学生的视线及产生直接眩光，也不应影响投影、电影等放映效果。

4）当阶梯教室是单侧采光或窗外有遮阳设施时，有时即使是白天，天然采光也不够。教室内需辅以人工照明做恒定调节。教室深处与近窗口处对人工照明的要求是不同的。为改善教室内的亮度分布，便于人工照明的恒定调节与节能，宜对教室深处及靠近窗口处的灯具分别控制。例如图 8-6 中的是把教室内的灯具，按距离采光侧窗的远近分为五组，装设五个开关，对每组灯具均可单独控制，以实现上述的人工照明对天然采光变化的恒定调节功能。

5）阶梯教室一般设有上下两层黑板（上、下交替滑动），由于两层黑板高度较高，仅设一组普通黑板专用灯具是很难达到照度及其均匀度要求的。一种方案是采用较大功率专用灯具，另一种方案是上下两层黑板采用两组普通黑板专用灯具分别照明，如图 8-7 所示。为改善黑板照明的照度，可对两组灯具内的光源容量做不同的配置。上层黑板专用灯具内的光源容量宜为下层光源容量的 $1/2～3/4$。

6）阶梯教室内，当黑板设有专用照明时，投映屏设置的位置宜与黑板分开。一般可置于黑板侧旁，如图 8-6 所示。当放映时，同时也可开灯照明黑板。为减少黑板照明对投映效果的影响，投映屏应尽量远离黑板照明区并应向地面有一倾角。

7）考虑幻灯、投影和电影的放映方便，宜在讲台和放映处对室内照明进行控制。有条件时，可对一般照明的局部或全部实现调光控制。

（5）其他专用教室照明。

1）电脑教室照明。

应避免在视觉显示屏上出现灯具、窗等高亮度光源的影像，可采用以下措施抑制。

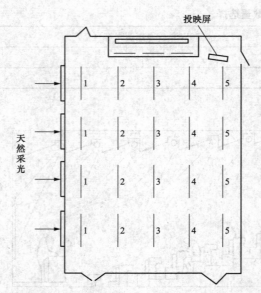

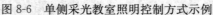

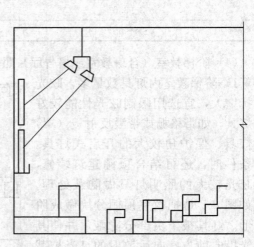

图 8-6　单侧采光教室照明控制方式示例　　　　　　图 8-7　双层黑板照明示意图

①选用适宜的灯具。灯具在其下垂线 50°以上区域内的亮度应不大于 200cd/m²，如图 8-8 所示。具有蝙蝠翼式光强分布特性的灯具一般可满足上述要求。在图 8-8 中，$a = 50°$为灯具亮度限制角，$b = 45°$为直接眩光限制角，$c = 20°$为屏幕向上仰角。

由于限制了灯具在 $a = 50°$以上区域的亮度，在屏幕上不会产生反射眩光和映像。操作员也不会感到直接眩光。

②合理布置屏幕、高亮度光源（灯具、采光的窗与门等）和操作人之间的相对位置。应使操作人看屏幕时，不处在或接近高亮度光源在屏幕的镜面反射角上。

③电脑室室内各表面反射率，如图 8-9 所示。

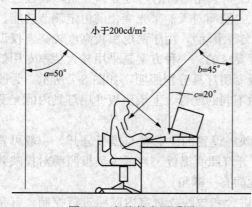

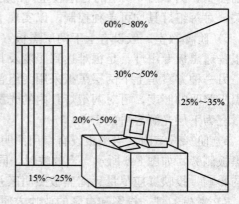

图 8-8　电脑教室照明图　　　　　　　　　　　　图 8-9　电脑教室各表面反射率

2）绘画、工艺美术等教室照明。

自然光是最好的光源，不仅显色性好，还有利于节能。但绘画、美术教室应避免直射光。通常，朝北的天窗采光是最好的照明方式，人工照明的效果应与自然采光照明相似。因此，绘画、工艺美术等教室应选用显色性好的光源。有条件时，可增设部分导轨投光灯具，增加使用的灵活性，并可用作重点照明。为了更逼真地显示物体，宜选用高显色光源，采用间接照明将物体的阴影真实地表现出来。

3）实验室照明。

实验室宜在实验台上或需要仔细观察、记录处增设局部照明。

4）多媒体教室照明。

多媒体教室要满足垂直照度的要求，在接近投影屏幕处的一般照明应能独立关闭，以便能看清屏幕内容而不影响正常的视觉要求。

5）电视教学照明。

在有电视教学的报告厅、大教室等场所，宜设置供记录笔记用的照明（如设置局部照明）及一般照明，但一般照明宜采用调光照明方式。

3. 图书馆照明

(1) 一般要求。

1）图书馆中主要的视觉作业是阅读、查找藏书等。照明设计除应满足照度标准外，还应努力提高照明质量，尤其要注意降低眩光和光幕反射。

2）阅览室、书库装灯数量多，设计时应从灯具、照明方式、控制方案与设备、管理维护等方面考虑采取节能措施。

3）重要图书馆应设置应急照明、值班照明或警卫照明。值班照明或警卫照明宜为一般照明的一部分，并应单独控制，值班或警卫照明也可利用应急照明的一部分或者全部。应急照明宜采用集中控制型应急照明系统。

4）图书馆内的公用照明与工作（办公）区照明宜分开配电和控制。

5）对灯具、照明设备选型、安装、布置等方面应注意安全、防火。

(2) 阅览室照明。

1）照明方式。

阅览室可采用一般照明方式或混合照明方式。面积较大的阅览室宜采用分区一般照明或混合照明方式。阅览室照明方式如图 8-10 所示。

当采用分区一般照明方式时，非阅览区的照度，一般可为阅览区桌面平均照度的 1/3~1/2。

当采用混合照明方式时，一般照明的照度宜占总照度的 1/3~1/2。

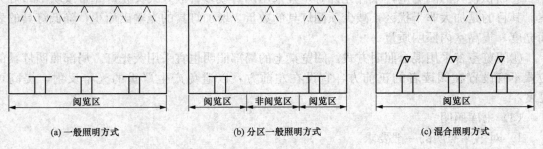

(a) 一般照明方式　　　　(b) 分区一般照明方式　　　　(c) 混合照明方式

图 8-10　阅览室照明方式示意图

2）光源与灯具选择。

阅览室的光源宜采用荧光灯照明，应注意选择优质镇流器，如采用优质电子镇流器或低噪声节能型电感镇流器，要求更高的场所宜将电感镇流器移至室外集中设置，防止镇流器产生噪声干扰。

阅览室的灯具选择应注意以下几点：

①宜选用限制眩光性能好的开启式灯具、带格栅或带漫射罩、漫射板等型灯具。

②灯具格栅及反射器不宜选用全镜面、高亮度材料，宜用半镜面、低亮度材料。

③宜选用蝙蝠翼式光强分布特性的灯具。

④选用的灯具应与室内装修相协调。

3）灯具布置。

灯具布置对照明效果有一定影响。阅览室内照明灯具布置的一般原则如下：

①灯具不宜布置在干扰区内，否则易产生光幕反射。干扰区示意图如图 8-11 所示，干扰区即为容易在作业上产生光幕反射的区域。灯具如能布置在阅读者的两侧（单侧时宜为左侧），对桌面形成两侧（或左侧）投射光，如图 8-12 所示，效果更好。

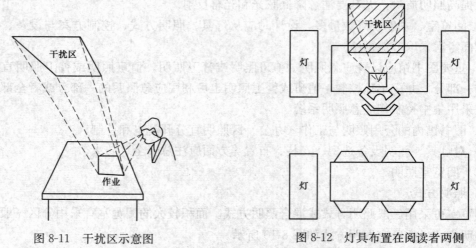

图 8-11　干扰区示意图　　　　　　　　图 8-12　灯具布置在阅读者两侧

②为减少直接眩光影响，灯具长边应与阅读者主视线方向平行，一般多与外侧窗平行方向布置。

③面积较大的阅览室，条件允许时，宜采用两管或多管嵌入式荧光灯光带或块形布灯方案。其目的是加大非干扰区，减少顶棚灯具的数量，增加灯具的光输出面积，降低灯具的表面亮度，提高室内照明质量。

④阅览室多采用混合照明方式。阅览桌上的局部照明也宜采用荧光灯。局部照明灯具的位置不宜设置在阅读者的正前方，宜设在左前方，以避免产生严重的光幕反射，提高可见度。

（3）书库照明。

1）对书库照明的一般要求。

①书库照明中，视觉任务主要发生在垂直表面上，书脊处的 0.25m 垂直照度宜为 50lx。

②书架间行道照明的专用灯具，并设单独开关控制。开架书库设有研究厢时，应在研究

厢处增设局部照明。

2）灯具选择。

①书库照明一般采用间接照明或者具有多水平出射光的荧光灯具，对于珍贵图书和·物书库应选用有过滤紫外线的灯具。

②书架间行道照明的专用灯具宜具有窄配光光强分布特性，灯具在横向方向应尽量减少30°～60°区域内的光强分布，提高下部书架的垂直照度。

③书库灯具一般安装高度较低，应有一定的限制眩光措施，开启式灯具保护角不宜小于10°，灯具与图书等易燃物的距离应大于 0.5m。

④书库灯具不宜选用锐截光型灯具，否则会在书架上部产生阴影，也不宜采用无罩的直射灯具和镜面反射灯具，因为它能引起光亮书页或光亮印刷字迹的反射，干扰视觉。

3）灯具安装方式。

书架行道照明专用灯具一般安装在书架间行道上空，多为吸顶安装，如图 8-13（a）所示。有条件可嵌入式安装，如图 8-13（b）所示。灯具安装在书架上形成一体，如图 8-13（c）所示，具有较大的灵活性，但应采取必要的电气安全防护及防火措施。开架书库及阅览室内的单侧排列的书架，可采用非对称光强分布特性的灯具向书架投射照明，如图 8-13（d）所示。此种安装方式，不仅可使书架照明取得良好的效果，也不会对室内的阅读者产生眩光干扰。

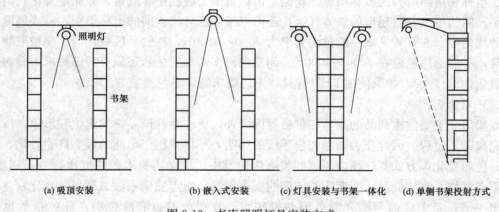

(a) 吸顶安装　　　　　(b) 嵌入式安装　　　　(c) 灯具安装与书架一体化　　　(d) 单侧书架投射方式

图 8-13　书库照明灯具安装方式

8.1.3　商场照明

商店空间照明是营造商店和商品特有魅力和气质不可或缺的手段和措施。商店照明方法、花样繁多，它不仅仅是功能照明的需要，更多是为一个特定的商业空间创造特定的效果的需要。成功的照明可以是一个有力而又灵活的营销和展示工具，可以更好地吸引目标顾客，创造出所需要的商店形象。

1. 商店的分类和照明特点

根据 JGJ 48—2014《商店建筑设计规范》，商店建筑的规模，根据不同零售业态、按单项建筑内总建筑面积分为大、中、小型，如表 8-4 所示。

表 8-4 商店建筑分级

规模	分类			
	百货店、购物中心 建筑面积（m²）	超级市场 建筑面积（m²）	菜市场建 筑面积（m²）	专业店、专卖店 建筑面积（m²）
大型	＞15 000	＞6000	＞6000	＞5000
中型	3000～15 000	2500～6000	1200～15 000	1000～5000
小型	＜3000	＜2500	＜1200	＜1000

现代商店建筑功能相互融合、业态综合化、连锁经营等趋势，百货店与购物中心界线已经不太明显；联营经营不仅出现在百货店，购物中心、超级市场、步行商业街等都有联营商业。因此，照明设计需适应这种变化。

（1）百货商店。

百货商店销售的商品多而全，商品种类繁多，是各个品牌进行展示和销售的平台。百货商店的照明是体现商场品味，展示形象的有效工具，其设计也随着室内风格、商品内容的变化而变化，一般的百货商场的照明分为一般照明、分区一般照明、重点照明，重点照明起到展示的作用，有时也称展示照明。

（2）超市。

超市一般由百货区域、新鲜货物区域、水果蔬菜区域、仓储区域、办公区域、餐饮休息区域、室外和道路广告区域等构成。仓储超市运营的关键在于客流量，因此需要比较高的照明水平。照明可以营造超市的总体气氛，还可以帮助区分出不同的产品类别，需要照度达到一定的均匀度。在百货区域一般色温要求为 3000～6500K，在食品区域，为了使被照物更显得鲜活，一般选用色温在 3000～4000K。超市内许多商品对色彩还原有特殊要求，普遍要求光源显色性 R_a＞80，如果使用 LED 灯具，则还要求特殊显色指数 R_9＞0。

（3）专卖店。

专卖店除了要注重商品的品质和价格等因素外，更注意强调品牌的定位和形象，以帮助人们完成购买过程。因此作为辅助销售手段的照明，不再拘泥于单纯的静态灯光效果，动态灯光、色彩变化等方式都逐渐应用到此类商店建筑中。专卖店要求的照度比百货商店要高；对于重点区域、重要商品，专卖店重点照明要求更高，重点照明系数 AF 可能会比百货商店的高出一倍；专卖店的照明光源色温差别较大，有暖色温也有冷色温，显色指数也要高一些。

（4）商业综合体。

商业综合体是集商业、餐饮、休闲、娱乐为一体的商业形式，消费者可以在里面一站式商业综合体是集商业、餐饮、休息、休闲娱乐等活动，近年来越来越受到推崇。商业综合体根据需求被分为多种区块，而区块有自营和招租的区别，导致照明设计具有多元性和灵活性。商业综合体照明需要进行统一规划，规划内容应该以商业定位或楼层总体需求为导向，设定公共区、商铺的照明框架原则，自营或招租的店铺照明应该在框架范围内进行设计。

2. 商店的照明方式

综合 GB 50034—2013《建筑照明设计标准》、JGJ 48—2014《商店建筑设计规范》、JGJ

392—2016《商店建筑电气设计规范》，将照明方式分为一般照明、分区一般照明、局部照明、重点照明和混合照明。

（1）一般照明方式。

一般照明要求有较好的照度均匀度，适当的色温和较高的光源显色性。一般照明应能满足商店功能变化的需求，同时货架上的垂直照度应适当。

（2）分区一般照明。

根据整体空间内部功能的不同，产生了不同的照明需求，因此在一个大空间内，分割成不同的区间，每个区间具有不同的技术要求，这种方式即为分区一般照明。典型的商店建筑是百货商店，根据功能分区的不同，对于完整的空间而言，通过装修及分区一般照明，将同一空间中的两类商品分开。

（3）局部照明。

商店建筑中的收银台、总服务台、维修处等，需要特定的视看条件，需要专门设置局部照明。

（4）重点照明。

在商店照明中，展示样品需要突出和美化，因此将商品从环境中突出出来是非常重要的。所以，重点照明在商店照明中的地位举足轻重。不同的照明水平与环境的差别可以营造不同的渲染效果。同时来自不同方向的光线也会对营造商业气氛起不同的作用。

重点照明用重点照明系数表示重点照明的程度和效果。重点照明系数是聚光的亮度与基础照明（背景照明）的亮度之比率，不同的重点照明系数会产生不同的视觉效果。重点照明的效果也与物体本身的反射特性及背景的特性密切相关，当在深色背景中展示浅色的物体时会产生较深刻的视觉效果，具有中度反射特性的物体在非常深色的背景下亦可产生很好的效果。重点照明不同于局部照明，两者比较如表 8-5 所示。

表 8-5　　　　　　　　　　　　　局部照明与重点照明的比较

名称	局部照明	重点照明
定义	特定视觉工作用的、为照亮某个局部而设置的照明	特为提高指定区域或目标的照度，使其比周围区域突出的照明
被照目标	作业面	区域或目标物
照度要求	为一般照明的 1～3 倍	大大高于一般照明
所用灯具	各种灯具均可，因场所、照度而变	一般采用射灯

（5）混合照明。

商店空间的照明往往是由一般照明和局部照明组成的混合照明。

3. 商店的照明标准

根据 GB 50034—2013《建筑照明设计标准》的规定，商店照明的标准如第四章的表 4-12 所示。一般的营业厅照明设计的维护系数为 0.8。JGJ 48—2014《商店建筑设计规范》做出了更为具体的规定，主要内容如表 8-6 所示。

表 8-6 　　　　　　　　　　　　**商业照明的补充要求**

名称		要　　求
橱窗照明		其照度宜为营业厅照度 2～4 倍
视觉作业场所	均匀度	一般照明的均匀度不低于 0.6
	货架照明	货架的垂直照度不宜低于 50lx
	柜台区照明	商店、商场营业厅照明，除满足一般垂直照度外，柜台区的照度宜为一般垂直照度 2～3 倍（近街处取低值，厅内深处取高值）
	亮度	视觉作业亮度与其相邻环境的亮度比宜为 3∶1
顶棚照度		水平照度的 0.3～0.9
墙面	照度	水平照度的 0.5～0.8
	亮度	墙面的亮度不应大于工作区的亮度

4. 商店的照明设计

商店建筑照明设计通常要有工艺要求、平面布局、空间利用、货物流与顾客流流程等，尤其专卖店、连锁店、品牌店等都有自己的标准。因此，应根据工艺要求和规范要求，合理地进行设计。本书只介绍百货商店和超市的照明。

（1）百货商店照明。

照明是体现商店风格、展示形象、凸现商品特点的有效工具之一。如果商店形象发生了改变，照明也应该很灵活、很方便地相应改变，重新塑造商店新形象。

1）一般照明。

一般照明需要配合室内装修进行设计，可采用 LED 灯、荧光灯或筒灯进行大面积照明，结合射灯、导轨灯进行局部照明或重点照明。在商店中经常用筒灯作为一般照明，灯具通常均匀布置，以适应商品布置的灵活性。若采用单端节能荧光灯，应注意不要将光源露出，否则很难满足眩光 $UGR \leqslant 22$ 的要求。营业厅面积较大的可使用直管荧光灯或 LED 灯，灯具均匀布置作为一般照明，也可使用吊灯，简洁、经济、照度均匀，光源通常采用单端荧光灯、LED 球泡，均匀布置作为一般照明。组合射灯兼有一般照明和重点照明两个功能，按一般照明要求设置，但可以根据商品不同布置，用组合射灯进行重点照明、局部照明。

2）陈列区、展示区照明。

陈列区应采用重点照明以突出被照商品，灯具可采用射灯、轨道灯、组合射灯等。照明指标如表 8-7 所示。

表 8-7 　　　　　　　　　　　　**陈列区、展示区照明指标**

名　称	要　求
照度	由重点照明系数决定，一般要达到 750lx
重点照明系数	5∶1～15∶1
色温	根据被照物颜色决定，一般在 3000K 以上
显色性	$R_a > 80$；如果使用 LED 灯，$R_9 > 0$
应用灯具	射灯、轨道灯、组合射灯等
光源	LED、卤钨灯、陶瓷金属卤化物灯等

3）柜台照明。

柜台是专为顾客挑选小巧而昂贵的商品所设，应能看清楚每一件商品的细部、色彩、标记、标识、文字说明、价钱标签等，如表 8-8 所示。

表 8-8　　　　　　　　　　　　　　　　柜台照明指标

名　称	要　求
一般照明照度	500～1000lx
重点照明系数	5∶1～2∶1
色温	根据被照物颜色决定，一般在 3000K 以上
显色性	R_a>80；如果使用 LED 灯，R_9>0
应用灯具	LED 灯、石英杯灯、陶瓷金卤灯

4）橱窗照明。

橱窗展示能吸引顾客注意力，将商品的特点完美地显现给顾客。出色的橱窗展示能为顾客创造出一种情绪或者是难忘的记忆。白天橱窗照明与晚上橱窗照明不一样，白天要考虑日光的影响，而晚上不需要特别高的照度，因此，它们有不同的照明标准，如表 8-9 所示。

表 8-9　　　　　　　　　　　　　　　　橱窗的照明要求

	类型	向外橱窗照度（lx）	店内橱窗照度（lx）	重点照明系数 AF	一般照明色温（K）	重点照明色温（K）	显色指数 R_a*
白天指标	高档	>2000（应）	大于一般照明	10∶1～20∶1	4000	2750～3000	>90
	中档	>2000（宜）	周围照度的 2 倍	15∶1～20∶1	2750～4000	2750～3500	>80
	平价	1500～2500	四周照度高 2～3 倍	5∶1～10∶1	4000	4000	>80
夜间指标	高档	100	1500～3000	15∶1～30∶1	2750～3000	2750～3000	>90
	中档	300	4500～9000	15∶1～30∶1	2750～4000	2750～4000	>80
	平价	500	2500～7500	5∶1～15∶1	3000～3500	3000～3500	>80

橱窗重点照明灯具可以用射灯、组合射灯、轨道灯，一般照明可以采用荧光灯、射灯、组合射灯、轨道灯等。现在越来越多的将两类照明统一设置。光源通常采用陶瓷金卤灯、LED、卤素灯、荧光灯等高显色性光源。

橱窗照明通常有上照、下照、侧照、混合照等方式，如表 8-10 所示。

表 8-10　　　　　　　　　　　　　　　　橱窗照明方式及特点

照射方式	说明	灯具	灯具安装方式	适用范围
上照	灯具安装在顶部，从上面向下照射的方式	荧光灯、LED 灯、射灯、组合射灯、轨道灯等	吸顶、嵌入、吊装、轨道等	适用于所有橱窗，最常用
侧照	灯具安装在侧面，从两侧照射的方式		壁装、轨道等	适用于所有橱窗，较常用

照射方式	说明	灯具	灯具安装方式	适用范围
下照	灯具安装在下面或侧下面，从下面向上或侧上方照射的方式	LED 灯、射灯、组合射灯、轨道灯等	壁装、落地等	适用于有特效的商品展示，较少单独使用或与上照方式混合使用
混合照	上述方式的组合	荧光灯、LED 灯、射灯、组合射灯、轨道灯等	上述安装方式的组合	适用于高档商店或有特效的商品展示，广泛应用于高档商店的橱窗照明

（2）超市照明。

超市一般有以下几个区域：百货区、鲜活区、水果区、仓储区、办公区、餐饮休息区、室外道路和广场、招牌和广告等。

超市照明的总体要求与评价内容主要有：全面评价顾客购买商品的视觉要求，创造更佳购买环境的舒适性；根据不同的商品种类的销售特点，区分不同购买环境及分区划分，选择最合适的产品，突出产品的优良品质；考虑卖场竞争环境，合理搭配使用产品，最大程度保证一次性投资与今后维护的成本合理匹配；灯光需引导客户流向，并使之对有关商品产生充分注意力；灵活配置及控制，使之满足不同时间段的光照要求，进一步满足节能。

1）百货区。

在货架上陈列的商品应该具有较高的照度，帮助顾客辨别物品的品质和颜色，如表 8-11 所示。

表 8-11　　百货区照明要求

照明参数	要　求
照度要求	符合照明标准要求，在高照度下人们的行为快捷和兴奋
均匀度	在顾客活动的空间范围内，需要达到一定程度的照度均匀度，注意货架挡光的作用，引起局部的不均匀
色温	4000~5000K
显色性	$R_a > 80$，可以更好地还原商品的色彩；若采用 LED 灯，还要求 $R_9 > 0$
眩光控制	应确保人所处的光环境，在正常视野中不应出现高亮度的物体

2）新鲜货物区。

应该突出视觉的新鲜感，尤其是配餐食品，希望通过良好的照明来提高新鲜货品的诱惑力，成功的照明在于营造出一个新鲜的环境，照明要求如表 8-12 所示。

表 8-12　　新鲜货物区照明要求

照明参数	肉制品及熟食区	水果、蔬菜、鲜花区	面包房
建议照度（lx）	>500	1000	>500 宜 750
色温（K）	4000~6500	3000~4000	2700~3000
显色性	$R_a > 80$；若采用 LED 灯，还要 $R_9 > 0$		
灯具、光源	支架灯、格栅灯、平板灯、吊灯等；光源可为 LED、直管荧光灯、单端荧光灯、陶瓷金卤灯等		

3）商品货架专柜。

顾客节省时间的需要，在专柜上陈列的商品应具有很高的照度。顾客就可以很快地浏览专柜，找出他们熟悉的品牌和产品标志。专柜上的照度应至少比周围环境的照度高 2～15 倍，即 600～7500lx，显示出货架的商品。在高档商店中，使用悬挂式直管型荧光灯或 LED 灯，货架上可以获得良好的照明。对于中低档的商店，在天花上安装嵌入式筒灯，或使用悬挂式直管荧光灯、LED 灯都会提供所需的照度。在所有的类型中，建议使用自然色或冷色、显色性好的光源，$R_a \geqslant 80$。

4）收银区。

收银区要强调视觉的引导性，要具有良好的照明水平。通常通过灯具布置的密度不同来产生相对加强的照明效果如表 8-13 所示。

表 8-13　　　　　　　　　　　　　　　收银区照明要求

照度（lx）	500～1000
色温（K）	4000～6500
显色性	Ra>80

5）入口区。

入口区域要营造商业环境气氛，通常通过悬吊灯具来营造特殊的商业环境和节日气氛。对于中低档、小型超市的入口处，可以与购物区照明一致，可采用直管荧光灯、LED 灯。

6）仓储区域。

仓储区为超市内部使用的区域，照明无特殊要求，保证员工进行操作即可。但要注意，发热量较高的光源应远离物品，降低火灾风险。

8.1.4　办公照明

办公建筑是供机关、团体和企事业单位办理行政事务和从事各类业务活动的建筑物。主要由办公室用房、公共用房、服务用房和设备用房等组成。

（1）办公室用房：普通办公室和专用办公室（如设计绘图室、研究工作室）。

（2）公共用房：会议室、对外办事厅、接待室、陈列室、公共卫生间、走廊等。

（3）服务用房：一般性服务用房（档案室、资料室、图书阅览室、文秘室、汽车库、员工餐厅等）和技术性服务用房（电话总机房、计算机房、晒图室等）。

（4）设备用房：变配电间、弱电机房、制冷站、锅炉房、水泵房等。

1. 办公建筑照度标准

（1）照度标准。

GB 50034—2013《建筑照明设计标准》中规定了办公建筑用房的照度标准值，如表 4-11 所示。在进行照度标准值选择的时候，要考虑以下几个方面：

1）根据房间功能选择相应的照度标准值。

2）根据建筑等级却实际需求，选择不同档次的照度标准值。

3）当工作场所对视觉要求、作业精度有更高要求时，可提高一级照度标准值。

4）设计照度与照度标准值的偏差不应超过±10%（此偏差适用于装 10 个灯具以上的照明场所，当小于或等于 10 个灯具时，允许适当超过此偏差）。

（2）办公建筑照明功率密度值。

作为强制性规范条文，GB 50034—2013《建筑照明设计标准》中规定了办公建筑照明功率密度值应符合表 8-14 中的规定。在进行照度功率密度值选择的时候，要考虑以下要求：

1）当房间或场所的室形指数值等于或小于 1 时，其照明功率密度限值应增加，但增加值不应超过限值的 20%。

2）当房间或场所的照度值提高或降低一级时，其照明功率密度限值应按比例提高或折减。

表 8-14   办公建筑和其他类型建筑中具有办公用途场所照度功率密度限值

房间或场所	照度标准值（lx）	照明功率密度限值（W/m²）	
		现行值	目标值
普通办公室	300	≤9.0	≤8.0
高档办公室、设计室	500	≤15	≤13.5
会议室	300	≤9.0	≤8.0
服务大厅	300	≤11	≤10.0

2. 办公照明设计要求

办公照明的主要任务是为工作人员提供完成工作任务的光线，从工作人员的生理和心理需求出发，创造舒适明亮的光环境，提高工作人员的工作积极性，提高工作效率。

（1）亮度比。

办公室属于长时间视觉工作场所，若作业面区域、作业面临近周围区域、作业面背景区域的照度分布不均衡，会引起视觉困难和不舒适。办公室照明设计应注意平衡总体亮度和局部亮度的关系，以满足使用要求。办公室各区域亮度比推荐值如表 8-15 所示，三区域关系图如图 8-14 所示。

表 8-15   办公室照明所推荐的亮度比

房间或场所	照度标准值（lx）	照明功率密度限值（W/m²）	
		现行值	目标值
普通办公室	300	≤9.0	≤8.0
高档办公室、设计室	500	≤15	≤13.5
会议室	300	≤9.0	≤8.0
服务大厅	300	≤11	≤10.0

（2）眩光限制。

眩光是由于视野中的亮度分布、亮度范围不合适，或存在极端对比，以致引起不舒适感觉，降低观察细部、目标的能力的一种视觉现象。办公室内的工作人员进行视觉作业的时间较长，对于眩光更为敏感，长期在统一眩光值不合格的场所内工作，不但会造成视觉不舒适，甚至造成视觉功能的损害，所以办公照明设计中避免眩光干扰尤为重要。

对于直接眩光，采用灯具亮度限制曲线法评价。当照明灯具采用底面敞口或下部装有透明罩的灯具时，其遮光角应满足表 8-16 的要求。

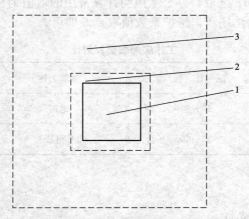

图 8-14　作业面区域、作业面临近周围区域、作业面背景区域关系

1—作业面区域；2—作业面临近周围区域（作业面外宽度不小于 0.5m 的区域）；

3—作业面背景区域（作业面临近周围区域外宽度不小于 3m 的区域）

表 8-16　　　　　　　　　　　　　　　直接型灯具的遮光角

光源平均亮度（kcd/rn²）	遮光角（°）	光源平均亮度（kcd/rn²）	遮光角（°）
1～20	10	50～500	20
20～50	15	≥500	30

对于反射眩光和光幕反射，避免此类眩光的有效措施如下：

1）办公室的一般照明宜设置在工作区域两侧，采用线型灯具时，灯具纵轴与水平视线平行，不宜将灯具布置在工作位置的正前方。

2）有视觉显示终端的工作场所，在与灯具中垂线成 65°～90°范围内的灯具平均亮度限值应符合表 8-17 要求。

表 8-17　　　　　　　　　　　　　　　灯具平均亮度限值

屏幕分类	灯具平均亮度限值（cd/m²）	
	屏幕亮度大于 200cd/m²	屏幕亮度小于等于 200cd/m²
亮背景暗字体或图像	3000	1500
暗背景亮字体或图像	1500	1000

3）办公室内的顶棚、墙面、工作面尽量选用无光泽的浅色饰面，减小反射，避免眩光。

（3）光源颜色。

一般办公室照明光源的色温选择在 3300～5300K 之间比较合适，属中间色。办公室内的工作人员停留时间较长，且进行视觉工作，要求照明光源的显色指数（R_a）均不小于 80。办公室采用 LED 光源时，色温不宜高于 4000K，特殊显色指数 R_9 应大于零。

（4）反射比与维护系数。

GB 50034—2013《建筑照明设计标准》中规定了长时间工作的房间，其房间内表面、作业面的反射比宜按表 8-18 选取。办公室照明计算常用的取值为顶棚 70%，墙面 50%，地面 20%。办公室属于较清洁场所，维护系数值取 0.8 即可。

表 8-18 　　　　　　　　　　　　　**工作房间表面反射比**

表面名称	反射比（%）	表面名称	反射比（%）
顶棚	60～90	地面	10～50
墙面	30～80	作业面	20～60

3. 光源与灯具的选择

（1）光源选择。

1）T8 三基色直管荧光灯。

办公室照明采用的传统光源，长期应用于办公场所。常用的 T8 三基色直管荧光灯技术参数如图 8-19 所示。

表 8-19 　　　　　　　　　**常用 T8 三基色直管荧光灯技术参数**

功率（W）	光通量（lm）	色温（K）	显色性（R_a）	长度（mm）
18	1350	2700～6500	≥80	600
36	3350	2700～6500	≥80	1200

2）T5 三基色直管荧光灯。

T5 三基色直管荧光灯其光效明显高于 T8 管，其直径小于 T8 管，能更好地控制眩光，在目前的办公室照明设计中，已基本替代了传统的 T8 管。常用的 T5 三基色直管荧光灯技术参数如表 8-20 所示。

表 8-20 　　　　　　　　　**常用 T5 三基色直管荧光灯技术参数**

功率（W）	光通量（lm）	色温（K）	显色性 R_a	长度（mm）
14	1200～1350	2700～6500	85	600
28	2600～2800	2700～6500	85	1200

3）LED 光源。

随着 LED 技术的飞速发展，技术日趋成熟，LED 光源的应用场所已经从室外发展到室内，目前较广泛地应用于办公室照明设计中。室内 LED 光源、灯具的规格、性能及控制要求可参见 GB/T 31831—2015《LED 室内照明应用技术要求》。

（2）灯具选择。

1）格栅荧光灯（配蝠翼型配光曲线）。

格栅荧光灯是办公室照明设计中采用的最传统的照明灯具。根据建筑顶棚形式，有嵌入式和吊挂式；根据顶棚规格可选用不同的灯具尺寸。灯具示例及灯具参数如图 8-15、表 8-21、表 8-22 所示。

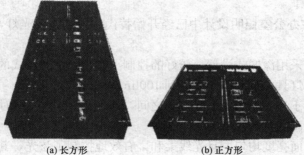

(a) 长方形　　　　(b) 正方形

图 8-15　嵌入式格栅荧光灯示例（蝠翼）

表 8-21　　　　　　　　　　长方形嵌入式格栅荧光灯灯具参数（蝠翼）

型号		HHJY2236
生产厂家		蝠翼
外形尺寸（mm）	长 L	1200
	宽 W	600
	高 H	80
光源		T8-2×36W
灯具效率		72.1%
上射光通比		0
下射光通比		72.1%
防触电类别		I 类
防护等级		IP20
漫射罩		有
最大允许距高比 L/H		1.32
显色指数 R_a		＞80

表 8-22　　　　　　　　　　正方形嵌入式格栅荧光灯灯具参数（蝠翼）

型号		HHJY2218
生产厂家		蝠翼
外形尺寸（mm）	长 L	600
	宽 W	600
	高 H	80
光源		T8-2×18W
灯具效率		74.6%
上射光通比		0
下射光通比		74.6%
防触电类别		I 类
防护等级		IP20
漫射罩		有
最大允许距高比 L/H		1.32
显色指数 R_a		＞80

2）LED 平面灯具。

LED 平面灯具在办公室照明设计中已经开始替代传统格栅荧光灯，根据灯具形式不同，可分为以下三种。

点发光：发光点采用深嵌式设计，较好的控制了眩光，下开放式的发光方式提高了灯具效率，其光效是平面灯具中最高的，可达到 100lm/W。

线发光：光效介于点发光和面发光灯具之间，达到 90lm/W，同时满足眩光限制值，是平面灯具中性价比最高的灯具。

面发光：灯具表面亮度均匀，且光线柔和，有效地控制了眩光，其光效略低于点发光灯具，达到 80lm/W。灯具示例如图 8-16 所示。

灯具参数		
灯具尺寸(mm)	长	597
	宽	597
	高	41
光源颜色	840中性白色	
光学类型	WB宽光束	
防护等级	IP20	
初始光通量	2600lm	
初始LED灯具效能	80lm/W	
初始校正色温	4000K	
初始显色指数	>80	

图 8-16　面发光 LED 嵌入式平面灯具及灯具参数（飞利浦）

在办公建筑中采用 LED 灯具时，应注意以下几点：

①办公室、会议室的一般照明宜采用半直接型宽配光吊装 LED 灯具；

②会议室的一般照明可采用变色温 LED 灯具，并设置多种照明模式；

③LED 灯具宜与空调回风口结合设置，以便散热及保证最佳的光通量输出。

8.1.5　工厂照明

1. 工厂照明的设计要点

（1）工厂照明设计范围及其种类。

工厂是生产既定产品的场所。一般由生产厂房、研发、办公、后勤及其他附属用房、各类户外装置、站、场、道路等组成。工厂照明设计范围包括室内照明、户外装置照明、站场照明、地下照明、道路照明、警卫照明、障碍照明等。

1）室内照明：生产厂房内部照明及研发、办公等附属用房内部照明。

2）户外装置照明：为户外各种装置而设置的照明。如造船工业的露天作业场，石油化工企业的釜、罐、反应塔，建材企业的回转窑、皮带通廊，冶金企业的高炉炉体、走梯、平台，动力站的煤气柜，总降压变电站的户外变、配电装置，户外式水泵站冷却架（塔）等的照明。

3）站场照明：车站、铁道编组站、停车场、露天堆场、室外测试场坪等设置的照明。

4）地下照明：地下室、电缆隧道、综合管廊及坑道内的照明。

5）疏散照明：厂区建筑物内疏散通道设置的被有效辨认和使用的照明。

6）警卫照明：沿厂区周边及重点场所周边警卫区设置的照明。

7）障碍照明：厂区内设有特高的建、构筑物，如烟囱等，根据地区航空条件，按有关规定需要装设的标志照明。

（2）工业厂房的特点及其分类。

1）工业厂房特点。

工业厂房按其建筑结构形式可分为单层和多层工业建筑。多层工业建筑绝大多数见于轻工、电子、仪表、通信、医药等行业，此类厂房楼层一般不是很高，其照明设计与常见的科研实验楼等相似，多采用荧光灯照明方案。机械加工、汽车、冶金、纺织等行业的生产厂房一般为单层工业建筑，并且根据生产的需要，更多的是多跨度单层工业厂房。

单层厂房在满足一定建筑模数要求的基础上视工艺需要确定其建筑宽度（跨度）、长度和高度。厂房的跨度 B 一般为：6m、9m、12m、15m、18m、21m、24m、27m、30m、36m···，厂房的长度 L：少则几十米，多则数百米。厂房的高度 H：低的 5～6m，高的可达 30～40m，甚至更高。厂房的跨度和高度是厂房照明设计中考虑的主要因素。另外，根据工业生产连续性及工段间产品运输的需要，多数工业厂房内设有吊车，其起重量小的可为 3～5t，大的可达数百吨（目前机械行业单台吊车起重量最大达 800t）。因此，工厂照明的灯具一般安装在厂房顶部，高大空间厂房通常固定安装在屋架上，金属屋面的厂房灯具可以固定安装在檩条上，网架结构的厂房灯具可以固定安装在网架上，按需要，部分灯具可安装在墙上或柱上。

2）工业厂房的分类。

根据产品生产特点，工业厂房大致可分为以下几种类型：

一般性生产厂房：正常环境下生产的厂房。

洁净厂房：有洁净作业环境要求的生产厂房。

爆炸危险环境：生产或储存有爆炸危险物的环境。

火灾危险场所：生产或储存可燃物质的场所。

处在恶劣环境下的生产厂房：多尘、潮湿、高温或有蒸汽、振动、烟雾、酸碱腐蚀性气体或物质、有辐射性物质的生产厂房。

火炸药危险环境生产厂房：正常生产或储存火炸药危险物的厂房。

根据上述的分类，应严格遵照生产条件的不同遵守相关规范进行照明设计。

（3）工厂照明设计的一般要求。

1）照明方式的选择。

①照度要求较高，工作位置密度不大，单独采用一般照明不合理的场所宜采用混合照明。

②对作业的照度要求不高，或当受生产技术条件限制，不适合装设局部照明，或采用混合照明不合理时，宜单独采用一般照明。

③同一空间不同区段要求不同时可采用分区一般照明。

④一般照明不能满足照度要求的作业面应增设局部照明。

⑤在工作区内不应只装设局部照明。

2）照明质量。

照明质量是衡量工厂照明设计优劣的标志。主要有以下要求：

①长时作业场所的眩光限制应符合下列要求：

a. 采用荧光灯具时遮光角不应小于 15°；采用高强气体放电灯时遮光角不应小于 30°；采用 LED 灯时宜有漫射罩，否则遮光角不应小于 30°。

b. 不舒适眩光应用统一眩光值（URG）评价，各场所的 URG 值不宜超过一般工业场所照明标准值（见表 8-23）的规定。

表 8-23　　　　　　　　　　　　一般工业场所照明标准值

房间或场所		参考平面即其高度	照度标准值（lx）	URG	U_0	R_a	备注
1. 机、电工业							
机械加工	粗加工	0.75 水平面	200	22	0.40	60	可另加局部照明
	一般加工 公差≥0.01mm	0.75 水平面	300	22	0.60	60	可另加局部照明
	精密加工 公差＜0.1mm	0.75 水平面	500	19	0.70	60	可另加局部照明
机电仪表装配	大件	0.75 水平面	200	25	0.60	80	可另加局部照明
	一般件	0.75 水平面	300	25	0.60	80	可另加局部照明
	精密	0.75 水平面	500	22	0.70	80	可另加局部照明
	特精密	0.75 水平面	750	19	0.70	80	可另加局部照明
电线、电缆制造		0.75 水平面	300	25	0.60	60	—
线圈绕制	大线圈	0.75 水平面	300	25	0.60	60	—
	中等线圈	0.75 水平面	500	22	0.70	60	可另加局部照明
	精细线圈	0.75 水平面	750	19	0.70	60	可另加局部照明
线圈浇注		0.75 水平面	300	25	0.60	60	—
焊接	一般	0.75 水平面	200	—	0.60	60	—
	精密	0.75 水平面	300	—	0.70	60	—
钣金		0.75 水平面	300	—	0.60	60	—
冲压、剪切		0.75 水平面	300	—	0.60	60	—
热处理		地面至 0.5m 水平面	200	—	0.60	20	—
铸造	融化、浇铸	地面至 0.5m 水平面	200	—	0.60	60	—
	造型	地面至 0.5m 水平面	300	25	0.60 0.60	60	—
精密铸造的制模、脱壳		地面至 0.5m 水平面	500	25	0.60	60	—
锻工		地面至 0.5m 水平面	200	—	0.60	20	—

续表

房间或场所		参考平面 即其高度	照度标准 值（lx）	URG	U_0	R_a	备注
1. 机、电工业							
电镀		0.75 水平面	300	—	0.60	80	—
喷漆	一般	0.75 水平面	300	—	0.60	80	—
	精细	0.75 水平面	500	22	0.70	80	—
酸洗、腐蚀、清洗		0.75 水平面	300	—	0.60	80	—
抛光	一般装饰性	0.75 水平面	300	22	0.60	80	应防频闪
	精细	0.75 水平面	500	22	0.70	80	应防频闪
复合材料加工、铺叠、装饰		0.75 水平面	500	22	0.60	80	—
机电修理	一般	0.75 水平面	200	—	0.60	60	可另加局部照明
	精密	0.75 水平面	300	22	0.70	60	可另加局部照明
2. 电子工业							
整机类	整机厂	0.75 水平面	300	22	0.60	80	—
	装配厂房	0.75 水平面	300	22	0.60	80	可另加局部照明
元器件类	微电子产品及 集成电路	0.75 水平面	500	19	0.70	80	—
	显示器件	0.75 水平面	500	19	0.70	80	可根据工艺要求 降低照度值
	印制线路板	0.75 水平面	500	19	0.60	80	—
	光伏组件	0.75 水平面	300	19	0.60	80	—
	电真空器件、 机电组件等	0.75 水平面	500	19	0.60	80	—
电子材料类	半导体材料	0.75 水平面	300	22	0.60	80	—
	光纤、光缆	0.75 水平面	300	22	0.60	80	—
酸、碱、药液及粉装置		0.75 水平面	300	—	0.60	80	—
3. 纺织、化纤工业							
纺织	选毛	0.75 水平面	300	22	0.70	80	—
	清面、和毛、梳毛	0.75 水平面	150	22	0.60	80	—
	前纺；梳棉、 并条、粗纺	0.75 水平面	200	22	0.60	80	—
	纺纱	0.75 水平面	300	22	0.60	80	—
	织布	0.75 水平面	300	22	0.60	80	—
织袜	穿综箱、缝纫、 量呢、检验	0.75 水平面	300	22	0.70	80	可另加局部照明
	修补、剪毛、染色、 印花、裁剪、熨烫	0.75 水平面	300	22	0.70	80	可另加局部照明

续表

房间或场所		参考平面即其高度	照度标准值（lx）	URG	U_0	R_a	备注
3. 纺织、化纤工业							
化纤	投料	0.75 水平面	100	—	0.60	80	—
	纺丝	0.75 水平面	150	22	0.60	80	—
	卷绕	0.75 水平面	200	22	0.60	80	—
	平衡间、中间储存、干燥间、废丝间、油剂高位槽间	0.75 水平面	75		0.60	60	—
	集束间、后加工间、大包间、油剂调配间	0.75 水平面	100	25	0.60	60	—
	组件清洗间	0.75 水平面	150	25	0.60	60	—
	拉伸、变形、分级包装	0.75 水平面	150	25	0.70	80	操作面可另加局部照明
	化验、检验	0.75 水平面	200	22	0.70	80	可另加局部照明
	聚合车间、原液车间	0.75 水平面	100	22	0.70	60	—
4. 制药工业							
制药生产：配制、清洗灭菌、超滤、制粒、压片、混匀、烘干、灌装、轧盖等		0.75 水平面	300	22	0.60	80	—
制药生产流转通道		地面	200	—	0.40	80	—
更衣室		地面	200	—	0.40	80	—
技术夹层		地面	100	—	0.40	40	—
5. 橡胶工业							
炼胶车间		0.75 水平面	300	—	0.60	80	—
压延压出工艺		0.75 水平面	300	—	0.60	80	—
成型裁断工段		0.75 水平面	300	22	0.60	80	—
硫化工段		0.75 水平面	300	—	0.60	80	—
6. 电力工业							
火电厂锅炉房		地面	100	—	0.60	60	—
发电机房		地面	200	—	0.60	60	—
主控室		0.75 水平面	500	19	0.60	80	—
7. 钢铁工业							
炼钢	高炉炉顶平台、各层平台	平台面	30	—	0.60	60	—
	出铁厂、出铁机室	地面	100	—	0.60	60	—
	卷扬机室、辗泥机室、煤气清洗配水室	地面	50	—	0.60	60	—
炼钢及连铸	炼钢主厂房和平台	地面、平台面	150	—	0.60	60	需另加局部照明
	连铸浇注平台、切割区、出坯区	地面	150	—	0.60	60	需另加局部照明
	精整清理线	地面	200	25	0.60	60	—

续表

房间或场所		参考平面即其高度	照度标准值（lx）	URG	U_0	R_a	备注
7. 钢铁工业							
轧钢	棒线材主厂房	地面	150	—	0.60	60	—
	钢管主厂房	地面	150	—	0.60	60	—
	冷轧主厂房	地面	150	—	0.60	60	需另加局部照明
	热轧主厂房、钢坯台	地面	150	—	0.60	60	—
	加热炉周围	地面	50	—	0.60	20	—
	垂绕、横剪及纵剪机组	0.75 水平面	150	25	0.60	80	—
	打印、检查、精密分类、验收	0.75 水平面	200	22	0.70	80	—
8. 制浆造纸工业							
	备料	0.75 水平面	150	—	0.60	60	—
	蒸煮、选洗、漂白	0.75 水平面	200	—	0.60	60	—
	打浆、纸机底部	0.75 水平面	200	—	0.60	60	—
	纸机网部、压榨部、烘缸、压光、卷取、涂布	0.75 水平面	300	—	0.60	60	—
	复卷、切纸	0.75 水平面	300	25	0.60	60	—
	选纸	0.75 水平面	500	22	0.60	60	—
	碱回收	0.75 水平面	200	—	0.60	60	—
9. 食品及饮料工业							
食品	糕点、糖果	0.75 水平面	200	22	0.60	80	—
	肉制品、乳制品	0.75 水平面	300	22	0.60	80	—
	饮料	0.75 水平面	300	22	0.60	80	—
啤酒	糖化	0.75 水平面	200	—	0.60	80	—
	发酵	0.75 水平面	150	—	0.60	80	—
	包装	0.75 水平面	150	25	0.60	80	—
10. 玻璃工业							
	备料、退火、熔制	0.75 水平面	150	—	0.60	60	—
	窑炉	地面	100	—	0.60	20	—
11. 水泥工业							
	主要生产车间（破碎、原料粉磨、烧成、水泥粉磨、包装）	地面	100	—	0.60	20	—
	储存	地面	75	—	0.60	60	—
	输送走廊	地面	30	—	0.40	20	—
	粗坯成型	0.75 水平面	300	—	0.60	60	—
12. 皮革工业							
	原皮、水浴	0.75 水平面	200	—	0.60	60	—
	整理、成品	0.75 水平面	200	22	0.60	60	可另加局部照明
	干燥	地面	100	—	0.60	20	—

房间或场所		参考平面 即其高度	照度标准 值（lx）	URG	U_0	R_a	备注
13. 卷烟工业							
制丝车间	一般	0.75 水平面	200	—	0.60	80	—
	较高	0.75 水平面	300	—	0.70	80	—
卷烟、接过滤嘴、包装、滤棒成型车间	一般	0.75 水平面	300	22	0.60	80	—
	较高	0.75 水平面	500	22	0.70	80	—
膨胀烟丝车间		0.75 水平面	200	—	0.60	60	—
储叶间		1.0m 水平面	100	—	0.60	60	—
储丝间		1.0m 水平面	100	—	0.60	60	—
14. 化学、石油工业							
厂区内经常操作的区域，如泵、压缩机、阀门、电操作柱等		操作位高度	100	—	0.60	20	—
装置区现场控制和检测点，如指示仪表、液位计等		测控点高度	75	—	0.70	60	—
人行横道、平台、设备顶部		地面或台面	30	—	0.60	20	—
装卸部	装卸设备顶部和底部操作平台	操作位高度	75	—	0.70	20	—
	平台	平台	30	—	0.60	20	—
电缆夹层		0.75 水平面	100	—	0.40	60	—
避难间		0.75 水平面	150	—	0.40	60	—
压缩机厂房		0.75 水平面	150	—	0.60	60	—
15. 木业和家具制造							
一般机器加工		0.75 水平面	200	22	0.60	60	应防频闪
精密机器加工		0.75 水平面	500	19	0.70	80	应防频闪
锯木区		0.75 水平面	300	25	0.60	60	应防频闪
模型区	一般	0.75 水平面	300	22	0.60	60	—
	精细	0.75 水平面	750	22	0.70	60	—
胶合、组装		0.75 水平面	300	25	0.60	60	—
磨光、异形细木工		0.75 水平面	750	22	0.70	80	—
16. 通用房间或场所							
门厅		地面	100	—	0.4	60	—
走廊、流动区域、楼梯间		地面	50	25	0.4	60	—
自动扶梯		地面	150	—	0.6	60	—
厕所、洗漱室、浴室		地面	75	—	0.4	60	—
电梯前厅		地面	100	22	0.4	60	—
休息室		地面	100	22	0.4	80	—
更衣室		地面	150	22	0.4	80	—
餐厅		地面	200	22	0.6	80	—

续表

房间或场所		参考平面即其高度	照度标准值（lx）	URG	U_0	R_a	备注
16. 通用房间或场所							
公共车库		地面	50	—	0.6	60	
公共车库检修间		地面	200	25	0.6	80	可另加局部照明
实验室	一般	0.75 水平面	300	22	0.6	80	可另加局部照明
	精细	0.75 水平面	500	19	0.6	80	可另加局部照明
检验	一般	0.75 水平面	300	22	0.6	80	可另加局部照明
	精细，有颜色要求	0.75 水平面	750	19	0.6	80	可另加局部照明
计量室、测量室		0.75 水平面	500	19	0.7	80	可另加局部照明
电话站、网络中心		0.75 水平面	500	19	0.6	80	—
计算机站		0.75 水平面	500	19	0.6	80	防光幕反射
配变电站	配电装置室	0.75 水平面	200	—	0.6	80	—
	变压器室	地面	100	—	0.6	60	—
电源设备室、发电机室		地面	200	25	0.6	80	—
电梯机房		地面	200	25	0.6	80	—
控制室	一般控制室	0.75 水平面	300	22	0.6	80	—
	主控制室	0.75 水平面	500	19	0.6	80	—
动力站	风机房、空调机房	地面	100	—	0.6	60	—
	泵房	地面	100	—	0.6	60	—
	冷冻站	地面	150	—	0.6	60	—
	压缩空气	地面	150	—	0.6	60	—
	锅炉房、煤气站的操作层	地面	100	—	0.6	60	锅炉水位表照度不小于 50lx
仓库	大件库	1.0m 水平面	50	—	0.4	20	—
	一般件库	1.0m 水平面	100	—	0.6	60	—
	半成品库	1.0m 水平面	150	—	0.6	80	—
	精细件库	1.0m 水平面	200	—	0.6	60	货架垂直照度不小于 50lx
车辆加油站		地面	100	—	0.6	60	油表表面照度不小于 50lx

注 1. 表中的 R_a 和 U_0 为最低值，UGR 为最大值。

2. 需增加局部照明的作业面，增加的局部照明照度值宜按该场所一般照明照度值的 1.0~3.0 倍选取。

3. 表中未列出的生产和工作场所的照明标准还应按相关行业标准的规定执行。

②选用色温适宜的照明光源，见表 8-24。

表 8-24　　　　　　　　　　光源色表特征及适用场所

相关色温（K）	色表特征	适 用 场 所
<3000	暖	职工宿舍、职工食堂、休息室、咖啡间等
3300~5300	中间	办公室、教室、阅览室、检验室、试验室、控制室、机加工车间、仪表装配、电子、制药、纺织、食品加工等
>5300	冷	热加工场所、高照度场所

③工业场所照明光源的显色性应符合下列要求：

a. 显色指数 $R_a \geqslant 80$。

b. 灯具安装高度大于 8m 的场所、无人连续作业的场所（如无人值班的机房、库房等）可以低于 80。

c. 使用 LED 光源时，$R_a \geqslant 80$，且要求 $R_9 > 0$，R_9 为饱和红色。

d. 达到规定的照度均匀度：作业区域内一般照明照度均匀度（U_0）按 GB 50034—2013《建筑照明设计标准》规定，具体要求详见表 8-23。

e. 在可视觉到机器旋转的工业场所，应降低照明系统的频闪效应。

f. 采取措施减小电压波动、电压闪变对照明的影响。

3）照度计算。

厂房照明设计常用利用系数法进行照度计算。对某些特殊地点或特殊设备（如变配电所、空调机房、锻工车间等）的水平面、垂直面或倾斜面上的某点，可采用逐点法进行计算。

4）工厂照明线路的敷设方式。

厂房照明干线一般可沿电缆槽盒敷设，也可套保护管敷设。套保护管敷设的线路既可以暗敷，也可以明敷。

在机械加工、冶金、纺织等行业的高大空间内，照明支线可采用绝缘导线沿屋架或跨屋架采用瓷瓶或瓷柱明敷的方式，当大跨度厂房屋顶采用网架结构形式时，还可沿屋顶网架敷设。照明支线也可以采用沿电缆槽盒敷设和套保护管敷设的方式。

在电子、制药、食品加工等洁净生产场所，照明线路可在技术夹层内沿电缆槽盒敷设或套保护管敷设，当需要在洁净室内明敷时，应采用不锈钢管作为保护管。

有吊顶的生产场所，照明线路可在技术夹层内沿电缆槽盒敷设或套保护管敷设。

多层无吊顶的生产场所，照明线路宜采用绝缘导线穿钢管暗敷。

爆炸危险性厂房的照明线路一般采用铜芯绝缘导线穿水煤气钢管明敷。在受化学性（酸、碱、盐雾）腐蚀物质影响的地方可采用穿硬塑料管敷设。

较高工业厂房内的辅助用房可采用钢索布线方式。

根据具体情况，在有些场所也可采用线槽或专用照明母线吊装敷设的方式。

2. 光源的选择

照明光源应根据生产工艺的特点和要求来选择，应满足生产工艺及环境对显色性、启动时间等的要求，并应根据光源效能、寿命等在进行综合技术经济分析比较后确定。

控制室、实验室、检验室、仪表、电子元器件、数控加工、制药、纺织、食品、饮料、卷烟等生产，以及高度在 7～8m 及以下的生产场所宜选用细管直管形三基色荧光灯；高度较高的厂房可选用金属卤化物灯，无显色要求的可选用高压钠灯。

除对防止电磁干扰有严格要求，用其他光源无法满足的特殊场所外，工厂不应采用普通白炽灯。随着 LED 光源的发展，LED 灯进入工厂照明领域是必然趋势。该光源具有起点快、调光方便、光效高、寿命长等诸多优点，可广泛应用于工厂照明场所。

3. 灯具的选择

工厂灯具的选择首先根据灯具在厂房内的安装高度，按室形指数 RI 选取不同配光的灯具，见表 8-25。

表 8-25　　　　　　　　　　　　　灯具配光曲线选择表

室形指数（RI）	灯具配光选择	最大允许距高比（L/H）
0.5～0.8	窄配光	$0.5 \leqslant L/H < 0.8$
0.8～1.65	中配光	$0.8 \leqslant L/H < 1.2$
1.65～5	宽配光	$1.2 \leqslant L/H \leqslant 1.6$

　　然后需按照环境条件，包括温度、湿度、震动、污秽、尘埃、腐蚀、有爆炸危险环境、洁净生产环境等情况来选择灯具。

　　（1）一般性工业厂房的灯具选择。

　　1）正常环境（采暖或非采暖场所）一般采用开启式灯具。

　　2）含有大量尘埃，但无爆炸危险的场所，选用与灰尘量值相适应的灯具。

　　多尘环境中灰尘的量值用在空气中的浓度（mg/m^3）或沉降量 $[mg/(m^2 \cdot d)]$ 来衡量。灰尘沉降量分级见表 8-26。

表 8-26　　　　　　　　　　　　　灰尘沉降口分级

级别	灰尘沉降量（月平均值）$mg/(m^2 \cdot d)$	说明
I	10～100	清洁环境
II	300～550	一般多尘环境
III	≥550	多尘环境

　　对于一般多尘环境，宜采用防尘型（IP5X 级）灯具。对于多尘环境或存在导电性灰尘的一般多尘环境，宜采用尘密型（IP6X 级）灯具。对导电纤维（如碳素纤维）环境应采用 IP65 级灯具。对于经常需用水冲洗的灯具应选用不低于 IP65 级灯具。

　　3）在装有锻锤、大型桥式吊车等震动较大的场所宜选用防震型灯具，当采用普通灯具时应采取防震措施。对摆动较大场所使用的灯具尚应有防光源脱落措施。

　　4）在有可能受到机械撞伤的场所或灯具的安装高度较低时，灯具应有安全保护措施。

　　（2）潮湿和有腐蚀性工业厂房的灯具选择。

　　1）潮湿和特别潮湿的场所，应采用相应防护等级的防水型灯具（如 IP34 或 IP44），对虽属潮湿但不很严重的场所，可采用带防水灯头的开启式灯具。

　　2）在有化学腐蚀性物质的场所，应根据腐蚀环境类别，选择相应的防腐灯具。腐蚀环境类别的划分根据化学腐蚀性物质的释放严酷度、地区最湿月平均最高相对湿度等条件而定。

　　（3）爆炸危险性工业厂房的灯具选择。

　　爆炸危险环境的灯具选择应按其危险环境分区选择。

　　1）爆炸性气体环境危险区域依据 GB 50058—2014《爆炸危险环境电力装置设计规范》划分详见表 8-27。

　　2）爆炸性粉尘环境危险区域划分见表 8-28。

表 8-27 爆炸性气体环境危险区域划分

分区	气体或蒸气爆炸性混合物环境特征
0	连续出现或长期出现爆炸性气体混合物的环境
1	在正常运行可能出现爆炸性气体混合物的环境
2	在正常运行时不太可能出现爆炸性气体混合物的环境，或即使出现也仅是短时存在的爆炸性气体混合物的环境

注 在生产中 0 区是极个别的，大多数情况属于 2 区。在设计时应采取合理措施尽量减少 1 区。

表 8-28 爆炸性粉尘环境危险区域划分

分区	GB 50058—2014《爆炸危险环境电力装置设计规范》
20	空气中的可燃性粉尘云持续地或长期地或频繁地出现于爆炸性环境中的区域
21	在正常运行时，空气中的可燃性粉尘云很可能偶尔出现于爆炸性环境中的区域
22	在正常运行时，空气中的可燃性粉尘云一般不可能出现于爆炸性环境中的区域，即使出现也是短暂的

3）爆炸危险环境的灯具保护级别应按爆炸性环境内电气设备保护级别选择，见表 8-29。

表 8-29 爆炸性环境内电气设备保护级别的选择

危险区域	设备保护级别（EPL）	危险区域	设备保护级别（EPL）
0 区	Ga	20 区	Da
1 区	Ga 或 Gb	21 区	Da 或 Db
2 区	Ga、Gb 或 Gc	22 区	Da、Db 或 Dc

4）照明的设置还应符合以下要求：

①照明设备应尽量布置在爆炸性环境以外；当必须布置在爆炸性环境内时，应布置在危险性较小的部位。

②爆炸危险环境内，不宜采用移动式、手提式照明灯，应尽量减少局部照明灯和插座；必须布置时，局部照明灯宜设置在事故时气流不易受冲击的位置，插座宜布置在爆炸粉尘不易积聚处，且应将插孔一面朝下。

5）照明配电线路设计应符合以下要求：

①在爆炸环境内，照明线路采用的导线和电缆的额定电压应高于或等于工作电压，且 U_0/U 不应低于工作电压。中性线的额定电压应与相线电压相等，并在同一护套或保护管内敷设。

②在 1 区内应采用铜芯电缆；除本质安全电路外，在 2 区内宜采用铜芯电缆，当采用铝芯电缆时，其截面不得小于 $16mm^2$，且与电气设备的连接应采用铜-铝过渡接头。敷设在爆炸粉尘环境 20 区、21 区以及在 22 区内有剧烈振动区域的回路，均应采用铜芯绝缘电缆或电线。

③爆炸性环境配线的技术要求应符合表 8-30 的规定。

表 8-30 爆炸性环境钢管配线的技术要求

区域	钢管配线用绝缘导线的最小截面积（mm²）			管子连接要求
	电力	照明	控制	
1、20、21 区	铜芯 2.5	铜芯 2.5	铜芯 2.5	钢管螺纹旋合不应少于 5 扣
2、22 区	铜芯 2.5	铜芯 1.5	铜芯 1.5	

（4）火灾危险环境。

1）生产、加工、处理或储存过程中出现下列可燃物质之一者，应按火灾危险环境选择灯具和电器：

①闪点高于环境温度的可燃液体；

②不可能形成爆炸性粉尘混合物的悬浮状或堆积状的可燃粉尘或可燃纤维；

③固体状可燃物质。

2）火灾危险环境的照明灯具选择。

①火灾危险环境灯具的防护等级不应低于 IP4X；在有可燃粉尘或可燃纤维环境不低于 IP5X；有导电粉尘或导电纤维的环境不低于 IP6X。

②火灾危险环境的灯具应有防机械应力的措施，灯具应装有外力损害光源和防止光源坠落的安全护罩，该防护罩应使用专用工具方可拆卸。

③可燃材料库（如粮库、棉花库、纸品库、纺织品库、润滑油库等）不应采用白炽灯、卤钨灯等高温照明灯；库内灯具的发热部件应有隔热措施；灯具开关、配电箱等宜装设在库房外。

④功率 60W 及以上的灯具及其电器附件不应直接安装在可燃物体上，应有必要的防火隔离措施。

⑤卤钨灯及 100W 以上的白炽灯，不宜装设在火灾危险环境内；必须装设时，其引入线应采用隔热材料（如瓷管、矿棉等）保护。

⑥聚光（射）灯和投光灯具（投影仪）等与可燃物的最小距离为：功率不大于 100W，0.5m；功率大于 100W 且小于或等于 300W，0.8m；功率大于 300W 且小于或等于 500W，1.0m；功率大于 500W，应适当加大距离。

（5）洁净生产厂房的灯具选择。

有洁净要求的工业生产厂房一般灯具为吸顶明装，当采用嵌入顶棚暗装时，安装缝应有可靠的密封措施。

洁净室应采用不易积尘、便于擦拭的专用灯具。还应该按相关行业对洁净厂房的有要求正确选择灯具。

4. 照明标准

工厂照明的照度标准值、统一眩光值、照度均匀度、显色指数等应符合 GB 50034—2013 的规定，在前面本书第 4 章的 4.2 照度标准部分已经进行了介绍。工厂照度标准还应注意以下几点：

（1）表 4-17 中所列照度标准为作业面或参考平面的维持平均照度值。

（2）作业面邻近周围照度可比作业面照度降低一级，当作业面为 200lx 及以下时，则不应再降低。

（3）背景区域一般照明的照度不宜低于邻近周围照度的 1/3。

（4）设计照度与照度标准值的偏差不应超过±10%，此偏差适用于装 10 个灯具以上的照明场所；当小于或等于 10 个灯具时，允许适当超过此偏差。

（5）照明设计的维护系数见本书第 4 章表 4-19。

5. 工业厂房典型布灯方案

照明设计手册（第三版）中编制了 7 种有代表性的布灯方案，如图 8-17 所示，B 为跨度，方案选择单层工业厂房常见的跨度，即 9、12、15、18、21、24、27、30m，共 8 种。

单层工业厂房常见的柱距为 6、8、9、12m，图 8-17 中所示方案选择的柱距为 6m（只在方案 1 中标注）。布灯方案 4、6 也可用于柱距 12m 的厂房。图中各布灯方案，灯具离柱轴线距离是按单跨度厂房一般要求确定的，对于多跨度厂房，灯具离柱轴线距离应做调整变更，即将方案 2、4、5 中的 1/5B 改为 1/4B，3/5B 改为 1/2B，其余方案不变，以求灯具之间的距离均等。设计中灯位还应根据工艺布置情况做适当变化。

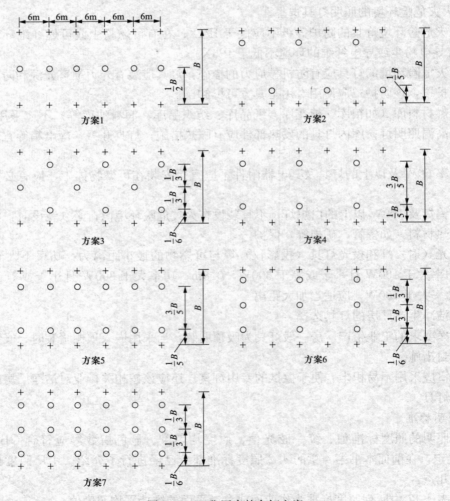

图 8-17　工业厂房的布灯方案

灯具的悬挂高度，按灯具离规定作业面高度选取 6、9、12、15、18、21m，共 6 种。

布灯方案的选择：不是每一种布灯方案都适用于各种跨度和高度的厂房；应根据 *RI* 值选择合适光分布类别的灯具；按跨度及要求的照度标准值选取一个布灯方案，计算出布灯的距高比，再校验此距高比不大于所选用的灯具的最大允许距高比（见表 8-25），如果超过，应另选布灯方案或更换另一种灯具。

8.2　室　外　照　明

室外环境照明主要是指人们进行室外活动和社会交往的城市"公共空间环境"的照明，如公共建筑的外部空间、居住区住宅楼的外部空间及城市中相对独立的街道、广场、绿地和公园等的照明。这些城市空间随着人类技术经济、社会文化的发展及价值观念的变化而不断地发展演变，逐渐成为新的具有环境整体美、群体精神价值美和文化艺术内涵美的城市公共空间。本章主要介绍的室外照明包括室外体育场照明、道路照明以及景观照明的内容。

8.2.1　体育场照明

1. 体育场照明的照度标准

综合我国体育建筑相关标准，体育场馆根据使用功能和电视转播要求可按表 8-31 进行使用功能分级。

表 8-31　　　　　　　　　　体育场馆使用功能分级

等级	使用功能	电视转播要求
Ⅰ	训练和娱乐活动	无电视转播
Ⅱ	业余比赛、专业训练	
Ⅲ	专业比赛	
Ⅳ	TV 转播国家、国际比赛	有电视转播
Ⅴ	TV 转播重大国际比赛	
Ⅵ	HDTV 转播重大国际比赛	
—	TV 应急	

我国体育场馆照明设计的相关标准主要有：GB 50034《建筑照明设计标准》、JGJ 31《体育建筑设计规范》、JGJ 354《体育建筑电气设计规范》、JGJ 153《体育场馆照明设计及检测标准》。

（1）水平照度。

场地照明的水平照度标准值需符合表 8-32 的规定。

表 8-32　　　　　　　　　　水平照度标准值　　　　　　　　　　（单位：lx）

运动项目	等级						
	Ⅰ	Ⅱ	Ⅲ	Ⅳ	Ⅴ	Ⅵ	—
	训练和娱乐活动	业余比赛、专业训练	专业比赛	TV 转播国家、国际比赛	TV 转播重大国际比赛	HDTV 转播重大国际比赛	TV 应急
田径、足球、马术、游泳、跳水、水球、花样游泳	200	300	500				

续表

运动项目	等级						
	I	II	III	IV	V	VI	一
	训练和娱乐活动	业余比赛、专业训练	专业比赛	TV 转播国家、国际比赛	TV 转播重大国际比赛	HDTV 转播重大国际比赛	TV 应急
场地自行车	200	500	750				
曲棍球、速度滑冰、击剑、举重、体操、艺术体操、技巧、蹦床、手球、室内足球、篮球、排球	300	500	750				
摔跤、柔道、跆拳道、武术、冰球、花样滑冰、冰上舞蹈、短道速滑、乒乓球	300	500	1000				
拳击	500	1000	2000				
羽毛球	300	750/500	1000/750				
网球	300	500/300	750/500				
棒球、垒球	300/200	500/300	750/500				
射击、射箭　射击区、弹（箭）道区	200	200	300	500	500	500	—

（2）垂直照度。

III 级及以下等级可不考核场地照明的垂直照度，垂直照度标准值需符合表 8-33 的规定。

表 8-33　　　　　　　　　　　垂直照度标准值　　　　　　　　　（单位：lx）

运动项目	等级						
	IV		V		VI		一
	TV 转播国家、国际比赛		TV 转播重大国际比赛		HDTV 转播重大国际比赛		TV 应急
运动项目	E_{vmai}	E_{vaux}	E_{vmai}	E_{vaux}	E_{vmai}	E_{vaux}	E_{vmai}	E_{vaux}
田径、篮球、排球、手球、室内足球、体操、艺术体操、技巧、蹦床、游泳、跳水、水球、花样游泳、场地自行车、马术	1000	750	1400	1000	2000	1400	750	—
足球、乒乓球、击剑、冰球、花样滑冰、冰上舞蹈、短道速滑、速度滑冰、曲棍球	1000	750	1400	1000	2000	1400	1000	—

续表

运动项目	等级							
	Ⅵ		V		Ⅵ		—	
	TV 转播国家、 国际比赛		TV 转播重大 国际比赛		HDTV 转播重 大国际比赛		TV 应急	
运动项目	E_{vmai}	E_{vaux}	E_{vmai}	E_{vaux}	E_{vmai}	E_{vaux}	E_{vmai}	E_{vaux}
羽毛球、网球、棒球、 全球	1000/750	750/500	1400/1000	1000/750	2000/1400	1400/1000	1000/750	—
拳击	1000	1000	2000	2000	2500	2500	1000	—
摔跤、柔道、跆拳道、 武术	1000	1000	1400	1400	2000	2000	1000	—
举重	1000	—	1400	—	2000	—	750	—

　　注 Evmain 为主摄像机方向上的垂直角度，Evaux 为辅助摄像机方向上的垂直角度。

　　射击、射箭项目比较特殊其的靶心垂直照度标准值应为：Ⅲ级及以下 1000lx；Ⅳ级和 V 级 1500lx；Ⅵ级 2000lx。

　　此外，场地照明的水平和垂直照度均匀度标准值应符合相关要求。

　　（3）光源色度参数。

　　场地照明光源的显色指数 $Ra \geqslant 65$、相关色温在 3500～6500K。具体与赛事等级、电视转播情况、运动项目等各不相同。

　　（4）眩光。

　　眩光指数 GR 限值应符合表 8-34 的规定。

表 8-34　　　　　　　　　　　　　　　　　**眩光指数限值**

场馆类型	室内	室外
比赛	≤30	≤50
训练、娱乐	≤35	≤55

　　（5）照明计算

　　照明计算时维护系数值需按下列要求取值：

　　1）室内场所维护系数 0.8；

　　2）一般室外场所维护系数 0.8，污染严重地区取 0.7；

　　3）对于多雾地区的室外体育场要计入大气的影响，即按规定选择大气吸收系数；

　　4）设计照度值的允许偏差不宜超过照度标准值＋10％。

　　2. **体育场照明要求**

　　要做好一个体育场照明设计。设计者首先必须了解和掌握体育场照明要求：应有足够的照度和照度的均匀度，无眩光照明，适当的阴影效果，光源色度参数的正确性等。

　　（1）照度要求。

　　彩色电视转播照明应以场地的垂直照度为设计的主要指标，场地照明一般必须满足运动员、裁判员、观众和摄像机四方面的要求。为此要求水平照度、垂直照度及摄像机拍摄全景画面时的亮度，必须保持变化的一致性。运动员、场地和观众之间的亮度变化比率不得超过某一数值（对摄像机摄像质量有影响的数值），这样才能适应彩色电视摄像要求。

彩色电视转播照度的要求比黑白电视高，高清电视转播要求的照度又高于标清的彩电转播，超高清电视转播现在也在试验中，对照明要求将会更高。另外，照度与电视画面的画幅有密切的关系，照度低，那么电视转播仅限于摄取全景；如果照度高，既可摄取全景又能拍摄特写镜头，从而使电视播送更生动。

（2）照度均匀度。

对均匀度的要求主要源于电视摄像机的要求，而不相称的均匀度，也会给运动员和观众带来视觉上的痛苦。照度均匀度规定为表面上的最小照度（E_{min}）与最大照度（E_{max}）之比（U_1），最小照度（E_{min}）与平均照度（E_{ave}）之比（U_2）。均匀度用来控制整个场地上的视看状况，U_1 有利于视看功能，U_2 有利于视觉舒适。

在和镜头轴线的主要方向相垂直的比赛场地上 1.0～1.5rn 高的范围内测得的平均照度不低于 1400lx，实际上 1000lx 对摄影也是可能的。

对于一个面积相当大的体育场地（如球场周围加上跑道，面积为 120m×200m）来说，其水平照度的均匀度不如其中足球场地的均匀度。既要能保持转播所需的照度梯度，又要满足照度均匀度的要求，才能保证电视摄像机能摄取优质的电视画面。

运动员的动作越迅速、运动器具越小，对于垂直照度、照度均匀度及照度梯度要求就越严格。

（3）亮度和眩光。

亮度和眩光对运动员和观众的视觉舒服与否都是很重要的，考虑到要避免太暗的背景，一部分光线应当射向看台，观众席座位面的平均水平照度应满足 100lx 的要求，主席台面的照度不宜低于 200lx。靠近比赛区前 12 排（15 排）观众席的垂直照度不宜小于场地垂直照度的 25%。这不仅使对面看台上观众眩光减少，而且电视画面也因为有了一个明亮的看台背景，使画面质量更为有利。

总的来说，眩光在很大程度上是由照明设施的亮度、灯具布置的实体角、发光的面积、灯具的方向与正常观看方向之间的角度、照明设施亮度与其观看时的背景亮度之间的关系、以及人眼适应的条件（主要系由视野亮度来决定）等一系列因素来决定。如果要获得舒适的观看条件，必须使得视野内直接亮度不超过背景可依据的某一亮度值。

眩光问题，只要协调好观众、运动员之间的矛盾就能解决，即设计时就应当考虑投光灯的光线分布、安装方案、灯悬挂高度以及其他因素。宽光束的投光灯容易获得场地的均匀效果，但会增加对看台上的观众的眩光，因此，适当选用中等光束和窄光束投光灯相结合的方案来解决眩光问题。

（4）阴影影响。

亮度对比强，同时又有阴影，则有碍于电视摄像机的正确调整，因而会影响电视画面的质量。过于黑暗也会降低视觉的舒适。另一方面，阴影对电视转播和观众来说却又很重要，特别是当具有快速动作的高速传球特点的足球比赛时，如果有阴影的影响，距球远的观众是无法跟踪上目标的。可以细致地调整投光灯，同时避免影响照明的不利因素就可以改善或消除阴影的影响。但是有雨棚的体育场阳光下的阴影是很难避免的，即使使用人工照明进行补光也无济于事。

(5) 颜色校正。

颜色较正对观众和彩色电视转播都很重要。电视摄像机色温在很大范围内能够加以调节，可以使用色温 3000～6000K 的光源进行电视转播。但是，体育场是室外运动场，在选择光源时，要考虑日光的色温，即 5000～6000K。可能发生这种情况，比赛在日光下开始，而在夕阳西下时，即在冷光照明下结束（通常用"全天候"这一词来形容这一情况）。在夕阳和人工照明双重光线下，要求日光色温与人工照明光源的色温相一致，这样电视摄像机可以进行连续转播，由日光顺利过渡到人工照明。

金属卤化物灯在场地照明中应用极为广泛，其具有 4000～6000K 的色温，完全可以满足室外彩色电视转播的需求。近年来，LED 在场地照明中得到试验性的应用，效果良好，大有取代金卤灯之势，其对色温要求更为宽泛，但对显色性的研究还在进行中。

3. 体育场灯具的设计

(1) 灯具数量问题。

使用大型灯具可以减少投光灯数目，但是在多数情况下，从均匀度要求的观点来看，不可能做到把光线照射得足够均匀，而且在使用窄光束时，肯定不可能达到均匀度要求。为此，最好多种配光配合使用，并使用功率适宜的灯具。

对于体育场来说，目前较多使用 2000W 的金卤灯，大型体育场使用窄光束、特窄光束灯具较多，并配以适量的中光束灯具，专用足球场灯具总数一般不超过 300 套就可满足世界杯足球赛的要求。而综合性体育场场地照明灯具将在 400 套以上，也有少数体育场采用 1500W、1800W 的金卤灯，这时灯具数量会多一些。大型体育比赛，如奥运会，有时会采用临时性照明系统。LED 灯逐渐在体育场场地照明中得到应用，并有快速普及的趋势，灯具数量和功率将大大减少，限于技术和造价因素，目前多用在等级较低的体育场中。

(2) 灯具的方向性。

描述灯具照射方向的有投射角、瞄准角、俯角、仰角等，其中瞄准角是规范用词。在图 8-18 中，灯具瞄准角是灯具的瞄准方向（主光强方向）与垂线的夹角，如果瞄准角越大，垂直面照度 E_v 就越大，对运动员、观众的眩光就会增大。反之，如果灯具瞄准角越小，垂直照度也越小，不容易满足电视转播的要求。因此，在设计时，灯具瞄准角在 25°～65°为宜。

(3) 光源与灯具的选择。

选用体育场照明光源要从光效、寿命、色

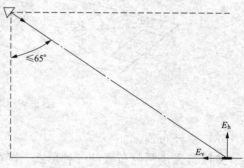

图 8-18　灯具的瞄准角

温、显色性、投资和运行等诸方面综合考虑。金卤灯是目前体育场照明性价比最佳的光源，比较适用于彩色电视转播，该光源便于控制光束、光效高（50～110lm/W）、显色性好（R_a 为 80～94）等优点。近年来异军突起的 LED 灯则在体积、方向性、节能、控制等方面占有优势，发展较快。

体育场照明所用灯具主要是投光灯。要重视投光灯的下述技术参数：灯具总光通量、灯具效率、灯具有效光通量、灯具有效效率、峰值光强、溢出光、灯具遮光角等。如果采用 LED 灯，除上述因素需要考虑外，还要考虑色容差、色品坐标、特殊显色指数 R_9、频闪比等参数。

选择金卤灯灯具，首先要考虑光束的宽度和光斑的形状。投光灯按光学性能可分为三种。首先，圆形投光灯，用于远距离投光，必须用高强度光束。将抛物线弧形反光器和小体积高亮度的光源结合起来，容易得到高强度的光束。这种方法形成的光束是锥形，在场地上投射的光斑呈椭圆形。其次，长方形投光灯，用于近距离投光。近距离投射场地时最好用水平方向宽光束灯具，可以用槽形的抛物线弧形剖面的反射器，配以线状光源，光束是扇形的。第三，蜗牛形投光灯，用于中距离投光。可以用圆形或槽形反射器使光束漫射，以获得中距离投光的覆盖能力。投光灯到被照面的距离近时用宽光束灯较经济，距离愈远采用光束愈窄，其利用程度越高。

4. 场地照明灯具的布置及安装

（1）四角布置。

四角布置是灯具以集中形式与灯杆结合布置在比赛场地四角。在场地四角设置四个灯杆，塔高一般为35～60m，常用窄光束灯具。这种布置形式适用于无雨棚或雨棚高度较低的足球场地。该种方式照明利用率低、维护检修较困难、造价较高。合适的灯杆位置见图8-19，最下排投光灯至场地中心与地面夹角 φ 宜不小于 $25°$，以此确定灯杆的高度，因此，灯杆距场地中心点的距离不同，灯杆的高度也不同；球场底线中点与场地底线向外成 $10°$ 角（有电视转播成 $15°$ 角）、球场边线中点与边线向外成 $5°$ 角的两条相交叉点后延长线形成的三角区域内为布置灯杆的位置。通过采用各种不同光束角投光灯的投射，在场地上可形成一个适宜的照度分布。

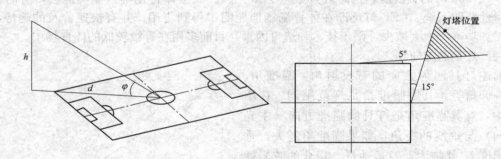

图 8-19　四角布灯灯杆的位置

（2）多杆布置。

多杆布置是两侧布置的一种形式，两侧布置是灯具与灯杆或建筑马道结合、以簇状集中或连续光带形式布置在比赛场地两侧。顾名思义，多杆布置形式是在场地两侧设置多。组灯杆（或灯杆）见图8-20，适用于足球练习场地、网球场地等。它的突出优点是用电量较省，垂直照度与水平照度之比较好。由于灯杆较低，这种布灯形式还有投资较少、维护方便的优点。灯杆要均匀布置，可布置4塔、6塔或8塔，投射角大于 $25°$，至场地边线投射角最大不超过 $75°$。这种布灯一般使用中光束和宽光束投光灯，如有观众看台，瞄准点布置工作要十分细致。这种布灯的缺点是：当灯杆布冒在场地和观众席之间时，会遮挡观众视线，消除阴影比较困难。

（3）光带式布置。

光带布置是两侧布置的另一种形式，即把灯具成排地布置在球场两侧，形成连续光带的照明系统，如图 8-21 所示。光带布灯照明均匀，运动员与球场之间的亮度比较好，目前世界上公认这种布灯方式可以满足彩色电视转播、高清电视转播甚至超高清电视转播的要求。光带长度需超过球门线 10m 以上，对于甲级、特级综合体育场，光带长度一般不小于 180m，灯具的投射角不低小于 25°。有的体育场光带照明离场地边线很近（其夹角在 65°以上），距离光带较近的场地一侧就不能获得足够的垂直照度，这样就要增加后排照明系统。一般光带式布置多采用几种不同光束角的投光灯组合投射，窄光束用于远投，中光束用于近投。光带式布置的缺点是要求控制眩光的技术比较严格，物体实体感稍差。

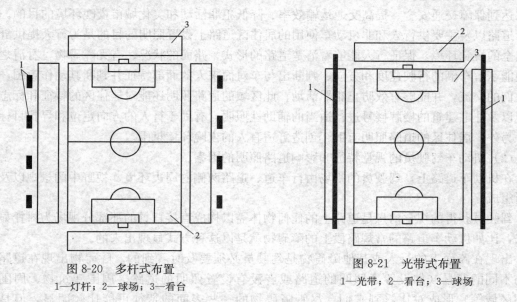

图 8-20 多杆式布置
1—灯杆；2—球场；3—看台

图 8-21 光带式布置
1—光带；2—看台；3—球场

（4）混合式布置。

混合式布置是把四角和两侧布置（含多杆布置、光带式布置）有机地组合在一起的布灯方法，见图 8-22，是目前世界上大型综合性体育场解决照明技术和照明效果比较好的一种布灯形式。混合式布置具有两种布灯的优点，使实体感有所加强，四个方向的垂直照度和均匀度更趋合理，但眩光程度有所增加。此时，四角往往不是独立设置，而是与建筑物结构统一起来，因而造价较省。

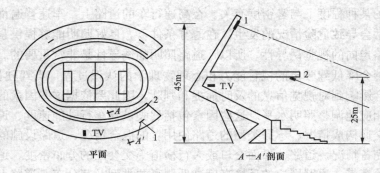

平面   A—A′剖面

图 8-22 光带、灯杆混合式布置
1—灯杆；2—光带

四角用的投光灯多为窄光束，解决光线远投问题；光带多为中光束、窄光束，实现远、中、近投光。由于是混合布置，四角的投射角和方位布置可以适当灵活处理，光带布置的长度也可适当缩短，光带高度也可适当降低。

8.2.2　道路照明

1. 道路照明的作用及道路分类

（1）道路照明的作用。

在城市的机动车交通道路上设置照明的目的是为机动车驾驶人员创造良好的视觉环境，以求达到保障交通安全、提高交通运输效率、降低犯罪活动和美化城市夜晚环境的目的。在人行道路以及主要供行人和非机动车使用的居住区道路上设置照明的目的是为行人提供舒适和安全的视觉环境，保证行人能够看清楚道路的形式、路面的状况、有无障碍物；看清楚同以便能了解车辆的行驶速度和方向、判断出与车对面来人的面部特征并判断其动作意图，方便人们的交流，并能够有效防止犯罪活动；此区域的道路照明还能对居住区的特征和标志性景观以及住宅建筑的楼牌楼号进行适当的辅助性照明，有助于行人的方向定位和寻找目标需要。另外，居住区的道路照明有助于创造舒适宜人的夜晚环境氛围。

（2）机动车驾驶员的视觉特征和影响道路照明的因素。

在机动车道路上，驾驶员的视场由行车道、道路两侧的周边环境、视野中的景观以及天空所组成。

驾驶员获得的视觉信息是道路上的任何物体需以构成直接背景的那部分视场为衬托显现出来，比如机动车道路的常规路段上的障碍物就是以这种方式显现出来的。

出现在路面上的行人或其他障碍物是驾驶员必须要及时看到的。障碍物出现在道路上且与不同的背景（如设置了照明的道路或者没有设置照明的道路、周围建筑物、周围的开阔区域等）形成对比看到它们。尽管障碍物的一些表面的特征可能比较明显，但是在明亮背景的情况下，这些障碍物仍是会以剪影的形式显现，即，行进中的驾驶员是以捕捉对象整体轮廓的方式来获取路面障碍物存在与否及其位置的信息。与此类似，暗背景处可能以正影的形式看见障碍物，总之，驾驶员是以亮度对比的方式捕捉这些障碍物存在的信息的。

道路照明所提供的视觉条件在干燥路面状态下容易满足。在潮湿状态下，路面亮度均匀性严重下降。这种状况导致对眩光的敏感性增加而且从湿区域耀眼表面反射还产生眩光。

雾遮蔽视场某种程度上与雾密度有关。在高速行车的道路上，车速普遍都高，在雾不规则的情况下，常会导致危险情况的发生。在薄雾条件下，良好照明能够提供紧邻环境的信息并提供关于道路走向的视觉诱导性，所以，道路照明的诱导性是非常重要的。

此外，年龄会降低驾驶员的视看能力和心理物理学的认识过程。当驾驶员驾车行驶时，还有很多因素会影响到对视觉信息的及时捕捉和判断，因此要依据这些因素的存在与否、类型、大小等，相应地调整照明水平。这些因素包括驾驶员驾车行驶的速度、道路上的交通流量、道路上的交通构成情况、不同类型的道路使用者的混合情况、道路设施的完备情况、交通保障设施的完备情况、道路上平面交口或人行横道等交会区的分布密度、道路上的边缘区域是否设置了停车带、道路周边的环境亮度高低明亮源类型及其分布、道路上的视觉导向情况等。

综上所述，在确定照明设计标准的水平时，这些因素均应在考虑之列。

（3）道路分类。

要确认一条道路上需要多少照明，需要知道道路的类型和等级，据此提供相应的照明。

在我们国家，城市道路的分类根据道路在城市路网中的地位、交通功能以及对沿线建筑物和城市居民的服务功能等要求，将城市道路分为快速路、主干路、次干路、支路、居住区道路。这些道路划分的定义如下：

快速路：城市中距离长、交通量大、为快速交通服务的道路。快速路的对向车行道之间设中间分车带，实施中央分隔、全部控制出入、控制出入口间距及形式。应实现交通连续通行，单向设置不少于两条车道，并有配套的交通安全与管理设施。其两侧不宜设置吸引大量车流和人流的公共建筑的出入口。

主干路：连接城市各主要分区，以交通功能为主的干路，采取机动车与非机动车分隔形式，如三幅路或四幅路。其两侧不宜设置吸引大量车流和人流的公共建筑的出入口。

次干路：与主干路组合构成干路网，集散交通功能为主、兼有服务功能的道路。

支路：次干路与居住区道路之间的连接道路。与次干路和区域内道路（工业区、住宅区、交通设施等）相连接，解决局部地区交通、以服务功能为主。

居住区道路：居住区内的道路及主要供行人和非机动车通行的街巷。

快速路、主干路、次干路、支路，尽管它们两侧一般设置供非机动车通行的车道和供行人使用的步行道，但是，根据其主要功能和形态，仍将这些道路统称为机动车交通道路。

而国际照明委员会相关技术文件的建议是，直接考虑道路上影响道路照明的那些因素，根据这些因素的影响程度大小，来确定相应的照明等级和所需要的照明数量。影响道路照明的 8 个方面的因素是：行车速度、交通流量、交通构成情况、不同类型交通车道的隔离状况、道路交会区分布的密度、路边是否可以停车、环境亮度情况、夜晚道路上的视觉引导情况等。

设计者应亲赴道路现场考察这些因素，并将每个因素（参数）定量化，获得见表 8-35，通过对各个道路影响因素进行权重系数叠加，可以获得总的影响因素 WF。

表 8-35　　　　　　　　　　　　　影响道路照明的因素及其权重

参数	选择	权重系数 WF	WF 的选择	参数	选择	权重系数 WF	WF 的选择
速度	高	1		交叉口密度	高	1	
	中	0			中等	0	
交通流量	非常高	1		是否停车	有	1	
	高	0.5			无	0	
	中等	0		环境亮度	非常高	1	
	低	−0.5			高	0.5	
	很低	−1			中等	0	
交通组成	与很多非机动车辆混杂	1			低	−0.5	
					非常低	−1	
	混杂	0.5		视觉诱导和交通控制	差	0.5	
	只有机动车辆	0			好	0	
分隔带	无	1			非常好	−0.5	
	有	0			权重系数叠加		SWF

再通过如下计算：$M=6-SWF$，可以获得这条道路所应采用的照明标准等级。

2. 道路照明的评价指标

（1）机动车交通道路照明的评价指标。

根据人类的视觉感观系统的工作原理，在对车辆驾驶人员的视觉作业特点及所需的视觉信息进行分析研究的基础上，通过大量的实验室实验和现场实验，确定了机动车交通道路照明的评价指标。这些评价指标包括：路面平均亮度、路面亮度总均匀度、路面亮度纵向均匀度、眩光控制、环境比等。

1）路面平均亮度（L_{av}）。

路面平均亮度是用来表示道路路面总体亮度水平的一个评价指标，是按照国际照明委员会（CIE）有关规定在路面上预先设定的点上测得的或计算得到的各点亮度的平均值。它是决定能否看见路面上的障碍物的最重要的指标。

2）路面亮度总均匀度（U_0）。

路面亮度总均匀度是路面上最小亮度与平均亮度的比值。良好的视功能要求路面上的最小亮度和平均亮度相差不能过大，否则，亮的部分会形成一个眩光源，从而影响驾驶员的视觉。

3）路面亮度纵向均匀度（U_1）。

路面亮度纵向均匀度是指同一条车道中心线上最小亮度与最大亮度的比值。如果在一条车道的路面上，反复出现亮带和暗带，形成所谓"斑马效应"，会使得在这条车道上行驶的驾驶员感到十分烦躁，进而影响到人的心理，造成交通隐患。所以，在同一条车道中心线上的最小亮度和最大亮度的差别不能过大。

4）眩光控制。

眩光是由于视野中的亮度分布或者亮度范围的不适宜或存在极端的对比，以致引起不舒适感觉或降低观察目标或细部的能力的视觉现象。眩光分为失能眩光和不舒适眩光两类。失能眩光损害视看物体的能力，直接影响到驾驶员观察物体的可靠性。不舒适眩光一般会引起不舒适的感觉，影响到驾驶员在进行作业时的舒适程度，在机动车道路照明中，通常主要考虑限制失能眩光。一般来说，如果失能眩光的限制能够达到满意的程度，那么不舒适眩光的影响也可以忽略。

5）环境比。

道路照明的主要目的是要创造一个明亮的路面，使得路面上的物体能够以这样一个明亮的路面为背景而被车辆驾驶员看到。然而，路面上较高物体的上半部分、靠近路边的物体或者是位于弯道处的物体等，它们的背景是道路的周边环境，因此，道路周边的照明也是十分必要的，它能有助于驾驶员更好地观察并且及时做出判断。另外，路外边可能会有人进入道路穿行，因此路外边的照明可以让驾驶员提前了解路边的情况，做好预防。

环境比 SR 是与车行道两侧边缘相邻的 5m 宽的带状区域（如果空间不允许时可以窄一些）的平均照度与该车道上 5m 宽的带状区域或 1/2 宽度的车道上（通过比较选择较小者）的平均照度之比。对于双向车行道，应该将两个方向的车行道一起作为单行线处理，除非它们之间设置有 10m 以上宽度的分车带。

6）诱导性。

道路照明的诱导性对交通安全和舒适性同样有着非常重要的作用，因此，在道路照明的设计中应该保证诱导性方面的要求。但是，诱导性不能用光度参数来进行表示。诱导性分为视觉诱导和光学诱导，两者既有区别又有紧密的联系。

视觉诱导系指通过道路的诱导辅助设施使驾驶员明确自身所在位置以及道路前方的走。这些诱导辅助设施包括路面中线、路缘、路面标志、应急路栏等。

光学诱导系指通过灯具和灯杆的排列、灯具的外形外观、灯光颜色等的变化来标示道路走向的改变或是将要接近道路的交叉口等特殊地点。

（2）人行道路照明的评价指标。

根据行人的行进速度特点和视觉作业需要，人行道路照明主要采用平均水平照度、最小水平照度、半柱面照度、垂直照度、眩光限制等指标来进行评价。

1）平均水平照度。

路面平均水平照度是按照国际照明委员会（CIE）有关规定在路面上预先设定的点上测得的或计算得到的各点照度的平均值。

行人与机动车驾驶员的视觉作业特点不同，驾驶员的视觉注意力是要集中在道路的路面此，与其关系最为密切的是路面亮度，但是，对于行人来说，他没有固定的观察目标，也无法为其规定统一的观察位置，所以，不能用路面亮度指标来进行人行道路的照明评价，而应该采用水平照度来评价。水平照度包括两项评价指标，即平均水平照度和最小水平照度。与机动车的行驶速度相比，人的行走速度要低得多，这样，就可以使人的眼睛有更多的时间来适应亮度的变化。因此，行人对均匀度的要求就比较低，通常情况下，不提出均匀度方面的要求。

2）半柱面照度和垂直照度。

当人夜晚在路上行走时，需要尽可能迅速识别出对面走来的其他行人，以便于交流或是采取安全防范措施，熟悉的人要打招呼问候，陌生人则需要辨别其特征和意图，以便于有足够的时间做出正确的反应。研究结果表明，为了达到后者的要求需要有最小为 4m 的距离，并且要求在对面来人的面部及上半身的平均高度处（大约 1.5m）有足够的垂直面照度，但是，朝向各种方向的纯粹垂直照度都不是最佳的参数，最佳参数是半柱面照度，它是指在一个无限小的垂直半圆柱体表面上的照度。因此，需要采取半柱面照度来作为面部识别照明的评价指标。而垂直照度则是用来评价路上方空间物的立体感，并通过对路外边环境的适度照明来提供一定的导向。

3）眩光限制。

由于行人的行进速度远低于车辆的行进速度，因此，行人有更多的时间来适应视场中亮度的变化，因此，对于行人来说，眩光的影响问题不会像对机动车驾驶员那么严重，反而，在人行空间中有一些耀眼的光线会让人感到很愉快。

对于行人来说，更容易受到不舒适眩光的干扰。但是，度量不舒适眩光的眩光控制等级 G 的方法又不适合于用来做居住区照明设施的眩光评价，因此，CIE 提出适用于居住区和步行区照明设施的眩光控制指标，即 L 与 A 的 0.5 次方的乘积，其中，L 为灯具在与垂直向下方向形成 85° 和 90° 夹角的方向上的最大（平均）亮度，A 为灯具在与垂直向下方向形成 90° 夹角的方向上的发光表面面积。

4）立体感。

一般来说，对于照明效果的满意程度，主要是根据被照明人的真实和自然程度来判断，其度量的指标为立体感。当对比不足或过度时，都会歪曲照明环境中的人的容貌。研究表明，立体感指数可以用垂直照度和半柱面照度之比来表示，推荐的比值在 0.8～1.3 之间。

3. 照明标准

（1）机动车道路照明标准。

1）我国道路照明标准。

我国关于机动车道路照明标准在 CJJ 45—2015《城市道路照明设计标准》中有具体规定，见表 8-36。

表 8-36　　　CJJ 45—2015《城市道路照明设计标准》关于机动车道路照明标准值

级别	道路类型	路面亮度			路面照度		眩光限制 TI 最大初始值（%）	环境比 SR 最小值
		平均亮度 L_{av} 维持值（cd/m²）	总均匀度 U_0 最小值	纵向均匀度 U_1 最小值	平均照度 E_{av} 维持值（lx）	均匀度 U_E 最小值		
I	快速路、主干路	1.5/2.0	0.4	0.7	20/30	0.4	10	0.5
II	次干路	1.0/1.5	0.4	0.5	15/50	0.35	10	0.5
III	支路	0.5/0.75	0.4	—	8/10	0.3	15	—

注　1. 表中所列的平均照度仅适用于沥青路面。若系水泥混凝土路面，其平均照度值可相应降低约 30%。

　　2. 计算路面的平均维持亮度或平均维持照度时应考虑光源种类、灯具防护等级和擦拭周期。

　　3. 表中各项数值仅适用于干燥路面。

　　4. 表中对每一级道路的平均亮度和平均照度给出了两档标准值，"/"的左侧为低档值，右侧为高档值。

2）国际照明委员会的推荐标准。

国际照明委员会所推荐的机动车交通道路照明标准是将照明推荐值分为 M1、M2、M3、M4、M5、M6 等六个级别，每个级别的照明规定见表 8-37，在具体使用时，设计者根据道路功能、交通密度、交通复杂程度、交通分隔状况以及交通控制设施情况等因素，经过计算获得照明标准等级，然后获得对应的照明标准值。

表 8-37　　　国际照明委员会（CIE）技术文件中规定的各类机动车道路照明标准值

照明等级	道路表面亮度				阈值增量	环境比
	干燥路面			潮湿路面		
	L_{av}（cd/m²）	U_0	U_1	U_0	TI（%）	SR
M1	2.0	0.4	0.7	0.15	10	0.5
M2	1.5	0.4	0.7	0.15	10	0.5
M3	1.0	0.4	0.6	0.15	10	0.5
M4	0.75	0.4	0.6	0.15	15	0.5
M5	0.50	0.35	0.4	0.15	15	0.5
M6	0.30	0.35	0.4	0.15	20	0.5

（2）交会区照明标准。

当机动车的车流彼此相互交叉，或者机动车驶入行人、非机动车辆或其他道路使用者经常进出的区域，或者是当眼前的道路与路况低于标准（比如：车道数量减少、车道或道路的宽度减少等）的一段道路相连接时，这种情况会导致车辆之间、车辆和行人及其他道路使用者之间或车辆与固定物之间的碰撞有增加的可能性。

关于交会区的照明，由于观察视距比较短，而且，经常会有其他因素妨碍到亮度指标的使用，因此，在交会区通常会使用照度指标来进行照明效果的评价，我们国家就是采用的照度方法进行评价。

在道路的交会区，无法用阈值增量 TI 来定量表示失能眩光，这是因为此区域的灯具布置并不是标准化的，无法计算 TI，而且，由于驾驶员的视点不断变化，也导致了适应亮度的不确定。在这种情况下，可以采用限制光强的方法来限制眩光，即在驾驶员观看灯具的方位角上，80°高度角处的光强不应高于 30cd/klm，90°高度角处的光强不应高于 10cd/klm。

（3）人行道路的照明标准。

我国的城市道路照明设计标准中，对人行道路分别按照城市区域的性质以及交通流量进行了照明规定，见表 8-38。

表 8-38 人行及非机动车道路照明标准值

级别	道路类型	路面平均照度维持值	路面最小照度维持值	最小垂直照度维持值	最小半柱面照度维持值
1	商业步行街；市中心或商业区行人流量高的道路；机动车与行人混合使用、与城市机动车道路连接的居住出入道路	15	3	5	3
2	流量较高的道路	10	2	3	2
3	流量中等的道路	7.5	1.5	2.5	1.5
4	流量较低的道路	5	1	1.5	1

4. 照明设施

（1）机动车交通道路的照明设施。

1）光源。

多年来，机动车交通道路照明的光源主要采用高强度气体放电灯，而在这其中，又以高压钠灯作为首选。高压钠灯具有寿命长、光效高、质量稳定而且能够满足机动车交通道路照明指标要求的特点。目前来说，高压钠灯的这些特点决定了它依然可以作为城市机动车道路照明的重要选择。

发光二极管光源作为一种新的光源，如果要在道路照明中使用，需要满足一定的条件，包括：光源的显色指数 Ra 不宜小于 60；光源的相关色温不宜高于 5000K，并宜优先选择中低色温光源；同型号 LED 灯具的色品容差不应大于 7 SDCM；光源寿命周期内的色品坐标与初始值的偏差在 GB/T 7921《均匀色空间和色差公式》规定的 CIE 1976 均匀色度标尺图中，不应超过 0.012 等。

在有些对显色性要求较高的场所，也可以考虑采用陶瓷金属卤化物灯。

2）灯具。

在普通的常规道路路段，应该采用常规道路照明灯具，常规道路照明灯具按照其配光分为截光型、半截光型、非截光型等三类灯具，在快速路、主干路上必须采用截光型或半截光型灯具；次干路上应采用半截光型灯具；支路上也可以采用半截光型灯具。

宽阔的机动车交通道路，当采用高杆灯照明方式时，应该选择、配置光束比较集中的泛光灯。

采用密闭式道路照明灯具时，光源腔的防护等级不应低于 IP54。环境污染严重、维护困难的道路和场所，光源腔的防护等级不应低于 IP65。灯具电气腔的防护等级不应低于 IP43。

空气中酸碱等腐蚀性气体含量高的地区或场所宜采用耐腐蚀性能好的灯具。

通行机动车的大型桥梁等易发生强烈振动的场所采用的灯具应符合现行国家标准所规定的防振要求。

高强度气体放电灯宜配用节能型电感镇流器，功率较小的光源可配用电子镇流器。

高强度气体放电灯的触发器、镇流器与光源的安装距离应符合产品的要求。

对于使用 LED 光源的灯具来说，它应该满足以下要求：灯具的功率因数不应小于 0.9；色温 $T_C \leqslant 3000K$ 的其效能值不得低于 90lm/W，$3000K < T_C \leqslant 4000K$ 的效能值不低于 95lm/W，$4000K < T_C \leqslant 5000K$ 效能值不低于 100lm/W；在标称工作状态下，灯具连续燃点 3000h 的光源光通量维持率不应小于 96%，6000h 的光源光通量维持率不应小于 92%，LED 灯具的初始光通量应不低于额定光通量的 90%，不高于额定光通量的 120%；灯具的电源模组应符合标准要求，且能现场替换，替换后防护等级不应降低；LED 灯具的防护等级不宜低于 IP65。

（2）人行道路的照明设施。

1）光源。

此类道路可以使用 LED、金属卤化物灯、细管径荧光灯、紧凑型荧光灯等。

2）灯具。

商业区步行街、人行道路、人行地道、人行天桥以及有必要单独设灯的非机动车道宜采用功能性和装饰性相结合的灯具。当采用装饰性灯具时，其上射光通比不应大于 25%，且机械强度应符合国家标准的规定。对于完全供行人或非机动车使用的居住区道路，在灯具选择方面有更大的空间，而且可以更多地采用装饰性灯具，如全漫射型玻璃灯具、多灯组合式灯具、下射式筒型灯具、反射式灯具等。但是，需要予以注意的是，装饰性灯具也有其特定的光分布，在使用时也应该根据被照明场所的特点和照明需要来进行有针对性地选择和布置。如全漫射型灯具的光分布所能产生的水平照度很低，但是，垂直照度或半柱面照度却比较高，因此，可将其使用在具有较大面积的被照场所；下射式灯具在水平面上的照明范围比较小，采用这种灯具若希望得到足够的地面照明均匀度，就应该把灯具间距布置得小一些。此外，这种灯具所产生的垂直照度或半度比较低，这对满足人行道路的照明指标要求是不利的。

5．照明设计原则和方式

（1）机动车交道路照明的设计原则和方式。

机动车交通道路照明可根据道路和场所的特点及照明要求选择常规照明方式或高杆照明

方式。

1）常规道路照明。

常规照明灯具的布置可分为单侧布置、双侧交错布置、双侧对称布置、中心对称布置和横向悬索布置五种基本方式（见图 8-23）。采用常规照明方式时，应根据道路横断面形式、宽度及照明要求进行选择，并应符合下列要求：

①灯具的悬挑长度不宜超过安装高度的 1/4，灯具的仰角不宜超过 15°；

②灯具的布置方式、安装高度和间距可按表 8-39 经计算后确定。

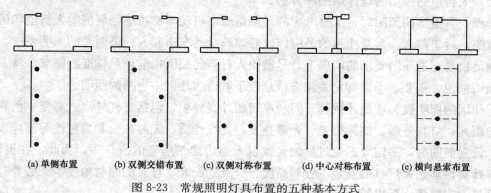

(a) 单侧布置　(b) 双侧交错布置　(c) 双侧对称布置　(d) 中心对称布置　(e) 横向悬索布置

图 8-23　常规照明灯具布置的五种基本方式

表 8-39　　　　灯具的配光类型、布置方式与灯具的安装高度、间距的关系

配光类型	截光型		半截光型		非截光型	
布置方式	安装高度 H	间距 S	安装高度 H	间距 S	安装高度 H	间距 S
单侧布置	$H \geqslant W_{eff}$	$S \leqslant 3H$	$H \geqslant 1.2 W_{eff}$	$S \leqslant 3.5H$	$H \geqslant 1.4 W_{eff}$	$S \leqslant 4H$
双侧交错布置	$H \geqslant 0.7 W_{eff}$	$S \leqslant 3H$	$H \geqslant 0.8 W_{eff}$	$S \leqslant 3.5H$	$H \geqslant 0.9 W_{eff}$	$S \leqslant 4H$
双侧对称布置	$H \geqslant 0.5 W_{eff}$	$S \leqslant 3H$	$H \geqslant 0.6 W_{eff}$	$S \leqslant 3.5H$	$H \geqslant 0.7 W_{eff}$	$S \leqslant 4H$

注　W_{eff} 为路面有效宽度（m）。

2）高杆照明。

采用高杆照明方式时，灯具及其配置方式，灯杆安装位置、高度、间距以及灯具最大光强的投射方向，应符合下列要求：

①可按不同条件选择平面对称、径向对称和非对称三种灯具配置方式。布置在宽阔道路及大面积场地周边的高杆灯宜采用平面对称配置方式；布置在场地内部或车道布局紧凑的立体交叉的高杆灯宜采用径向对称配置方式；布置在多层大型立体交叉或车道布局分散的立体交叉的高杆灯宜采用非对称配置方式。无论采取何种灯具配置方式，其灯杆间距与灯杆高度之比均应根据灯具的光度参数通过计算确定。

②灯杆不得设在危险地点或维护时严重妨碍交通的地方。

③灯具的最大光强瞄准方向和垂线夹角不宜超过 65°。

④市区设置的高杆灯应在满足照明功能要求前提下做到与环境协调。

3）低位照明和特殊场所照明。

低位照明是解决桥梁、立交、高架路、高速公路出入口、隧道出入口等道路功能性照明及景观照明的良好形式之一。低位照明灯具的结构是在道路护栏上或防护墙侧面安装LED灯具，在低的安装高度，运用独特的配光照射路面或桥面，护栏外侧面还可采用点光源的形式增加景观照明功能，此低位护栏灯可取得较好的道路功能性照明和景观装饰照明效果。

此外，对于一些特殊场所，如平面交叉路口、十字交叉路口、T形交叉路口、道路上的曲线路段、坡形路面等，照明设计要符合相关的规范要求。

（2）人行道路照明的设计原则和方法。

考虑人行道路的照明时，主要考虑的对象是城市机动车交通道路两侧的人行道和居住区内的道路，对于前者，需要注意的是应该做好兼顾机动车道和人行道两者的照明要求，或者是在满足机动车道照明要求的前提下，尽量使人行道的照明也能满足标准的要求。就人行道路的照明来说，需要、予以特别关注应该是位于城市居住区中道路的照明。

居住区的照明设施应该兼顾其日间和夜间的外观外貌，包括灯杆外形、高度、色彩、与建筑的距离，灯具外形、灯具配光、光源亮度、光线性质、光源色表和显色性等都应该仔细斟酌。设置照明时，一定要避免过量的光线射入路边建筑居室的窗户中，为此，在设计时，应该有针对性地选择灯具的安装位置和高度、灯具的配光、灯具的照射角度等。必要时，可以在灯具上安装挡光板以控制射向居室的光线。

集散路的照明应同时考虑机动车道和人行道的照明要求，所以，要求照明灯具应该兼具功能性和装饰性，灯具最好应该排列在道路的两侧。如果道路比较宽，应该考虑采取在一根灯杆上设置两个灯具的方式，两个灯具分别照明机动车道和人行道，并且，人行道上的平均水平照度不应低于与其相邻的机动车道上平均水平照度的1/2。

8.2.3　景观照明

夜景照明泛指除体育场的、建筑工地、道路照明和室外安全等功能性照明以外，所有室外活动空间或景物夜间的照明，亦称景观照明。夜景照明设计的相关标准、法规和技术参数是进行夜景照明工程设计的依据。夜景照明的方式一般采用如下几种：

泛光照明：通常用投光灯使场景或物体的亮度明显高于周围环境亮度的照明方式。

轮廓照明：利用灯光直接勾画建筑物和构筑物等被照对象的轮廓的照明方式。

内透光照明：利用室内光线向外透射的照明方式。

重点照明：利用窄光束灯具照射局部表面，使之和周围形成强烈的亮度对比，并通过有韵律地明暗变化，形成独特的视觉效果的照明方式。

建筑化夜景照明：将夜景照明光源或灯具和建筑立面的墙、柱、檐、窗、墙角或屋顶部分的建筑结构连为一体，并和主体建筑同步设计和施工的照明方式。

1. 夜景照明标准

JGJ/T 163《城市夜景照明设计规范》适用于城市新建、改建和扩建的建筑物、构筑物、街区、广场、桥梁、园林、绿地、河湖、名胜古迹、树木、雕塑等景观元素的夜景照明设计。该规范对室外照明标准要求主要有：

（1）不同城市规模及环境区域建筑物泛光照明的照度和亮度标准值见表8-40。

表 8-40 不同城市规模及环境区域建筑物泛光照明的照度和亮度标准值

建筑物饰面材料		城市规模	平均亮度 （cd/m²）				平均照度 （lx）			
名称	反射比 （ρ）		E1 区	E2 区	E3 区	E4 区	E1 区	E2 区	E3 区	E4 区
白色外墙涂料、乳白色外墙釉面砖、浅冷、暖色外墙涂料、白色大理石等		大	—	5	10	25	—	30	50	150
		中	—	4	8	20	20	30	100	
		小	—	3	6	15	—	15	20	75
银色或灰绿色铝塑板、浅色大理石、白色石材、浅色瓷砖、灰色或土横色釉面砖、中等浅色涂料、铝塑板等		大	—	5	10	25	50	75	200	
		中	—	4	8	20	30	50	150	
		小	—	3	6	15	20	30	100	
深色天然花岗石、大理石、瓷砖、混凝土、褐色、暗红色釉面砖、人造花岗石、普通砖等		大	—	5	10	25	75	150	300	
		中	—	4	8	20	50	100	250	
		小	—	3	6	15	30	75	200	

E1~E4 区为国际照明委员会（CIE） 对不同环境下照明区域与光环境的划分，见表 8-41。

表 8-41 环境照明区域分类

区域	周围环境	光环境	举例
E1	乡村	天然黑夜	自然公园、保护区
E2	郊区	低区域亮度	工业或居住性的乡村
E3	城市普通区	中区域亮度	工业或居住性的郊区
E4	城市中心区	高区域亮度	城市中心、商业区

（2）广场绿地、人行道、公共活动区和主要出入口的照度标准值见表 8-42。

表 8-42 广场绿地、人行道、公共活动区和主要出入口的照度标准值

照明场所	绿地	人行道	公共活动的区				主要出入口
			市政广场	交通广场	商业广场	其他广场	
水平照度(lx)	≤3	5~10	15~25	10~20	10~20	5~10	20~30

（3）公园公共活动区域的照度标准值见表 8-43。

表 8-43 公园公共活动区域的照度标准值

区域	最小平均水平照度 E_{minh} （lx）	最小半柱面照度 E_{scmin} （lx）
人行道、非机动车道	2	2
庭园、平台	5	3
儿童游戏场地	10	4

2. 夜景照明的总体规划

夜景照明的规划是城市总体规划的一部分，照明的景点、景区的分布，照明的原则与要求应纳入城市总体规划，与城市总体规划同步进行，分步实施。夜景照明是利用灯光重塑城市的夜间景观形象，将城市的规划区域特征、景观元素用灯光表现出来，突出城市的内涵和特征，服务于人们夜间活动的需要。规划的基本原则是：

1）根据城市规划区域功能的特点制定用灯、用光照明规划方案，体现点、线、面的规划特点，体现城市的特点。

2）首先应满足功能性照明的需要，即道路照明、广场照明等功能的要求，保障市民生活、交通、夜晚活动的安全和方便。

3）突出区域特征，如办公区、商业区、文化娱乐区、休闲区、居住区、自然风景区及文物古迹等。

4）在特定的区域内突出景观元素，重点表现塑造有个性的照明对象，做出塑造地标性或精品性的景观照明设计，切忌主次不分，一般化。

5）重点表现的照明对象切忌照搬、照抄，千篇一律，没有创新，应做到高雅、舒适、安全，突出城市文化特色背景和内涵。

6）照明规划设计中要强调节能原则，进行照明节能规划设计，控制大功率投光灯、大型和超大型组合光源灯饰的应用。

7）控制光污染。特别应注意控制影响行人、机动车、居民生活的干扰光，控制灯光对动、植物生存和生长的影响。

8）照明设计中要具有较高的科技含量，用现代科技的照明手法和控制手段演绎夜景照明的艺术效果。

9）不宜用灯光去创造景观，人造景观的设置应该慎重有节制，因为人造景观缺少备品、备件，维护较困难，应特别注意其在白天的形象和艺术效果。

10）进行节能控制，灯光场景应实现灵活的场景控制，节点控制，分级控制，区域控制，城市总体集中监测控制。

3. 夜景照明常见光源与灯具的选择

（1）光源的选择。

夜景照明实际上基本上是室外照明，照明光源的选择应适合室外环境的特点，其基本要求应满足以下几点：

1）光源的寿命。夜景照明的灯具基本上是在室外安装，一年四季气温变化较大，影响光源的使用寿命。另外，室外灯具安装场所的地理环境较复杂，更换光源维护比较困难，所以，选择长寿命光源是非常重要的。

2）光源的发光效率。高光效光源有利于照明节能，一般情况下，进行照明设计时应避免采用大功率投光灯和气体放电灯，在满足照明效果的前提下尽量采用 LED 光源。

3）光源的色温与显色性。光源的光色针对不同的地区，不同的被照物有不同的运用手法。一般热带地区光源宜采用偏高色温，给人们创造一种凉爽的感觉，寒冷地区宜采用偏低色温，给人们创造一种温暖的感觉。对于光源的显色性，在夜景照明中一般不做要求，只是在商铺的橱窗和被照物体需要逼真显示某些部位时，才对光源的显色性有较高要求。

4）由于 LED 光源具有色彩丰富，灯具体量小，功率任意组合，寿命长，节能环保，控制灵活等诸多优点，应优选 LED 光源。

夜景照明常用光源及应用范围，见表 8-44。

表 8-44　　　　　　　　　　　　　常用光源技术指标

光源类型	光效（lm/W）	显色指数 R_a	色温（K）	平均寿命（h）	应用场合
发光二极管 LED	白光 >100	60～80	2700～6500 或彩色	>25 000	应用范围广泛
三基色荧光灯	>100	80～98	2700～6500	>9000	内透照明、路桥、广告灯箱等，一般不推荐采用
金属卤化物灯	>100	65～92	3000～5600	9000～15 000	泛光照明、广场照明等，一般不推荐采用
钠灯	>100	23～80	1700～2500	>20 000	泛光照明、广场照明等，一般不推荐采用

（2）灯具的选择。

室外照明灯具的选择应遵守以下基本原则：

1）除特殊要求外，一般应尽量采用定型产品，便于维护更换。

2）应采用效率高、品质好、使用寿命长、维护量小，有利于节能的产品。

3）灯具应根据使用场所的要求达到相应的防护等级，夜景照明的室外灯具不得采用 0 类灯具，水下灯具应使用Ⅲ类灯具，室外安装的灯具其防护等级应不低于 IP55，埋地灯具其防护等级应不低于 IP67，水下灯具其防护等级应不低于 IP68。

4）应慎用埋地灯，因埋地灯防护等级要求较高，价格较贵，维护较困难，灯具表面容易积尘及其他赃物，行人附近易产生眩光。大功率埋地灯由于灯具表面温度较高，容易烫伤人，需采取防护措施。

5）灯具应具有良好的防腐性能，特别是沿海和污染较严重的地区。

6）为了保障人身安全，灯具所有带电部位必须采用绝缘材料加以隔离，做好防触电保护。

7）根据照明目标的特点和照明设计要求来选择相适应的光束角，表 8-45 是灯具光束角的基本分类和应用范围。

8）桥梁照明使用的灯具应具备适当的防震功能。

9）安装在高处的灯具应配置防坠落措施。

表 8-45　　　　　　　　　　　　　灯具光束角的分类

灯具类型	光束角（°）	应用场所
窄光束灯具	<30	投射面宽窄的或长距离投射的建筑物
中光束灯具	30～70	投射面宽中等的或中等距离投射的建筑物
宽光束灯具	>70	投射面宽较宽的或短距离投射的建筑物

思 考 题

1. 居住建筑照明方式和原则是哪些？
2. 居住建筑照明的灯具选择原则是哪些？
3. 教室照明的基本要求有哪些？
4. 阅览室的灯具选择应注意哪些方面？
5. 书库照明的灯具安装方式有哪些？
6. 百货商店照明的照明设计要点有哪些？
7. 办公室照明在进行照度标准值选择的时候，要考虑哪些方面？
8. 工厂照明设计范围及其种类是什么？
9. 体育场的照明要求有哪些？
10. 道路照明的作用及道路分类是什么？
11. 人行道路照明的评价指标是什么？
12. 夜景照明常见光源与灯具怎样选择？

第 9 章　电气照明施工图与工程施工

电气照明施工图是建筑工程图的一个组成部分，是电气照明施工和竣工验收的重要依据，是用统一的电工图形符号来表示线路和实物，并用它们组成完整的电路，以表达电气设备的安装位置、配线方式以及其他一些特征。

电气照明工程的施工是保证电气照明系统正常运行的主要环节之一。电气照明工程的施工，就是根据电气照明施工图，遵照有关施工安装规范及技术要求，合理、正确地将导线和各种电气元件或设备（开关、插座、配电箱及灯具等）敷设、安装在指定位置。

本章主要介绍电气照明施工图的基本内容、绘制、读图方法以及绝缘导线和电缆的选择、敷设方法；常用照明灯具和照明控制设备的具体安装方法。

9.1　电气照明施工图

电气照明工程施工图的识读首先需要了解电气照明施工图的要求以及设计总则，并熟悉各种照明设备、导线、开关电气的符号及其标注含义。

9.1.1　电气照明施工图概述

1. 对电气照明施工图的要求

电气照明施工图是指导施工人员安装、操作以及今后维护修理的重要技术资料，也是设备订货的依据，所以施工图纸表达要规范、准确、完整、清楚，文字要简洁。电气照明施工图的绘制应按国家现行的制图标准执行。现行的标准有：GB/T 4728—2008《电气简图用图形符号》和 GB/T 6988—2008《电气技术用文件的编制》，以及国家建筑标准设计图集《建筑电气工程设计常用图形和文字符号》（00D×001）。

照明设计中常用的图形符号见附录 B。

照明施工图其图纸资料一般应包括电气平面布置图、照明供电系统图、局部安装制图、施工说明及主要设备材料表，详细的还应包括建筑防雷等。

2. 设计总则

按我国目前的设计程序，多采用两阶段设计，即初步设计和施工图设计。各阶段的设计度和有关的设计内容等要求分述如下：

（1）初步设计。

1）初步设计的深度应满足下列要求：

①综合各项原始资料经过比较，确定电源、照度、布灯方案、配电方式等初步设计方案，作为编制施工图设计的依据。

②确定主要设备及材料规格和数量作为订货的依据。

③确定工程造价，据此控制工程投资。

④提出与其他工种的设计及概算有关系的技术要求，作为其他有关工种编制施工图设计

的依据。

2）说明书内容：

①照明电源、电压、容量、照度选择及配电系统形式的确定原则。

②光源与灯具的选择。

③导线的选择及线路控制方式的确定。

④检修照明控制原则，应急照明电源切换方式的确定。

3）图纸应表达的内容、深度：

①照明干线、配电箱、灯具、开关平面布置，并注明房间名称和照度。

②由配电箱引至各灯具和开关的支线，仅画出标准房间，多层建筑仅画标准层。

4）计算书照度计算、保护配合计算、线路电压损失计算等。

5）主要设备材料表统计出整个工种的一、二类机电产品和非标设备的数量及主要材料。

（2）施工图设计。

1）施工图设计深度的要求。

①据此编制施工图预算。

②设备材料和非标准设备的订货或加工。

③据此进行施工和安装。

2）图纸应表达的内容与深度。

①照明平面图：

a. 在建筑平面图的基础上绘制出配电箱、灯具、开关、插座、线路等平面布置，标出配电箱、干线及分支线路回路的编号。

b. 标注出线路走向、引入线规格、线路敷设方式和标高、灯具型号容量及安装方式和标高。

c. 多层建筑照明一般只绘制出标准层平面布置，对于较复杂的照明工程应绘制出局部平面图。

d. 图纸说明：电源电压、引入方式、照明负荷计算方法及容量、导线选型和敷设方式、设备安装高度、接地形式等。

②照明系统图：用单线图绘制，标出配电箱、开关、熔断器、导线型号、保护管径和敷设方法，以及用电设备名称等。

③照明控制图：包括照明控制原理图和特殊照明装置图。

④设备材料表：列出该工程所需主要设备和材料。

以上图纸及说明书的深度及要求，在实际工程中应根据工程的特点和具体情况可能有所变化，但一般希望应按照上述要求去做。

3. 建筑电气工程图的类别

（1）系统图：用规定的符号表示系统的组成和连接关系，它用单线将整个工程的供电线路示意连接起来，主要表示整个工程或某一项目的供电方案和方式，也可以表示某一装置各部分的关系。

供配电系统图（强电系统图）是表示供电方式、供电回路、电压等级及进户方式；标注回路个数、设备容量及启动方法、保护方式、计量方式、线路敷设方式，例如照明系统图等。

（2）平面图：是用设备、器具的图形符号和敷设的导线（电缆）或穿线管路的线条画在建筑物或安装场所，用以表示设备、器具、管线实际安装位置的水平投影图，是表示装置、器具、线路具体平面位置的图纸，例如照明平面图。

（3）原理图：表示控制原理的图纸，在施工过程中，指导调试工作。

（4）接线图：表示系统的接线关系的图纸，在施工过程中指导调试工作。

4. 建筑电气工程施工图的组成

电气工程施工图纸的组成有：首页、电气系统图、平面布置图、安装接线图、大样图和标准图。

（1）首页：主要包括目录、设计说明、图例、设备器材图表。

1）设计说明：一般是一套电气施工图的第一张图纸，主要包括工程概况、设计依据、设计范围、供配电设计、照明设计、线路敷设、设备安装、防雷接地、弱电系统和施工注意事项。识读一套电气施工图，首先应仔细阅读设计说明，通过阅读可以了解到工程的概况、施工所涉及到的内容、设计的依据、施工中的注意事项以及在图纸中未能表达清楚的事宜。

2）图例：即图形符号，通常只列出本套图纸中的涉及的图形符号，在图例中可以标注装置与器具的安装方式和安装高度。

3）设备器材表：包括工程中所使用的各种设备和材料的名称、型号、规格、数量等，表明本套图纸中的电气设备、器具及材料明细，它是编制购置设备、材料计划的重要依据之一。

（2）电气系统图：反映了系统的基本组成、主要电气设备、元件之间的连接情况以及它们的规格、型号、参数等，如照明工程的照明系统图等，指导组织定购，安装调试。

（3）平面布置图：是电气施工图中的重要图纸之一，如变、配电所电气设备安装平面图、照明平面图、防雷接地平面图等，用来表示电气设备的编号、名称、型号以及安装位置、线路的起始点、敷设部位、敷设方式及所用导线型号、规格、根数、管径大小等。通过阅读系统图，了解系统基本组成之后，就可以一句平面图编制工程预算和施工方案，然后组织施工，是指导施工与验收的依据。

（4）安装接线图：指导电气安装检查接线，包括电气设备的布置与接线，应与控制原理图对照阅读，进行系统的配线和调校。

（5）标准图集：指导施工及验收依据。

5. 建筑电气工程施工图的图形符号与文字符号

在电气工程图中，各种元件、设备、装置、线路及安装方法是用图形符号和文字符号表达的。阅读电气工程图，首先要了解和熟悉这些符号的形式、内容以及它们之间的相互关系。

图纸是工程"语言"，这种"语言"是采用规定符号的形式表示出来，符号分为文字符号及图形符号。熟悉和掌握"语言"是十分关键的。对了解设计者的意图、掌握安装工程项目、安装技术、施工准备、材料消耗、安装机具安排、工程质量、编制施工组织设计、工程施工图预算（或投标报价）意义十分重大。

（1）建筑电气工程施工图常用的图形符号。

电气图形符号是电气技术领域的重要信息语言。电气工程图中的文字和图形符号均按国家标准规定绘制。我国在 2000 年颁布了国家建筑标准设计图集 09DX001《建筑电气工程设计常用图形和文字符号》，现行的工程图全部使用该图集的符号。附录 B 对常见的一些电气符号进行了介绍。

（2）建筑电气工程施工图常用的文字符号。

在电气设备、装置和元器件旁边，常用文字符号标注表示电气设备、装置和元器件的名称、功能、状态和特征，文字符号可以作为限定符号与一般图形符号组合。文字符号通常由基本符号、辅助符号和数字序号组成。文字符号中的字母为英文字母。

1）基本文字符号。

基本文字符号用来表示电气设备、装置和元件以及线路的基本名称、特性，分为单字母符号和双字母符号。

单字母符号用来表示按国家标准划分的 23 大类电气设备、装置和元器件。双字母符号由单字母符号后面另加一个字母组成，目的是更详细和更具体地表示电气设备、装置和元器件的名称。

2）辅助文字符号。

辅助文字符号用来表示电气设备装置和元器件，也用来表示线路的功能、状态和特征。

在电气工程图中，一些特殊用途的接线端子、导线等，常采用一些专用文字符号标注。国家建筑标准设计图集 09DX001《建筑电气工程设计常用图形和文字符号》中常用文字标注标识包括电气设备的标注方法、安装方式的文字符号、供电条件用的文字符号、设备端子和特定导体的终端标识、电气设备常用项目种类的字母代码、常用辅助文字符号、导体的颜色标识等内容。表 9-1～表 9-4 是对部分常用文字符号进行介绍。

表 9-1　　　　　　　　　　　　　　电气设备的标注方法

序号	名称	标注方式	说　明	示　例
1	用电设备	$\dfrac{a}{b}$	a—设备编号或设备位号； b—额定功率（kW 或 kVA）	$\dfrac{M01}{37kW}$ M01 为电动机的设备编号； 37kW 为电动机容量
2	系统图电气箱（柜、屏）标注	$-a+b/c$	a—设备种类代号； b—设备安装位置的位置代号； c—设备型号	-AP01＋B1/XL21-15 表示动力配电箱种类代号为-AP01，位于地下一层
3	平面图电气箱（柜、屏）标注	$-a$	a—设备种类代号	-AP1 表示动力配电箱种类代号，在不会引起混淆时，可取消前级"-"
4	照明、安全、控制变压器标注	ab/cd	a—设备种类代号； b/c——次电压/二次电压； d—额定容量	TA1220/36V500VA 照明变压器 AT1 变比 220/36V 容量 500VA
5	照明灯具标注	$a-b\dfrac{c\times d\times L}{e}f$	a—灯数； b—型号或编号（无则省略）； c—每盏照明灯的灯泡数； d—灯泡安装容量； e—灯泡安装高度（m）； "—"表示吸顶安装； f—安装方式； L—光源种类	管型荧光灯的标注： 5-FAC41286P$\dfrac{2\times36}{3.5}$CS； 5 盏 FAC4128P 型灯具，灯管为双管 36W 荧光灯，灯具链吊安装，安装高度距地 3.5m

续表

序号	名称	标注方式	说 明	示 例
6	电缆桥架	$\dfrac{a \times b}{c}$	a—电缆桥架宽度（mm）； b—电缆桥架高度（mm）； c—电缆桥架安装高度（m）	$\dfrac{600 \times 150}{3.5}$ 电缆桥架宽度600mm； 电缆桥架高度150mm；电缆桥架安装高度距地3.5m
7	线路的标注	$ab-c(d \times e+f \times g)i-jh$	a—线缆编号； b—型号（无则省略）； c—线缆根数； d—电缆线芯数； e—线芯截面（mm²）； f—PE，N线芯数； g—线芯截面（mm²）； i—线路敷设方式； j—线路敷设部位； h—线路敷设安装高度	WP201 YJV-0.6/1kV-2（3×150+2×70）SC80-WS3.5 WP201为电缆的编号 YJV-0.6/1kV-2（3×150+2×70）为电缆的型号、规格，2根电缆并联连接； SC80表示电缆穿DN80的焊接钢管； WS3.5表示沿墙面明敷，高度距地3.5m
8	电缆与其他设施交叉点标注	$\dfrac{a-b-c-d}{e-f}$	a—保护管根数； b—保护管直径（mm）； c—保护管长度（m）； d—地面标高（m）； e—保护管埋设深度（m）； f—交叉点坐标	$\dfrac{6-DN100-2.0m-(-0.3m)}{-1.0m-(x=174.235, y=243.621)}$ 电缆与设施交叉，交叉点坐标为（x=174.235，y=243.621），埋设6根长2.0mDN100焊接钢管，钢管埋设深度为-1.0m（地面标高为-0.3m）上述字母根据需要可省略
9	断路器整定值	$\dfrac{a}{b}c$	a—脱扣器额定电流； b—脱扣器整定电流（脱扣器额定电流×整定倍数）； c—短延时整定时间（瞬时不标注）	$\dfrac{500A}{500A \times 3}0.2s$ 断路器脱扣器额定电流为500A； 动作整定值为1500A； 短延时整定值为0.2s

表 9-2   **线路敷设方式的标注**

序号	文字符号	名 称
1	SC	穿焊接钢管敷设
2	MT	穿电线管敷设
3	PC	穿硬塑料管敷设
4	CT	电缆桥架敷设
5	MR	金属线槽敷设
6	PR	塑料线槽敷设
7	M	用钢索敷设
8	KPC	穿聚氯乙烯塑料波纹电线管敷设
9	CP	穿金属软管敷设

续表

序号	文字符号	名　称
10	DB	直接埋设
11	TC	电缆沟敷设
12	CE	混凝土排管敷设

表 9-3　　　　　　　　　导线敷设部位的标注

序号	文字符号	名　称
1	AB	沿或跨梁（屋架）敷设
2	BC	暗敷在梁内
3	AC	沿或跨柱敷设
4	CLC	暗敷在柱内
5	WS	沿墙面敷设
6	WC	暗敷设在墙内
7	CE	沿顶棚或顶板面敷设
8	CC	暗敷设在屋面或顶板内
9	SCE	吊顶内敷设
10	F	地板或地面下敷设

表 9-4　　　　　　　　　灯具安装方式的标注

序号	文字符号	名　称
1	SW	线吊式
2	CS	链吊式
3	DS	管吊式
4	W	壁装式
5	C	吸顶式
6	R	嵌入式
7	CR	顶棚内安装
8	WR	墙壁内安装
9	S	支架上安装
10	CL	柱上安装
11	HM	座装

9.1.2　电气照明施工图的读图

1. 电气施工图的基本知识

（1）图幅。

图纸的幅面尺寸有六种规格，即 0 号，1 号，2 号，3 号，4 号，5 号。对于同一个项目尽量使用同一种规格的图纸，这样整齐划一，适合存档和使用，便于施工，具体尺寸见表 9-5。

表 9-5　　　　　　　　　　　　　**图幅尺寸**　　　　　　　　　　（单位：mm）

幅面代号	0	1	2	3	4	5
宽×长（$B×L$）（mm×mm）	841×1189	594×841	420×594	297×420	210×297	148×210
边宽	10	10	10	10	10	10
装订侧边宽	25	25	25	25	25	25

（2）图标。

图标亦称标题栏，是用来标注图纸名称（或工程名称、项目名称）、图号、比例、张次、设计单位、设计人员以及设计日期等内容的栏目。

图标的位置一般是在图纸的右下方，紧靠图纸边框线。

图标中文字的方向为看图的方向，即图中的说明、符号均以图标中的文字方向为准。

（3）比例。

电气设计图纸的图形比例均应遵守国家制图标准绘制。一般不可能画得跟实物一样大小，而必须按一定比例进行放大或缩小。例如，普通照明平面图多采用 1：100 的比例，当实物尺寸太小时，则需按一定比例放大，如将实物尺寸放大 10 倍绘制的图纸，其比例标为10：1。

一般情况下，照明平面布置图以 1：100 的比例绘制为宜；电力平面布置图多数以 1：100 的比例绘制，但少数情况下，也有以 1：50 或 1：200 的比例来绘制的。大样图可以适当放大比例。电气系统图、接线控制图可不按比例绘制，可绘制示意图。

（4）详图。

在按比例绘制图样时，常常会遇到因某一部分的尺寸太小而使该部分模糊不清的情况。为了详细表明这些地方的结构、做法及安装工艺要求，可采用放大比例的办法，将这些细部单独画出，这种图称为详图。

有的详图与总图在同一张图纸上，也有的详图与总图不在同一张图纸，这就要求用一种标志将详图与总图联系起来，使读图方便。我们将这种联系详图与总图的标志称为详图索引标志。

（5）图线。

图线中的各种线条均应符合制图标准中的有关要求。电气工程图中，常用的线型有：粗实线、虚线、波浪线、点画线、双点画线、细实线。

1）粗实线：在电路图上，粗实线表示主回路。

2）虚线：在电路图中，长虚线表示事故照明线路，短虚线表示钢索或屏蔽。

3）波浪线：在电路图中，波浪线表示移动式用电设备的软电缆或软电线。

4）点画线：在电路图中，点画线表示控制和信号线路。

5）双点画线：在电路图中，双点画线表示 36V 及以下的线路。

6）细实线：在电路图中，细实线表示控制回路或一般线路。

（6）字体。

图纸中的汉字采用直体长仿宋体。图中书写的各种字母和数字，采用斜体（右倾斜与水平线成75°角），当与汉字混合书写时，可采用直体字。物理量符号用斜体。汉字的笔划粗细为字高的1/15。各文种字母和数字的笔划粗细约为字高的1/7 或 1/8。字体的宽约为高度的

2/3。各种字体从左到右横向书写，排列整齐，不得滥用不规范的简化字和繁体字。

（7）标高。

在照明电气图中，为了将电气设备和线路安装或敷设在预想的高度，必须采取一定的规出电气设备安装高度。这种在图纸上确定的电气设备的安装高度或线路的敷设高度，称通常以建筑物室内的地平面作为标高的零点。高于零点的标高，以标高数字前面加"＋"号表示；低于零点的标高，以标高数字前面加"－"号表示，标高的单位用"m"表示。

2. 建筑电气工程施工图识图

（1）识图应具备的知识与技能。

为了准确无误的阅读电气工程施工图应具备如下的电气知识与技能。

1）熟练掌握电气图形符号、文字符号、标注方法及其含义，熟悉建筑电气工程制图标准、常用画法及图样类别。

2）熟悉建筑电气工程常用标准图册和图集、电气装置安装工程施工及验收规范、设计规范、安装工程质量验评标准及有关部门颁发的标准规范等。

3）掌握建筑电气工程各部分的主要知识内容，包括电力变压器、变配电装置的设置及其常用的控制保护电路和方式，掌握架空线路和电缆线路常用的安装方法，掌握室内电气线路、电气设备常用的安装方法及设置，掌握防雷接地技术及电气系统常用的保护方式，熟悉各弱电系统的线路设置等内容。

4）熟练掌握电气工程中常用的电气设备、元件和材料，包括变压器、电动机、开关柜、线缆、继电器、开关、管材、灯具、断路器、熔断器、电气控制装置等的性能、作用、工作原理及规格型号，了解其生产厂家和市场价格。

5）熟悉电气工程有关设计的规程规范及标准，了解设计的一般程序、内容和方法。

6）熟悉电气工程的安装工艺、程序和调试方法。

（2）读图的原则、方法及顺序。

就建筑电气施工图而言，一般遵循"六先六后"的原则。即：先强电后弱电、先系统后平面、先动力后照明、先下层后上层、先室内后室外、先简单后复杂。

在进行电气施工图阅读之前一定要熟悉电气图基本知识（表达形式、通用画法、图形符号、文字符号等），弄清图例、符号所代表的内容。常用的电气工程图例及文字符号可参见国家颁布的《建筑电气工程设计常用图形和文字符号》。在此基础上，熟悉建筑电气安装工程图的特点，同时掌握一定的阅读方法，这样才有可能比较迅速、全面的读懂图纸，实现读图的意图和目的。

阅读建筑电气安装工程图的方法没有统一的规定，针对一套电气施工图，一般应先按以下顺序阅读，然后针对某部分内容进行重点阅读。电气工程施工图的读图顺序为：标题栏→目录→设计说明→图例→系统图→平面图→接线图→标准图。

1）看标题栏：了解工程项目名称内容、设计单位、设计日期、绘图比例。

2）看目录：了解单位工程图纸的数量及各种图纸的编号。

3）看设计说明：了解工程概况、供电方式、以及安装技术要求。特别注意的是有些分项局部问题是在各分项工程图纸上说明的，看分项工程图纸时也要先看设计说明。

4）看图例：充分了解各图例符号所表示的设备器具名称及标注说明。

5）看系统图：各分项工程都有系统图，如变配电工程的供电系统图，电气工程的电力系统图，电气照明工程的照明系统图，了解主要设备、元件连接关系及它们的规格、型号、参数等，掌握该系统的组成概况。

6）看平面图：了解建筑物的平面布置、轴线、尺寸、比例、各种变配电设备、用电设备的编号、名称和它们在平面上的位置、各种变配电设备起点、终点、敷设方式及在建筑物中的走向。在通过阅读系统图了解了系统的组成概况之后，就可以依据平面图编制工程预算和施工方案，具体组织施工了，所以，对平面图必须熟读。

阅读平面图的一般顺序是按照总干线→总配电箱→分配电箱→用电器具。

7）看电路图、接线图：了解系统中用电设备控制原理，用来指导设备安装及调试工作，在进行控制系统调试及校线工作中，应依据功能关系上至下或从左至右逐个回路地阅读，电路图与接线图端子图配合阅读。熟悉电路中各电器的性能和特点，对读懂图纸将是一个极大的帮助。

8）看标准图：标准图详细表达设备、装置、器材的安装方式方法。

9）看设备材料表：设备材料表提供了该工程所使用的设备、材料的型号、规格、数量，是编制施工方案、编制预算、材料采购的重要依据。

此外，在识图时应抓住要点进行识读，如在明确负荷等级的基础上了解供电电源的来源、引入方式和路数；了解电源的进户方式是由室外低压架空引入还是电缆直埋引入；明确各配电回路的相序、路径、管线敷设部位、敷设方式以及导线的型号和根数；明确电气设备、器件的平面安装位置等。

电气施工与土建施工结合得非常紧密，施工中常常涉及各工种之间的配合问题。电气施工平面图只反映了电气设备的平面布置情况，结合土建施工图的阅读还可以了解电气设备的立体布设情况。

熟悉施工顺序，便于阅读电气施工图。如识读配电系统图、照明与插座平面图时，应首先了解室内配线的施工顺序。施工顺序如下：

①根据电气施工图确定设备安装位置、导线敷设方式、敷设路径及导线穿墙或楼板的位置；

②结合土建施工进行各种预埋件、线管、接线盒、保护管的预埋；

③装设绝缘支持物、线夹等，敷设导线；

④安装灯具、开关、插座及电气设备；

⑤进行导线绝缘测试、检查及通电试验；

⑥工程验收。

识读时，施工图中各图纸应协调配合阅读。对于具体工程来说，为说明配点关系时需有配线系统图；为说明电气设备、器件的具体安装位置时需要有平面布置图；未说明设备工作原理时需要有控制原理图；为表示元件连接关系时需要有安装接线图；为说明设备、材料的特性和参数时需要有设备材料表等。这些图纸各自的用途不同，但相互之间是有联系并协调一致的，因此，在识读时应根据需要，将各图纸结合起来识读，已达到对整个工程或分部项目全面了解的目的。

阅读图纸的顺序没有统一的规定，可以根据自己的需要，灵活掌握，并应有所侧重。可以根据需要，对一张图纸进行反复阅读。

（3）读图注意事项。

就建筑电气工程而言，读图时应注意如下事项：

1）注意阅读设计说明，尤其是施工注意事项及各分部分项工程的做法，特别是一些暗设线路、电气设备的基础及各种电气预埋件更与土建工程密切相关，读图时要结合其他专业图纸阅读。

2）注意系统图与系统图对照看，例如：供配电系统图与电力系统图、照明系统图对照看，核对其对应关系；系统图与平面图对照看，电力系统图与电力平面图对照看，照明系统图与照明平面图对照看，核对有无不对应的错误。看系统的组成与平面对应的位置，看系统图与平面图线路的敷设方式、线路的型号、规格是否保持一致。

3）注意看平面图的水平位置与其空间位置，要考虑管线缆在竖直高度上的敷设情况。对于多层建筑，要考虑相同位置上的元件、设备、管路的敷设，考虑标准层和非标准层的区别。

4）注意线路的标注，注意电缆的型号规格、注意导线的根数及线路的敷设方式。

5）注意核对图中标注的比例，特别是图纸较多且各图比例都不同时更应如此，因为导线、电缆、管路以及防雷线等以长度单位计算工作量的部分都需要用到比例。

6）读图时切记无头无绪、毫无章法，一般应以回路、房间、某一子系统或某一子项为单位，按读图程序一一阅读。每张图全部读完在进行下一张，在读图过程中遇到与其他图有关联的情况或标注说明时，应找出该图，但只读到关联部位了解连接方式即可，然后返回读完原图。

7）对每张图纸要进行精读，即要求熟悉每台设备和元件的安装位置及要求，每条管线的走向、布置及敷设要求，所有线缆的连接部位及接线要求，系统图、平面图及关联图样的标注应一致且无差错。

3. 建筑电气工程施工图识图实例

识读一套电气施工图，应轴线仔细阅读设计说明，通过阅读可以了解到工程的概况、施工所涉及的内容、设计的依据、施工中注意事项以及在图纸中未能表达清楚的事宜。

下面就以某一住宅楼为例，介绍建筑电气照明工程施工图识图。

（1）首页。

1）工程概况。

本工程为远洋城项目，位于辽宁省抚顺市。本建筑物为 55 号住宅楼，地上共 6 层，为住宅。总建筑面积为 $2337m^2$，建筑高度为 18.9m。结构形式为框剪结构，基础形式为桩基础。

2）设计依据。

①JGJ 242—2011《住宅建筑电气设计规范》

②GB 50368—2005《住宅建筑规范》

③JGJ 16—2008《民用建筑电气设计规范》

④GB 50054—2011《低压配电设计规范》

⑤GB 50057—2010《建筑物防雷设计规范》

⑥建设单位提供的技术资料。

⑦相关专业提出的工艺要求。

3）设计范围。

①本工程设计包括以下电气系统：

220/380V 配电系统；

建筑物防雷、接地系统。

②本工程电源分界点为地下一层入户电源箱进线开关。电源进建筑物的位置及过墙套管由本设计提供。

4）低压配电系统。

①本工程用电设备均为三级负荷。

②供电电源由小区变电所引来，经电缆埋设引至一层配电柜。

③电源电压为 220/380V 50Hz，采用 TN-C-S 接地系统。

5）用电指标。

①根据现行规范及建设单位要求，本工程住宅用电标准分别为每户 6kW（100m² 以下），每户 8kW（101～160m²）。

②计量：住宅每户一表，集中表箱单独计量；公共负荷用电在电源箱内设表计量。

6）线路敷设。

①电源进线采用 YJV22-0.6/1kV 型电缆直埋敷设，过墙穿钢管保护。

②配电干线采用 YJV-0.6/1kV 型电缆穿热镀锌钢管埋地敷设。

③照明回路导线均为 BV-2.5mm，其中 2～3 根导线穿 PC20 管保护，4～7 根导线穿 PC25 管保护。

④所有插座回路导线均为 BV-3×4 PC25 在墙、楼板内暗设。

⑤所有铜芯导线的耐压等级均为 0.45/0.75kV。

⑥所有插座回路、室外照明回路均设漏电断路器保护（30mA）。

⑦插座回路漏电保护器切断故障回路的时间不应大于 0.4s。

⑧本工程管线超长时在适当位置加设拉线盒。

⑨所有配电干线、±0.0 以下线路均穿 SC 钢管埋地敷设。

7）设备安装。

①住宅进线柜、低压配电柜均为落地安装于 150mm 高水泥台上。柜基础参见 04D702-1《常用低压配电设备安装》。

②集中电度表箱墙上暗装，中心距地 1.4m。

③住宅分户箱墙上暗装，底边距地 1.5m。

④跷板开关墙上暗装，底边距地 1.3m，距门口 150mm。

⑤所有插座均为墙上暗装，安装高度见图例表。卫生间、厨房内插座选用防潮、防溅型面板；有淋浴、浴缸的卫生间内插座必须设在 2 区以外。1.8 米以下插座均选用安全型插座。

8）电气照明系统：

①光源：户内各个房间均采用节能型环形荧光灯。走廊、楼梯间采用节能灯；卫生间等潮湿场所采用防水防尘型节能灯。灯具采用 I 类灯具。

②照度标准见表 9-6。

表 9-6   **设计中的照度标准值**

序号	主要房间名称	计算照度（Lx）	照明功率密度 LPD（W/m²）	光源类型
1	起居室	100	7	环形荧光灯
2	卧室	75	7	环形荧光灯
3	餐厅	150	7	环形荧光灯
4	厨房	100	7	环形荧光灯
5	卫生间	100	7	环形荧光灯

9）电气节能措施。

①灯具采用高效节能荧光灯，并要求配电子镇流器，$\cos\varphi > 0.9$。

②公共照明采用节能型灯具，并采用声光感应开关或延时开关控制。

③合理选择电缆、导线截面，减少电能损耗。

④要求通风，给排水电机选用高效节能型电机。

10）图例。见表 9-7。

表 9-7   **设计图中的图例**

序号	图例	名称	规格	备注
1	▭ AL1	住宅配电柜	见系统图	150mm 水泥台上安装
2	▭ AW	集中电度表箱	由当地电业局确定	中心距地 1.4m
3	▬ FHX	住宅分户箱	PZ-30	底边距地 1.5m
4	▬ AL	公共照明箱	PXT	底边距地 1.5m
5	Ⓢ	声光控感应灯（高效光源）	220V 25W	吸顶安装
6	⊗	节能灯（高效光源）	220V 25W	吸顶安装
7	◒	壁灯（高效光源）	220V 25W	底边距地 2.5m（室外为防水型）
8	⊛	防水防尘灯（高效光源）	220V 25W	吸顶安装
9	⊖	排气扇	见设施	见设施
10	⊽	单相二三孔插座	250V 10A	底边距地 0.5m，安全型
11	⊽K1	空调插座（柜式）	250V 16A	底边距地 0.5m，安全型
12	⊽K2	空调插座（壁挂式）	250V 16A	底边距地 2.0m，安全型
13	⊽X	洗衣机插座（自带开关）	250V 10A	底边距地 1.3m，安全型
14	⊽R	热水器插座	250V 16A	底边距地 2.3m，防溅型
15	⊽P	排烟机插座	250V 10A	底边距地 2.0m，安全型

序号	图例	名称	规格	备注
16		冰箱插座	250V　10A	底边距地 1.2m，安全型
17		厨房、卫生间备用插座	250V　10A	底边距地 1.3m，安全型
18		厨保插座	250V　10A	底边距地 0.3m，安全型
19		单，双，三，四联跷板开关	250V　10A	底边距地 1.3m
20		引上、引下线		
21		上引线、下引线		
22		由下引来并引上线		

（2）低压配电系统。

电力负荷根据其重要性和中断供电在政治上、经济上所造成的损失或影响的程度分为三级，即一级负荷、二级负荷、三级负荷以及一级负荷中特别重要的负荷。本工程为多层民用住宅，根据负荷分级的原则，所以用电设备均为三级负荷，配电系统图如图 9-1 所示。本工程供电电源由小区变电所引来，经电缆埋设引至一层配电柜 AL1，电源电压为 220/380V 50Hz，采用 TN-C-S 接地系统。进线电缆型号为 $YJV_{22}\text{-}4 \times 150\text{-}2 \times SC100\text{-}FC$，即 4 根截面积为 $150mm^2$ 的钢带铠装聚氯乙烯交联电缆，采用 2 根直径为 100mm 的钢管保护的方式地面下敷设。常见的聚氯乙烯绝缘铜芯电线的型号类型如表 9-8 所示，电力电缆型号和字母的具体含义如表 9-9 所示。

表 9-8　　　　　　　　　　常见的聚氯乙烯绝缘铜芯电线的型号类型

类　别	型　号	名　　称
绝缘电线	BV	铜芯聚氯乙烯绝缘电线
	BVR	铜芯聚氯乙烯软线
	BVV	铜芯聚氯乙烯绝缘聚氯乙烯护套线
绝缘软线	RVB	聚氯乙烯绝缘平型软线
	RVS	聚氯乙烯绝缘绞型软线
	RV	聚氯乙烯绝缘软线
	RVV	聚氯乙烯绝缘护套软线

表 9-9　　　　　　　　　　　常见的电力电缆型号字母的具体含义

序号	类别	字符		含义
1	绝缘	V		聚氯乙烯绝缘
		YJ		交联聚氯乙烯绝缘
		Z		纸绝缘
		X		橡皮绝缘
2	导体	T		铜芯（可省）
		L		铝芯
3	内护层	V		聚氯乙烯
		Y		聚乙烯
		Q		铅包
		LW		皱纹铝包
4	外护层	第一位数（铠装层类型）	0	无
			1	—
			2	双钢带铠装
			3	细圆钢丝铠装
			4	粗圆钢丝铠装
		第一位数（外被层类型）	0	无
			1	纤维线包
			2	聚氯乙烯外护套
			3	聚乙烯外护套
			4	—

　　配电柜 AL1 箱体尺寸为 700mm×1300mm×300mm，内设型号为 GL-315A/3P 的隔离开关和型号为 250H/225A/4P/500mA 带漏电保护的主断路器，225A 为其整定电流，4P 为四极，500mA 为其漏电动作电流。箱体内做重复接地后实现了 TN-C 到 TN-S 接地方式的转变，即 TN-C-S 接地方式。电力电缆经主断路器后根据工程具体情况分为四个支路，其中编号为 N1～N3 的支路分别为一、二单元的集中电表箱和公共电源箱供电，还有一条支路经 32A 保护熔断器及型号为 ASPFLD2-40/4 的浪涌保护器接地。根据负荷容量，N1 和 N2 支路由型号为 225H/160/3P 的断路器对支路电缆 YJV-4×70+1×35-SC100-FC 进行保护，其中 4×70 为相线 L1、L2、L3 和中性线 N 的截面积，1×35 为保护线 PE 的截面积。N3 支路由型号为 100H/32/3P 的断路器对支路电缆 YJV-5×6-SC32-FC 进行保护，由于该支路电流较小，因此，相线、中性线和保护线截面积相同。N1 支路电缆穿直径为 100mm 的钢管保护沿地暗敷至设置在一单元一楼的集中电表箱 AW1，箱体型号为 850mm×1310mm×180mm，电缆经型号为 225H/140A/3P 的断路器分为 12 条支路，每条支路上均装设电能计量表且根据计量容量的不同分为两种型号，每条支路均由型号为 63C/40A/2P 的断路器保护型号为 BV-3×10-PC32 的入户线穿硬质塑料管暗敷至每一户的住宅分户箱，根据容量及回路设置的不同，分户箱分为三种即 FHX1～FHX3。N2 支路为二单元供电支路与 N1 支路设置相同。N3 支路引至公共计量箱 AL-GG，住宅公共负荷用电由设在电源箱内电能计量表 DT862 单独计量，箱内分为 5 条支路，分别为公共照明、对讲门电源、放大器电源和浪涌保护器回路。

　　图 9-2～图 9-4 分别为三种分户箱内部回路图，根据现行规范及建设单位要求，本工程

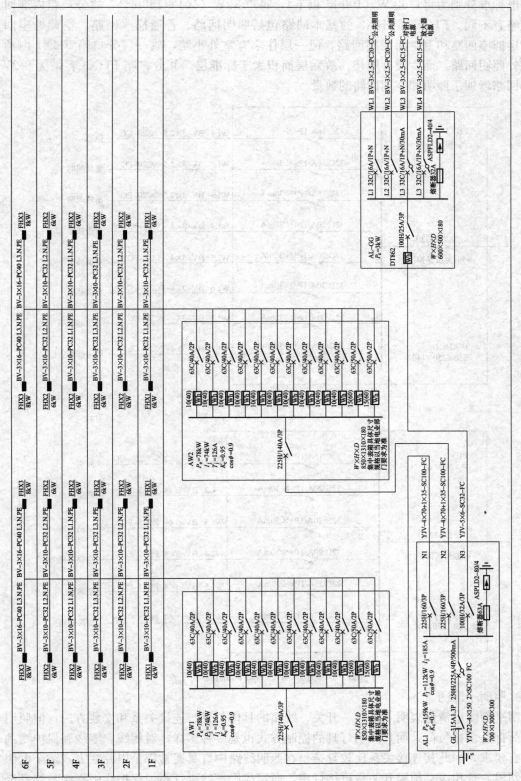

图 9-1　低压配电系统图

住宅用电标准分别为每户 6kW（100m² 以下），每户 8kW（101～160m²），故分户箱内部回路设置略有不同。FHX1～FHX3 的基本回路包括照明回路、普通插座回路、空调插座回路、厨房插座回路和卫生间插座回路，但一层住宅有室外小院，故一层分户箱 FHX1 内预留了室外照明回路，而六层有阁楼，故六层面积大于标准层，其分户箱 FHX3 容量为 8kW 且内部回路增加了照明和空调回路的数量。

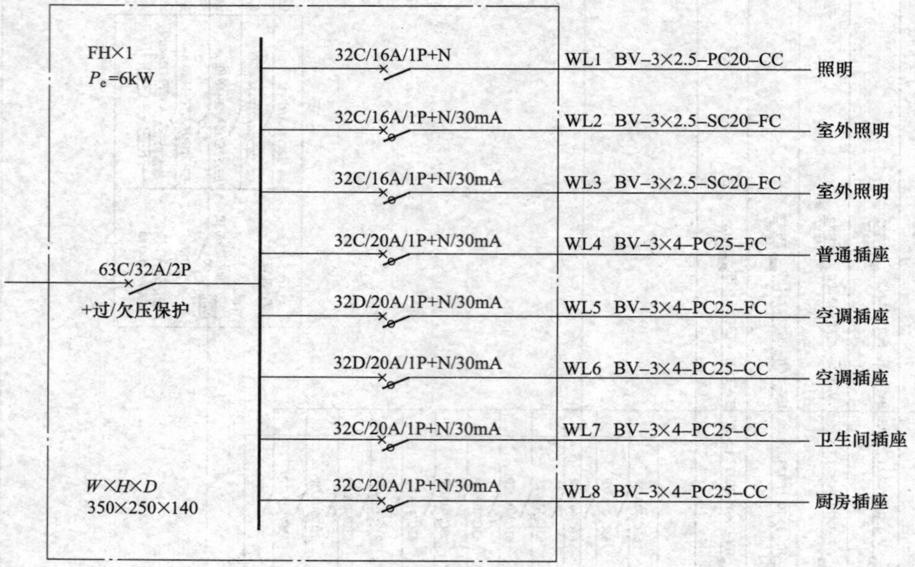

图 9-2　分户箱 FHX1 回路图

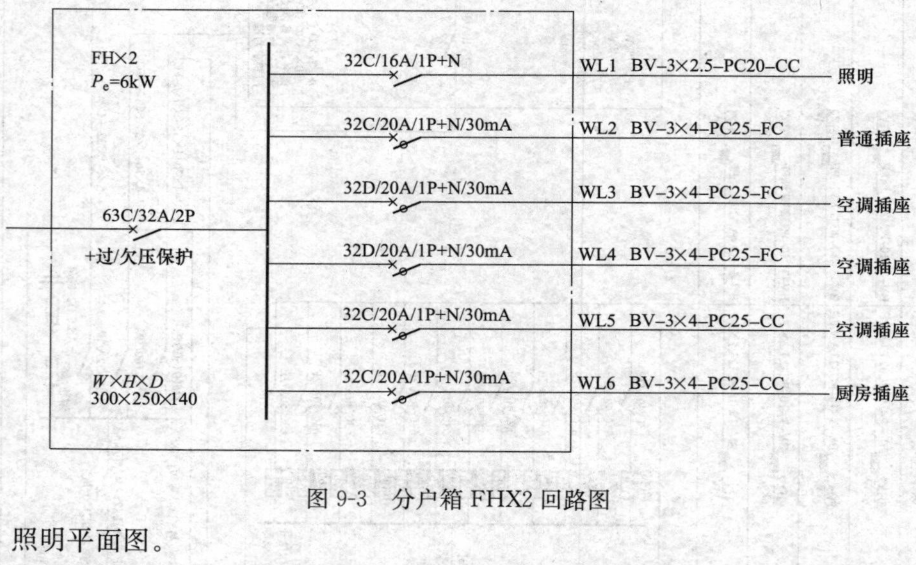

图 9-3　分户箱 FHX2 回路图

（3）照明平面图。

照明平面图中清楚表明了灯具、开关、线路的具体位置、连接关系和安装方法，但照明线路负荷都是单相负荷，而且照明灯具的控制方式也是多种多样，对相线、零线和保护线的连接各有要求，因此其连接关系比较复杂。在照明线路中灯具通常都是以并联方式结余电源进线的两段，且相线必须经开关后再接灯座，而零线则直接进灯座，保护线则直接与灯具金

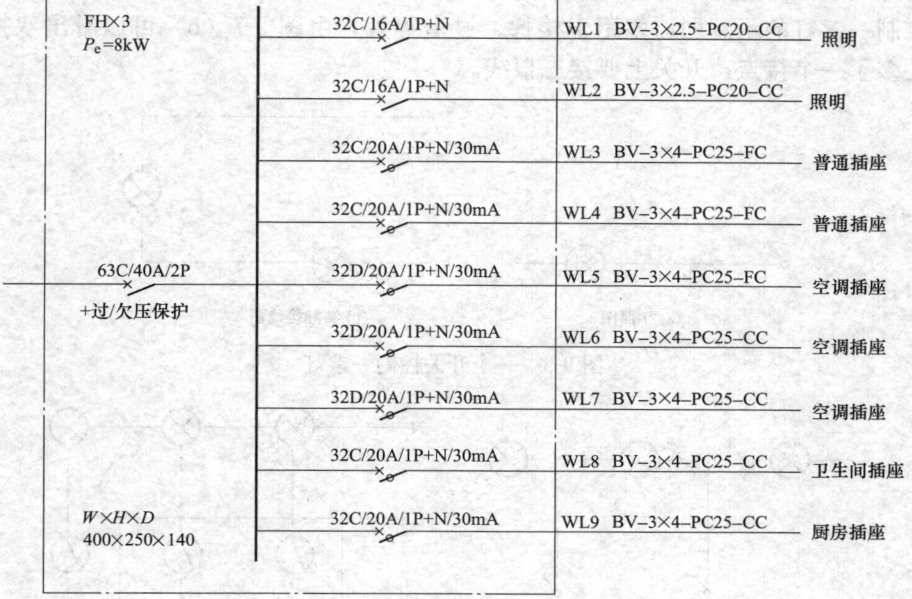

图 9-4　分户箱 FHX3 回路图

属外壳相连，这样就造成灯具之间、灯具与开关之间出现导线根数的变化，其变化规律要通过熟悉照明基本线路和配线基本要求才能掌握。此外，平面图只表示设备和线路的平面位置而很少反映空间高度，但在阅读是必须建立起空间的概念，否则在编制工程预算时容易造成垂直敷设管线的漏算。

在阅读照明平面图之前，首先熟悉一些电气照明的基本知识。按照方式的不同，照明方式一般可分为三种，即一般照明、局部照明和混合照明。一般照明就是使整个照明场所获得均匀明亮的水平照度，灯具在整个照明场所基本上均匀布置的照明方式，局部照明是为了满足照明范围内某些部位的特殊需要而设置的照明，由一般照明和局部照明共同组成的照明称之为混合照明。照明种类按用途分为工作照明、事故照明、警卫值班照明、障碍照明和装饰照明等，其中工作照明是为了满足正常工作而设置的照明，应急照明是在正常照明因事故熄灭后，供事故情况下继续工作或保证人员安全顺利疏散的照明。照明常说的灯实际上指的是电光源与灯具。根据光的产生原理，电光源主要分为热辐射光源，例如白炽灯和卤钨灯，还有就是气体放电光源，例如荧光灯、高压汞灯、钠灯等，近年来 LED 光源也应用越来越广泛了。灯具主要由灯座和灯罩等部件组成，起到固定和保护光源、控制光线，将光通量重新分配，以达到合理利用和避免眩光的目的。常见的灯具安装方式已在前面有所叙述，在此不再赘述。掌握照明基本控制线路是提高阅读照明平面图效率的基本保证，因为当灯具和开关的位置或者进线方向发生改变时，都会导致导线根数的变化。下面介绍几种常见的照明控制基本线路。一个开关控制一盏灯是最简单的照明平面布置，如图 9-5 所示，其中图 9-5（a）为平面图，图 9-5（b）为实际接线图，注意掌握平面图和实际接线图的区别。图 9-6 是多个开关控制多盏灯的平面图和实际接线图，双联开关控制两个灯，单联开关控制一个灯，由实际接线图可以看出，接两个灯座的零线和接两个开关的相线都是直接从干线中间引出的，因此，两盏灯之间及两盏灯与双控开关之间都是三根导线，其余为两根导线。图 9-7 是两只双控开关控制一盏灯的示意图，多用于楼梯、过道等处，由图 9-7（b）可以看出双控开关比普通开关多了一个接点，开关上要接三根线。

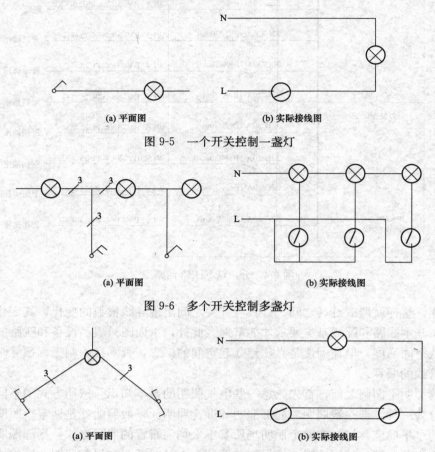

(a) 平面图　　　　　　　　　　　(b) 实际接线图

图 9-5　一个开关控制一盏灯

(a) 平面图　　　　　　　　　　　(b) 实际接线图

图 9-6　多个开关控制多盏灯

(a) 平面图　　　　　　　　　　　(b) 实际接线图

图 9-7　两只双控开关控制一盏灯

上面图中都没有画出 PE 线的情况，现有的电气设计规范中对照明回路进行了 PE 线的要求，即照明回路中必须接有 PE 线。图 9-8 是带有 PE 线的 2 个房间的照明平面示意图和实际接线图。

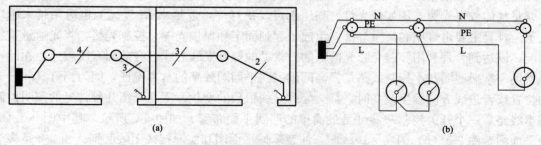

(a)　　　　　　　　　　　　　　　　(b)

图 9-8　室内照明平面图与实际接线图

在熟悉照明基本知识后，我们来阅读本工程的标准层照明平面图，如图 9-9 所示，从图

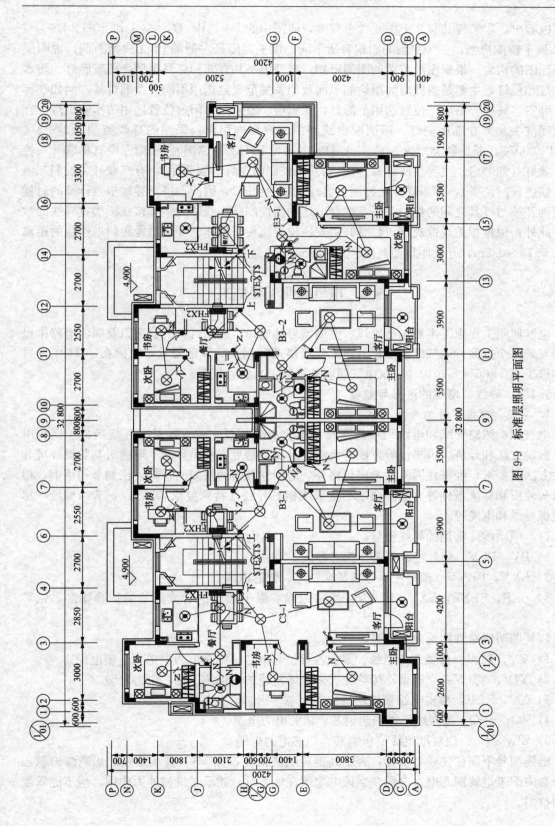

图 9-9　标准层照明平面图

中可以看出，本工程共有 2 个单元 3 个户型，即图中的 B3-1(B3-2)，C3-1 和 E3-1，B3-1 与 B3-2 属于镜像户型，三个户型的面积有所不同。以平面图最左侧的 C3-1 户型为例，说明照明平面图的构成。根据图纸首页的图例可知，户型中一共有 3 种灯具类型，即节能灯、防水防尘灯和壁灯，主要是按照房间用途的不同及相关规范规定选用不同类型的灯具，例如在客厅、卧室、餐厅、书房等位置选用节能灯，在厨房、卫生间、阳台位置选用防水防尘灯，在卫生间洗手盆上方选用壁灯。照明配电线路由分户箱内引出，采用的导线类型为 BV-3×2.5-PC20-CC，断路器类型为 32C/16A/1P＋N（见 FHX2 回路图）。平面图中有单联开关控制一盏灯（如书房、主卧、次卧），有双联开关控制两个灯（如客厅），有三联开关控制三盏灯（如进户门位置），有四联开关控制五盏灯（如卫生间），因此在进行导线根数计算的时候要明确开关与灯具之间的控制关系，结合上述照明控制基本线路的实际接线图确定导线的数量。此外，根据相关规范规定，灯具开关安装位置应便于操作，开关边缘距门框边缘的距离宜为 0.15～0.2m，开关距地面高度宜为 1.3m。

9.2　电气照明工程施工

电气照明工程施工主要包括导线、电缆型号的选择；照明灯具的安装以及照明电路中设备的安装几个方面。电气照明工程的施工要严格遵守相关的规范要求，我国在 2011 年 6 月起实施了 GB 50617—2010《建筑电气照明装置施工与验收规范》。

9.2.1　导线、电缆的选择与敷设

1. 导线、电缆型号的选择

电气照明线路导线和电缆型号的选择根据自身的特点和要求，考虑环境条件、运行电压、敷设方法和经济、可靠性等方面的要求。自身的特点主要是导线、电缆对其敷设环境和敷设方法的要求；经济性因素除考虑价格外，应当注意节约短缺的材料，比如节约用铜，根据负荷性质和环境条件等方面的要求尽量采用铝芯导线（特殊要求者除外）；节约橡胶，尽量绝缘导线和电缆等。

（1）照明线路常用的导线型号。

1）BV，BLV：塑料绝缘铜芯、铝芯导线。

2）BVV，BLVV：塑料绝缘塑料护套铜芯、铝芯电线。

3）BXF，BLXF，BXY，BLXY：橡皮绝缘、聚丁橡胶护套或聚乙烯护套铜芯、铝芯电线。

（2）照明线路常用的电缆型号。

1）VV，BLV：聚氯乙烯绝缘、聚氯乙烯护套铜芯、铝芯电力电缆（全塑电缆）。

2）YJV，YJLV：交联聚乙烯绝缘、聚乙烯绝缘护套铜芯、铝芯电力电缆。

3）XV，XLV：橡皮绝缘聚氯乙烯护套铜芯、铝芯电力电缆。

4）ZQ，ZLQ：油浸纸绝缘铅包铜芯、铝芯电力电缆。

5）ZL，ZLL：油浸纸绝缘铅包铜芯、铝芯电力电缆。

电缆型号下面往往还有下标，表示其铠装层的情况，如 VV_{20} 表示聚氯乙烯绝缘聚氯乙烯护套内钢带铠装铜芯电力电缆。当该电缆埋在地下时，能承受机械外力作用，但不能承受大的拉力。

2．绝缘导线的敷设

通常对绝缘导线、电缆型号和敷设方式的选择是一起考虑的，导线敷设方式的选择主要考虑安全、经济和适当的美观，并取决于环境条件。

（1）按使用环境选择布线方式。

照明线路的敷设方式应在综合考虑建筑的功能、室内装饰的要求和使用环境等因素，经照明工程技术经济比较后来选定，其中首选的因素是使用环境，根据使用环境的不同，可将导线的敷设方式分为室内和室外敷设两种。建筑电气照明工程绝大多数以室内的配线为主，且都有明敷设和暗敷设两种敷设方法。

（2）绝缘导线的明敷设。

在室内敷设的线路中一般采用护套绝缘导线明敷和绝缘导线明敷方式。明敷设是将导线沿墙壁、天花板、桁架、柱子等明处敷设。明配线通常有瓷（塑）夹板配线、瓷瓶配线、瓷珠（瓷柱）配线、木槽板配线、钢（塑料）管配线、铅皮卡配线、塑料钢钉电线卡配线以及钢索配等配线方式。现有照明工程中明敷设方式相对来讲使用情况较少。

（3）绝缘导线穿管敷设。

照明线路的穿管敷设包括穿钢管、塑料管、波纹管等方式。

1）明钢管敷设。

①根据图纸确定照明电器设备的安装位置。

②用线锤、灰线包进行划线，划出管路走向的中心线和管路的交叉位置。

③按进线位置，根据设计的明配管敷设方式，在建筑物上安装支承明配管的支架、吊架或其他的支承物。

④将加工好的管子按管线的长度和形状通过管卡固定在支架、吊架或其他支承物上。

⑤管子之间的连接可采用丝扣连接或加套管连接。采用丝扣连接时，要焊接跨接地线；采用套管连接时，套管长度为连接管外径的 1.5～3 倍。

⑥钢管与配电箱、盘、开关盒、拉线盒、灯头盒、插座盒等用套丝连接，用锁母锁紧，或用护圈固定，并露出丝扣 2～4 扣。

⑦钢管与电动机等设备之间一般用软管连接，在室外或潮湿房屋内要采用防湿软管或在管口装设防水弯头。管口距地高度为 200mm。软管与钢管、软管与设备之间要用软管接头连接，软管在设备上应用管卡固定，且管卡间距不应大于 1m。

2）暗钢管敷设。

①首先熟悉图纸，并根据图纸确定灯头盒、接线盒、配管及其他设备的位置。

②根据图纸并对照土建施工的现场确定敷设线路的长度，按其长度和弯曲程度配制钢锯、套丝等工艺过程。

③当暗管敷设在现浇的混凝土楼板时，在支好楼板，尚未绑扎钢筋时，将钢管等按确定的位置固定在模板上，并在管和模板之间加垫块，垫块厚度在 15mm 以上。在将钢管、盒等固定在模板上时，应将钢管、盒等连接在一起。钢管与钢管之间用套管连接，套管长度一般为钢管外径的 1.5～3 倍；钢管与盒之间可采用焊接的方法固定，其管口露出盒的长度应在 5mm 以上。

④为形成良好的接地，钢管与钢管之间的连接、钢管与盒之间的连接，在其连接处均应焊上跨接地线，使金属壳、管等连接成一个整体进行接地。

⑤为防止水泥、砂浆、杂物等进入管内或盒内，必须在钢管内穿好铅丝，在管口堵上木塞或废纸，在盒内填满硬质泡沫、废纸或木屑。

⑥敷设完毕后，应按图纸进行仔细检查，以防遗漏和出错。

3）塑料管的敷设。

目前，用作电气管线的塑料管有聚氯乙烯硬塑料管、塑料电线管（亦称半硬塑料管或流态管）和波纹管。

①硬塑料管的敷设：硬塑料管的敷设方式与钢管基本相同，这里只介绍其特殊要求。

a. 当塑料管穿越墙壁、楼板或易受机械损伤的部位时，应加装金属套管，且套管两端应伸出墙或楼板 10mm。

b. 由于塑料管线膨胀系数较大，因此在直线管及室外管路每 15m 处都要加装伸缩补偿装置。

c. 塑料管明敷设时，固定点之间的距离应均匀，管卡（或支架）与终端、转中点、电气器具以及接线盒边缘之间的距离为 150～500mm。中间管卡的最大距离应满足：硬塑料管的内径在 20mm 以下时，不大于 1.0m；硬塑料管的内径在 25～40mm 时，不大于 1.5m；硬塑料管的内径在 50mm 以下时，不大于 2.0m。

②半硬塑料管的敷设：半硬塑料管（塑料电线管）适用于一般民用建筑的照明工程，不得将其敷设在高温场所或顶棚内；半硬塑料管的连接应使用套管粘接法，套管的长度不应小于连接管外径的 2 倍，弯曲半径不应小于管外径的 6 倍；半硬塑料管在敷设时，应尽量减少。当线路直线段长度超过 15m 或直角弯超过 3 个时，应加装接线盒。

波纹管的敷设与半硬塑料管相同。

3. 电缆线路的敷设

（1）电缆的明敷。

电缆可在排管、电缆沟、电缆隧道内敷设，室外电缆可以架空敷设，室内电缆通常采用托架或托盘明敷。电缆在室内明设时，不应有黄麻或其他可延燃的外被层。无铠装的电缆在室内明设时，水平敷设至地面的距离不应小于 2.5m；垂直敷设至地面的距离不应小于 1.8m，否则应有防止机械损伤的措施，但明敷在电气专用房间（如配电室、电机室等）内时例外。

架空明敷的电缆与热力管道的净距不应小于 1m，否则应采取隔热措施。电缆与非热力管道的净距不应小于 0.5m，否则应在与管道接近的电缆段上，以及由该段两端向外延伸不、于 0.5m 以内的电缆段上，采取防止机械损伤的措施。

相同电压的电缆并列明敷时，电缆的净距不小于 35mm，且不应小于电缆外径，但在线槽内敷设时除外。

（2）电缆的暗敷。

电缆在室内埋地敷设时，或电缆穿墙、穿楼板时，应穿管或采取其他保护措施，穿管内径应不小于电缆外径的 1.5 倍。

低压电缆由低压配电室引出后，一般沿电缆隧道、电缆沟或电缆托架、托盘进入电缆竖井，然后沿支架垂直上升。为了缩短室内电缆沟或电缆隧道长度，低压配电室应尽量布置在紧靠竖井的地方。

9.2.2　照明灯具的安装

1. 照明灯具安装施工准备

（1）材料准备。

1) 型材：常用的角钢、工字钢、铝合金板材、不锈钢板材等。

2) 紧固件：常用的有膨胀螺栓、自攻螺钉、木螺钉等。

3) 电器器材：电线、插头、插座、开关、焊锡、焊锡膏、绝缘粘包带等。

4) 灯具：灯具吊杆、灯具成套件、成品灯具、照明器等。

(2) 工具准备。

1) 手工工具：克丝钳、旋具、电工刀、活扳手、手锯、锉、开孔器、木钻直卷尺、线锤、角尺等。

2) 电动工具：手电钻、电锤、型材切割机、电动扳手、电动旋具、套丝机等。

3) 气动工具：气动扳手、手动旋具、气动钻。

2. 电气照明装置施工规定

GB 50617—2010《建筑电气照明装置施工与验收规范》对照明灯具的安装进行了相应的规定，包括灯具安装的基本规定和一般规定、常用灯具与专用灯具的安装规定。

(1) 照明装置施工的基本规定。

1) 照明工程采用的设备，材料及配件进入施工现场应有清单，使用说明书，合格证明文件，检验报告等文件，当设计文案有要求时，尚需提供电磁兼容检测报告。进口照明设备除应符合相关规定外，尚应提供商检证明以及中文的安装，使用，维修等技术文件列入国家强制认证产品目录的照明装置必须有强制性认证标识，并有相应认证证书。

2) 设备及器材到达施工现场后，应按下列要求进行检查：

①技术文件应齐全。

②型号，规格应符合设计要求。

③灯具及其附件应齐全，适配，并无损伤，变形，涂层剥落和灯罩破裂等缺陷。

④开关，插座的面板及接线盒盒体完整，无碎裂，零件齐全，风扇无损坏，涂层完整，调速器等附件适配。

3) 民用建筑内的照明设备应符合节能要求，未经建设单位现场代表或监理工程师签字确认，照明设备不得安装。

4) 施工中的安全技术措施，应符合本规范和国家现行的有关标准及产品技术文件的规定。对关键工序，尚应事先制定有针对性的安全技术措施。

5) 电气照明装置施工前，建筑工程应符合下列规定：

①与电气照明装置相关的预留预埋工作应隐蔽验收合格。

②有碍照明装置安装的模板，脚手架应拆除。

③顶棚，墙面等抹灰和装饰工作应结束，地面清理工作应完成。

6) 在砌体和混凝土结构上严禁使用木楔，尼龙塞和塑料塞安装固定电气照明装置。

7) 当在装饰材料墙面上应安装照明设备时，接线盒口应与装饰面平齐。导管管径大小应与接线盒孔径相匹配，导管应与接线盒连接紧密。

8) 电气照明设备的接线应牢固，接触良好；需接保护接地线（PE）的灯具，开关，插座等不带电的外露可导电部分，应有明显的接地螺栓。

9) 安装在绝缘台上的电气照明设备，其电线的端头绝缘部分应伸出绝缘台的表面。

10) 防爆照明装置的验收应符合现行国家标准 GB 50257《电气装备安装工程爆炸和火灾危险环境电气装置施工及验收规范》的有关规定。

11）电气照明装置施工结束后，应及时修复施工中造成的建筑物破损。

（2）照明灯具安装的一般规定。

1）灯具的灯头及接线应符合下列规定：

①灯头绝缘外壳不应有破损或裂纹等缺陷，带开关的灯头，开关手柄不应有裸露的金属部分；

②连接吊灯灯头的软线应做保护扣，两端芯线应搪锡压线，当采取螺口灯头时，相线应接于灯头中间触点的端子上。

2）成套灯具的带电部分对地绝缘电阻值不应小于 2MΩ。

3）引向单个灯具的电线线芯截面积应与灯具功率相匹配，电线线芯最小允许截面积不应小于 1mm²。

4）灯具表面及其附件等高温部位靠近可燃物时，应采用隔离、散热等防火保护措施。以卤钨灯或额定功率大于等于 100W 的白炽灯泡为光源时，其吸顶灯、槽灯、嵌入灯应采用瓷质灯头，引入线应采用瓷管、矿棉等不燃材料作隔热保护。

5）变电所内，高低压配电设备及裸母线的正上方不应安装灯具，灯具与裸母线的水平净距不应小于 1m。

6）当设计无要求时，室外墙上安装的灯具，灯具底部距地面的高度不应小于 2.5m。

7）安装在公共场所的大型灯具的玻璃罩，应有防止玻璃罩坠落或碎裂后向下溅落伤人的措施。

8）聚光灯和类似灯具出光口面与被照物体的最短距离应符合产品技术文件要求。

9）卫生间照明灯具不宜安装在便器或浴缸正上方。

10）当镇流器、触发器、应急电源等灯具附件与灯具分离安装时，应固定可靠；在顶棚内安装时，不得直接固定在顶棚上；灯具附件与灯具本体之间的连接电线应穿导管保护，电线不得外露。触发器至光源的线路长度不应超过产品的规定值。

11）露天安装的灯具及其附件、紧固件、底座和与其相连的导管、接线盒等应有防腐蚀和防水措施。

12）I类灯具的不带电的外露可导电部分必须与保护接地线（PE）可靠连接，且应有标识。

13）因特定条件而采用的非定型灯具在尚未由第三方检测其安全、光学及电气性能合格前，不应使用。

14）成排安装的灯具中心线偏差不应大于 5mm。

15）质量大于 10kg 的灯具，其固定装置应按 5 倍灯具重量的恒定均布载荷数作强度试验，历时 15min，固定装置的部件应无明显变形。

16）带有自动通、断电源控制装置的灯具，动作应准确、可靠。

（3）常用灯具的安装要求。

1）吸顶或墙面上安装的灯具固定用的螺栓或螺钉不应少于 2 个，室外安装的壁灯其泄水孔应在灯具腔体的底部，绝缘台与墙面接线盒盒口之间应有防水措施。

2）悬吊式灯具安装应符合下列规定：

①带升降器的软线吊灯在吊线展开后，灯具下沿应高于工作平台 0.3m。

②质量大于 0.5kg 的软线吊灯，应增设吊链（绳）。

③质量大于 3kg 的悬吊灯具，应固定在吊钩上，吊钩的圆钢直径不应小于灯具挂销直径，且不应小于 6mm。

④采用钢管作灯的吊环时，钢管应有防腐措施，其内径不应小于 10mm，壁厚不应小于 1.5mm。

3）嵌入式灯具安装应符合下列规定：

①灯具的边框应紧贴安装面。

②多边形灯具应固定在专设的框架或专用吊链（杆）上，固定用的螺钉不用少于 4 个。

③接线盒引向灯具的电线应采用导管保护，电线不得裸露；导管与灯具壳体应采用专用接头连接。当采用金属软管时，其长度不宜大于 1.2m。

4）投光灯的底座及支架应固定牢固，枢轴应沿需要的光轴方向拧紧固定。

5）导轨灯安装前应核对灯具功率和在何雨导轨额定载流量和载荷相适配。

6）庭院灯，建筑物附属路灯，广场高杆灯安装应符合下列规定：

①灯具与基础应固定可靠，地脚螺栓应有防松措施，灯具接线盒盒盖防水密封垫齐全，完整。

②每套灯具应在相线上装设相配套的保护装置。

③灯杆的检修门应有防水措施，并设置需使用专用工具开启的闭锁防盗装置。

7）高压汞灯，高压钠灯，金属卤化物灯安装应符合下列规定：

①光源及附件必须与镇流器，触发器和限流器配套使用。触发器与灯具本体的距离应符合产品技术文件要求。

②灯具的额定电压，支架形式和安装方式应符合要求。

③电源线应经接线柱连接，不应使电源线靠近灯具表面。

④光源的安装朝向应符合产品文件要求。

8）安装线槽或封闭插接式照明母线下方的灯具应符合下列规定：

①灯具与线槽或封闭插接式照明母线连接应采用专用固定件固定，固定应可靠。

②线槽或封闭插接式照明母线应带有插接灯具用的电源插座；电源插座宜设置在线槽或封闭插接式照明母线的侧面。

9）埋地灯安装应符合下列规定：

①埋地灯防护等级应符合设计要求。

②埋地灯光源的功率不应超过灯具的额定功率。

③埋地灯接线盒应采用防水接线盒，盒内电线接头应做防水，绝缘处理。

（4）专用灯具的安装要求。

1）应急照明灯具安装应符合下列规定：

①应急照明灯具必须采用经消防检测中心检测合格的产品。

②安全出口标志等应设置在疏散方向的里侧上方，灯具旁边宜在门框（套）上方 0.2m。地面上的疏散指示标志灯，应有防止被重物或外力损坏的措施。当厅室面积较大，疏散指示灯无法装设在墙面上时，宜装设在顶棚下且距地面高度不宜大于 2.5m。

③疏散照明灯投入使用后，应检查灯具始终处于点亮状态。

④应急照明灯回路的设置除符合设计要求外，尚应符合防火分区设置的要求。

⑤应急照明灯具安装完毕，应检验灯具电源转换时间，其值为：备用照明不应大于 5s；

金融商业交易场所不应大于 1.5s；疏散照明不应大于 5s；安全照明不应大于 0.25s。应急照明最少持续供电时间应符合设计要求。

2）霓虹灯的安装应符合下列规定：

①灯管应完好，无破裂。

②灯管应采用专用的绝缘支架固定，固定应牢固可靠。固定后的灯管与建筑物，构筑物表面的距离不应小于 20mm。

③霓虹灯灯管长度不应超过允许最大长度。专用变压器在顶棚内安装时，应固定可靠，有防火措施，并不宜被非检修人员触及，在室外安装时，应有防雨措施。

④霓虹灯专用变压器的二次侧电线和灯管间的连接线应采用额定电压不低于 15kV 的高压绝缘电线。二次侧电线与建筑物，构筑物表面的距离不应小于 20mm。

⑤霓虹灯托架及其附着基面应用难燃或不燃材料制作，固定可靠。室外安装时，应耐风压，安装牢固。

3）建筑物景观照明灯具安装应符合下列规定：

①在人行道等人员来往密集场所安装的灯具，无围栏防护时灯具底部距地面高度应在 2.5m 以上。

②灯具及其金属构架和金属保护管与保护接地线（PE）应连接可靠，且有标识。

③灯具的节能分级应符合设计要求。

4）航空障碍标志灯安装应符合下列规定：

①灯具安装牢固可靠，且应设置维修和更换光源的设施。

②灯具安装在屋面接闪器保护范围外时，应设置避雷小针，并于屋面接闪器可靠连接。

③当灯具在烟囱顶上安装时，应安装在低于烟囱口 1.5~3m 的部位且呈正三角形水平布置。

5）手术台无影灯安装应符合下列规定：

①固定灯座的螺栓数量不应少于灯具法兰底座上的固定孔数，螺栓直径应与孔径匹配，螺栓应采用双螺母锁紧。

②固定无影灯基座的金属构架应与楼板内的预埋作焊接连接，不应采用膨胀螺栓固定。

③开关至灯具的电线应采用额定电压不低于 450V/750V 的铜芯多股绝缘电线。

6）紫外线杀菌灯的安装位置不得随意变更，其控制开关应有明显标识，且与普通照明开关位置分开设置。

7）游泳池和类似场所用灯具，其安装前应检查其防护等级，自电源引入灯具的导管必须采用绝缘导管，严禁采样金属或有金属护层的导管。

8）建筑五彩灯安装应符合下列规定：

①当建筑五彩灯采用防雨专用灯具时，其灯罩应拧紧，灯具应有泄水孔。

②建筑物彩灯宜采用 LED 等节能新型光源，不应采用白炽灯泡。

③彩灯配管应为热浸镀锌钢管，按明配敷设，并采用配套的防水接线盒，其密封应完好，管路，管盒间采用螺纹连接，连接处的两端用专用接地卡固定跨接接地线，跨接接地线采用绿/黄双色铜芯软电线，截面积不应小于 4mm^2。

④彩灯的金属导管，金属支架，钢索等应与保护接地线（PE）连接可靠。

9）太阳能灯具安装应符合下列规定：

①灯具表面应平整光洁，色泽均匀，产品无明显的裂痕，划痕，缺损，锈蚀及变形，表面漆膜不应有明显的流挂，起泡，橘皮，针孔，咬底，渗色和杂质等缺陷。

②灯具内部短路保护，负载过载保护，反向放电保护，极性反接保护功能应齐全，正确。

③太阳能灯具应安装在光照充足，五遮挡的地方，应避免靠近热源。

④太阳能电池组件应根据安装地区的纬度，调整电池板的朝向和仰角，使受光时间最长，迎光面上五遮挡物阴影，上方不应有直射光源，电池组件与支架连接时应牢固可靠，组件的输出线不应裸露，并用扎带绑扎固定。

⑤蓄电池在运输，安装过程中不得倒置，不得放置在潮湿处，且不应暴晒于太阳光下。

⑥系统接线顺序应为蓄电池-电池板-负载；系统拆卸顺序应为负载-电池板-蓄电池。

⑦灯具与基础固定可靠，地脚螺栓应有防松措施，灯具接线盒盖的防水密封垫应完整。

10）洁净场所灯具安装应符合下列规定：

①灯具安装时，灯具与顶棚之间的间隙应用密封胶条和衬垫密封，密封胶条和衬垫应平整，不得扭曲，折叠。

②灯具安装完毕后，应清楚灯具表面的灰尘。

11）防爆灯具安装应符合下列规定：

①检查灯具的防爆标志，外壳防护等级和温度组别应与爆炸危险环境相适配。

②灯具的外壳应完整，无损伤，凹陷变形，灯罩无裂纹，金属护网无扭曲变形，防爆标志清晰。

③灯具的紧固螺栓应无松动，锈蚀现象，密封垫圈完好。

④灯具附件应齐全，不得使用非防爆零件代替防爆灯具配件。

⑤灯具的安装位置应离开释放源，且不得在各种管道的泄压口及排放口上方或下方。

⑥导管与防爆灯具，接线盒之间连接应紧密，密封完好，螺纹啮合扣数应不少于 5 扣，并应在螺纹上涂以电气复合酯或导电性防锈酯。

⑦防爆弯管工矿灯应在弯管处用镀锌链条或型钢拉杆加固。

3. 照明灯具的安装

（1）吸顶灯的安装。

1）位置的确定。

现浇混凝土楼板，当室内只有一盏灯时，其灯位盒应设在纵横轴线中心的交叉处。有两盏灯时，灯位盒应设在长轴线中心与墙内净距离 1/4 的交叉处。设置几何图形组成的灯位，灯位盒的位置应相互对称。

预制空心楼板内配管管路需沿板缝敷设时，要安排好楼板的排列次序，调整好灯位盒处板缝的宽度使安装对称。室内只有一盏灯，灯位盒应尽量设在室内中心的板缝内。

当灯位无法设在屋中心时，应设在略偏向窗户一侧的板缝内。如果室内设有两盏（排）灯时，两灯位之间的距离，应尽量等于灯位盒与墙距离的 2 倍。室内有梁时灯位盒距梁侧面的距离，应与距墙的距离相同。楼（屋）面板上，设置三个及以上成排灯位盒时，应沿灯位盒中心处拉通线定灯位，成排的灯位盒应在同一条直线上，允许偏差不应大于 5mm。

住宅楼厨房灯位盒应设在厨房间的中心处。卫生间吸顶灯灯位盒，应配合给排水、暖通专业，确定适当的位置，在窄面的中心处，灯位盒及配管距预留孔边缘不应小于 200mm。

2）大（重）型灯具预埋件设置。

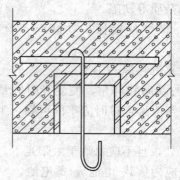

图 9-10 现浇楼板灯具吊钩做法

在楼（屋）面板上安装大（重）型灯具时，应在楼板层管子敷设的同时，预埋悬挂吊钩。吊钩圆钢的直径不应小于灯具吊挂销钉的直径，且不应小于 6mm，吊钩应弯成 T 字形或 Γ 形，吊钩应由盒中心穿下。

现浇混凝土楼板内预埋吊钩，应将 Γ 形吊钩与混凝土中的钢筋相焊接，如无条件焊接时，应与主筋绑扎固定。

在预制空心板板缝处预埋吊钩，应将 Γ 形吊钩与短钢筋焊接，或者使用 T 形吊钩，吊扇吊钩在板面上与楼板垂直布置，使用 T 形吊钩还可以与板缝内钢筋绑扎或焊接。将圆钢的上端弯成弯钩，挂在混凝土内的钢筋上如图 9-10 所示。

固定大（重）型灯具除了有的需要预埋吊钩外，还有的需要预埋螺栓，在不同结构的楼板上预埋固定灯具螺栓，如图 9-11 所示。

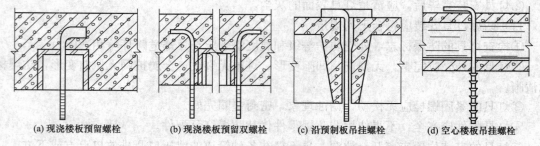

(a) 现浇楼板预留螺栓　　(b) 现浇楼板预留双螺栓　　(c) 沿预制板吊挂螺栓　　(d) 空心楼板吊挂螺栓

图 9-11 预埋螺栓做法

大型花灯吊钩应能承受灯具自重 6 倍的重力，特别是重要的场所和大厅中的花灯吊钩，应做到安全可靠。一般情况下，吊钩圆钢直径最小不宜小于 12mm，扁钢不宜小于 50mm×5mm。当壁灯或吸顶灯、灯具本身虽重量不大，但安装面积较大时，有时也需在灯位盒处的砖墙上或混凝土结构上预埋木砖，如图 9-12 所示。

（2）白炽灯的安装。

白炽灯平灯座在灯位盒上安装时，把平灯座与绝缘台先组装在一起，相线（即来自开关控制的电源线）通过绝缘台的穿线孔由平灯座的穿线孔穿出，接到与平灯座中心触点的端子上，零线应接在灯座螺口的端子上，应将固定螺钉或铆钉拧紧，余线盘圆放入盒内，把绝缘台固定在灯位盒的缩口盖上。灯头的绝缘外壳不应有破损和漏电。装有白炽灯泡的吸顶灯具，灯泡不应紧贴灯罩；当灯泡与绝缘台间距小于 5mm 时，灯泡与绝缘台间应采取隔热措施。

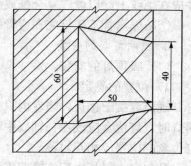

图 9-12 预埋木砖

在潮湿场所应使用瓷质平灯座，在绝缘台与建筑物墙面或顶棚之间垫橡胶垫防潮，胶垫厚 2～3mm，比绝缘台大 5mm。

　　平灯座明敷在线路上的灯位处，在绝缘台出线口甩出连接灯座的导线，固定好绝缘台，把导线由平灯座的出线孔穿出，固定好灯座再进行平灯座的接线，如图 9-13 所示。

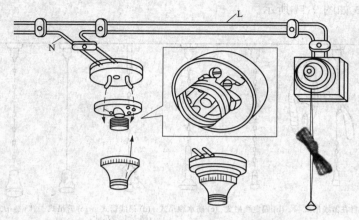

图 9-13　螺口平灯座安装 L、N 导线的相序

　　（3）荧光灯的安装。

　　圆形（也可称环形）吸顶灯可直接到现场安装。成套环形日光灯吸顶安装是直接拧到平灯座上，可按白炽灯平灯座安装的方法安装。方形、矩形荧光吸顶灯，需按国家标准进行安装。

　　安装时，在进线孔处套上软塑料管保护导线，将电源线引入灯箱内，灯箱紧贴建筑物表面上固定后，将电源线压入灯箱的端子板（或瓷接头）上，反光板固定在灯箱上，装好荧光灯管，安装灯罩。

　　（4）高压汞灯的安装。

　　安装高压汞灯时应注意下列事项：

　　1）高压汞灯有两种，一种是带镇流器的，先查明。带镇流器的高压汞灯一定要注意使镇流器与灯泡的功率相匹配。否则，灯泡会立即烧坏或使灯泡启动困难。

　　2）高压汞灯一般垂直安装，因为水平点燃时，光通量输出减少 7%，而且容易自灭。

　　3）由于高压汞灯的外玻壳温度很高，所以必须配备散热好的灯具，否则会影响灯泡的性能和寿命。

　　4）当外玻壳因某种原因而破碎后，灯虽仍能点燃，但大量的紫外线会烧伤人的眼睛，所以外壳破碎的高压汞灯应立即换下。

　　5）安装高压汞灯的线路电压应尽量保持稳定，当电压降低 5% 时，灯泡可能会自灭，而再启动的时间又较长，所以汞灯不宜接在电压波动较大的线路上。当采用高压汞灯作为路灯或高大厂房照明时，应考虑调压措施。

　　（5）吊灯的安装。

　　1）位置的确定。

　　成套（组装）吊链荧光灯，灯位盒埋设，应先考虑好灯具吊链开档的距离；安装简易直管吊链荧光灯的两个灯位盒中心之间的距离应符合下列要求：

　　①20W 荧光灯为 600mm。

②30W 荧光灯为 900mm。

③40W 荧光灯为 1200mm。

灯具吊装方式如图 9-14 所示。

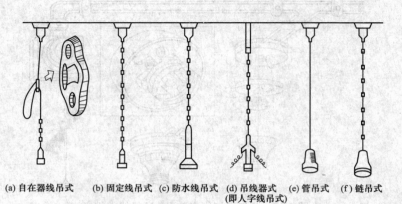

(a) 自在器线吊式　(b) 固定线吊式　(c) 防水线吊式　(d) 吊线器式　(e) 管吊式　(f) 链吊式
(即人字线吊式)

图 9-14　灯具吊装方式

2) 白炽灯的安装。

重量在 0.5kg 及以下的灯具可以使用软线吊灯安装。当灯具重量大于 0.5kg 时，应增设吊链。软线吊灯由吊线盒、软线和吊式灯座及绝缘台组成。软吊线带升降器的灯具，在吊线展开后距离地面高度应为 0.8m，并套塑料软管，且采用安全灯头。除敞开式灯具外，其他各类灯具灯泡容量在 100W 及以上者采用瓷质灯头。

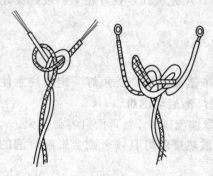

图 9-15　灯头内保险扣作法

塑料软线的长度一般为 2m，两端剥出线芯拧紧挂锡。将吊线盒底与绝缘台固定牢，把线穿过灯座和吊线盒盖的孔洞（有自在器的应先穿好自在器），打好保险扣，将软线的一端与灯座的接线柱连接，另一端与吊线盒的邻近隔脊的两个接线柱相连接，将灯座盖拧好。灯头内保险扣作法如图 9-15 所示。

灯具一般由瓷质或胶木吊线盒、瓷质或胶木防水软线灯座、绝缘台组成。在暗敷设管路灯位盒上安装灯具时需要橡胶垫。使用瓷质吊线盒时，把吊线盒底座与绝缘台固定好，把防水软线灯灯座软线直接穿过吊线盒盖并做好保险扣后接在吊线盒的接线柱上。

使用胶木吊线盒时，导线需直接通过吊线盒与防水吊灯座软线相连接，把绝缘台及橡胶垫（连同线盒）固定在灯位盒上。接线时，把电源线与防水吊灯座的软线两个接头错开 30~40mm。软线吊灯的软线两端应作保护扣，两端芯线应搪锡。

吊链白炽灯一般由绝缘台、上下法兰、吊链、软线和吊灯座及灯罩或灯伞等组成。

拧下灯座将软线的一端与灯座的接线柱进行连接，把软线由灯具下法兰穿出，拧好灯座。将软线相对交叉编入链孔内，穿入上法兰，把灯具线与电源线进行连接包扎后，将灯具上法兰固定在绝缘台上，拧上灯泡安装好灯罩或灯伞。

吊杆安装的灯具有吊杆、法兰、灯座或灯架及白炽灯等组成。采用钢管做吊杆时，钢管

　　内径一般不小于 10mm；钢管壁厚度不应小于 1.5mm。导线与灯座连接好后，另一端穿入吊杆内，由法兰（或管口）穿出，导线露出吊杆管口的长度不小于 150mm。安装时先固定木台，把灯具用木螺钉固定在木台上。超过 3kg 的灯具，吊杆应吊挂在预埋的吊钩上。灯具固定牢固后再拧好法兰顶丝，使法兰在木台中心，偏差不应大于 2mm。灯具安装好后吊杆应垂直。

　　3）荧光灯的安装。

　　组装式吊链荧光灯包括铁皮灯架、启辉器、镇流器，灯管管座和启辉器座等附件。现在常用电子镇流、启动荧光灯，不另带启辉器、镇流器。

　　同一室内或场所成排安装的灯具，其中心线偏差不应大于 5mm。日光灯和高压汞灯及其附件应配套使用，安装位置应便于检查和维修。灯具固定应牢固可靠，每个灯具固定用的螺钉或螺栓不应少于 2 个（当绝缘台直径为 75mm 及以下时，可采用 1 个螺钉或螺栓固定）。吊杆安装荧光灯与白炽灯安装方法相同。双吊杆荧光灯安装后双杆应平行。

　　4）吊式花灯安装。

　　当吊灯灯具重量大于 3kg 时，应采用预埋吊钩或螺栓固定。花灯一般使用单路或双路瓷接头连接，将导线盘圈挂锡后与各个灯座连接好，另一端线从各灯座处穿入到灯具本身的接线盒里，根据相序或控制回路方式分别用瓷接头连接，把电源引入线从吊杆穿出或由吊链内交叉编花由灯具上部法兰引出。

　　花灯均应固定在预埋的吊钩上，吊钩圆钢的直径，不应小于灯具吊挂销的直径，且不得小于 6mm。对大型花灯、吊装花灯的固定及悬吊装置，应确保吊钩能承受超过 2 倍灯具的重量，并做过载试验。

　　将灯具托（或吊）起，把预埋好的吊钩与灯具的吊杆或吊链连接好，连接好导线并应将绝缘层包扎严密，向上推起灯具上部的法兰，将导线的接头扣于其内，并将上法兰紧贴顶棚或绝缘台表面，拧紧固定螺栓，调整好各个灯，上好灯泡，最后再配上灯罩并挂好装饰部件。

　　安装在重要场所的大型灯具的玻璃罩，应采取防止玻璃罩碎裂后向下溅落的措施。

　　（6）壁灯安装。

　　1）位置的确定。

　　在室外壁灯安装高度不可低于 2.5m，室内一般不应低于 2.4m。住宅壁灯灯具安装高度可以适当降低，但不宜低于 2.2m，旅馆床头灯不宜低于 1.5m，成排埋设安装壁灯的灯位盒，应在同一条直线上，高低差不应大于 5mm。

　　壁灯若在柱上安装，灯位盒应设在柱中心位置上。在柱或窗间墙上设置时，应防止灯位盒被采暖管遮挡。卫生间壁灯灯位盒应躲开给、排水管及高位水箱的位置。

　　2）壁灯安装。

　　壁灯装在砖墙上时用预埋螺栓或膨胀螺栓固定。壁灯若装在柱上，应将绝缘台固定在预埋柱内的螺栓上，或打眼用膨胀螺栓固定灯具绝缘台。

　　将灯具导线一线一孔由绝缘台出线孔引出，在灯位盒内与电源线相连接，塞入灯位盒内，把绝缘台对正灯位盒紧贴建筑物表面固定牢固，将灯具底座用木螺钉直接固定在绝缘台上。安装在室外的壁灯应有泄水孔，绝缘台与墙面之间有防水措施。

3）应急灯安装。

疏散照明采用荧光灯或白炽灯，安全照明采用卤钨灯或瞬时可靠点燃的荧光灯。安全出口标志灯和疏散标志灯应装有玻璃或非燃材料的保护罩，面板亮度均匀度不低于1∶10（最低∶最高），保护罩应完整、无裂纹。

疏散照明宜设在安全出口的顶部、疏散走道及其转角处距地1m以下的墙面上，当交叉口处墙面下侧安装难以明确表示疏散方向时也可将疏散标志灯安装在顶部。标志灯应有指示疏散方向的箭头标志，灯间距不宜大于20m（人防工程不宜大于10m）。在疏散灯周围不应设置容易混同疏散标志灯的其他标志牌等。当靠近可燃物体时，应采取隔热、散热等防火措施。当采用白炽灯、卤钨灯等光源时，不能直接安装在可燃装修材料或可燃物体上。

楼梯间内的疏散标志灯宜安装在休息平台板上方的墙角处或壁装，并应用箭头及阿拉伯数字清楚标明上、下层层号。疏散标志灯的设置原则如图9-16所示。

安全出口标志灯宜安装在疏散门口的上方，在首层的疏散楼梯应安装于楼梯口的里侧上方，距地高度宜不低于2m。

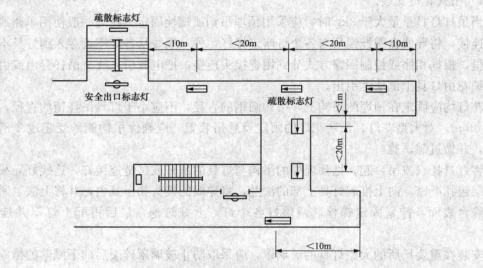

图9-16　疏散照明灯具位置的确定

疏散走道上的安全出口标志灯可明装，而厅室内宜采用暗装。安全出口的标志灯应有图形和文字符号，在有无障碍设计要求时，宜同时设有音响指示信号。可调光型安全出口标志灯宜用于影剧院的观众厅，在正常情况下减光使用，火灾事故时应自动接通至全亮状态。无专人管理的公共场所照明宜装设自动节能开关。

应急照明线路在每个防火分区有独立的应急照明回路，穿越不同防火分区的线路应有防火隔堵措施。其线路应采用耐火电线、电缆，明敷设或在非燃烧体内穿刚性导管暗敷，暗敷保护层厚度不小于30mm。电线采取额定电压不低于750V的铜芯绝缘电线。

（7）嵌入式灯具安装。

小型嵌入式灯具安装在吊顶的顶板上或吊顶内龙骨上，大型嵌入式灯具应安装在混凝土梁、板中伸出的支撑铁架、铁件上。大面积的嵌入式灯具，一般是预留洞口，如图9-17所示。嵌入式灯具与吊顶板材连接固定，如图9-18所示。

重量超过 3kg 的大（重）型灯具在楼（屋）面施工时就应把预埋件埋设好，在与灯具上支架相同的位置上另吊龙骨，上面需与预埋件相连接的吊筋连接，下面与灯具上的支架连接。支架固定好后，将灯具的灯箱用机用螺栓固定在支架上连线、组装。

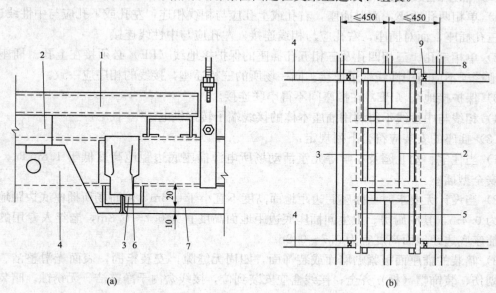

图 9-17　嵌入式灯具安装吊顶开口

1—横向附加卧放大龙骨；2—灯具固定横向附加大龙骨；3—中龙骨横撑；4—大龙骨；

5—纵向附加大龙骨；6—中龙骨垂直吊挂件；7—吊顶板材；8—中龙骨；9—大龙骨吊挂点

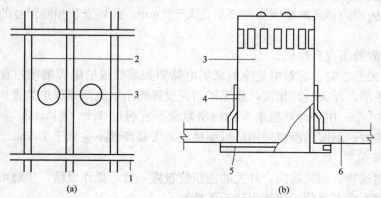

图 9-18　嵌入式灯具安装

1—大龙骨；2—中龙骨；3—灯具；4—卡件；5—压边；6—吊顶板材

嵌入顶棚内的灯具，灯罩的边框应压住罩面板或遮盖面板的板缝，并应与顶棚面板贴紧。矩形灯具的边框边缘应与顶棚面的装修直线平行，如灯具对称安装时，其纵横中心轴线应在同一条直线上，偏差不应大于 5mm。日光灯管组合的开启式灯具，灯管排列应整齐，其金属或塑料的间隔片不应有扭曲等缺陷。

9.2.3　照明电路中设备的安装

1. 插座的安装

（1）当交流、直流或不同电压等级的插座安装在同一场所时，应有明显的区别，且必须选择不同结构、不同规格和不能互换的插座；配套的插头应按交流、直流或不同电压等级区别使用。

（2）插座的接线应符合下列规定：

1）单相两孔插座，面对插座，右孔或上孔应与相线相连，左孔或下孔应与中性线连接；单相三孔插座，面对插座，右孔应与相线连接，左孔应与中性线连接。

2）单相三孔、三相四孔及三相五孔插座的保护接地线（PE）必须接在上孔。插座的保护接地端子不应与中性线端子连接。同一场所的三相插座，接线的相序应一致。

3）保护接地线（PE）在插座间不得串联连接。

4）相线与中性线不得利用插座本体的接线端子转接供电。

（3）插座的安装应符合下列规定：

1）当住宅、幼儿园及小学等儿童活动场所电源插座底边距地高度低于 1.8m 时，必须选用安全型插座。

2）当设计无要求时，插座底边距地面高度不宜小于 0.3m，障碍场所插座底边距地面高度宜为 0.4m，其中厨房、卫生间插座底边距地面高度宜为 0.7～0.8m，老年人专用的生活场所插座底边距地面高度宜为 0.7～0.8m。

3）暗装的插座面板紧贴墙面或装饰面，四周无缝隙，安装牢固，表面光滑整洁、无碎裂、划伤、装饰帽（板）齐全；接线盒应安装到位，接线盒内干净整洁、无锈蚀。暗装在装饰面上的插座，电线不得裸露在装饰层内。

4）地面插座应紧贴地面，盖板固定牢固，密封良好。地面插座应用配套接线盒，插座接线盒内干净整洁、无锈蚀。

5）同一室内相同标高的插座高度差不宜大于 5mm，并列安装相同型号的插座高度差不宜大于 1mm。

6）应急电源插座应有标识。

7）当设计无要求时，有触电危险的家用电器和频繁插拔的电源插座，宜选用能断开电源的带开关的插座，开关断开相线；插座回路应设置剩余电流动作保护装置；每一回路插座数量不宜超过 10 个；用于计算机电源的插座数量不宜超过 5 个（组），并应该用 A 型剩余电流工作保护装置；潮湿场所应采用防溅型插座，安装高度不应低于 1.5m。

2. 开关的安装

（1）同一建筑物、构筑物内，开关的通断位置应一致，操作灵活，接触可靠。同一室内安装的开关控制有序不错位，相线应经开关控制。

（2）开关的安装位置应便于操作，同一建筑物内开关边缘距门框的距离宜为 0.15～0.2m。

（3）同一室内相同规格相同标高的开关高度差不宜大于 5mm；并列安装相同规格的开关高度差不宜大于 1mm；并列安装不同规格的开关宜底边平齐；并列安装的拉线开关相邻间距不小于 20mm。

（4）当设计无要求时，开关安装高度应符合下列要求：

1）开关面板底边距地面高度宜为 1.3～1.4m。

2）拉线开关底边距地面高度宜为 2～3m，距顶板不小于 0.1m，且拉线出口应垂直向下。

3）无障碍场所开关底边距地面高度宜为 0.9～1.1m。

4）老年人生活场所开关宜选用宽板按键开关，开关底边距地面高度宜为 1～1.2m。

（5）暗装的开关面板应紧贴墙面或装饰面，四周无缝隙，安装牢固，表面光滑整洁、无碎裂、划伤、装饰帽（板）齐全；接线盒应安装到位，接线盒内干净整洁、无锈蚀。暗装在装饰面上的插座，电线不得裸露在装饰层内。

3. 低压断路器的安装及维护

（1）断路器在安装前应将脱扣器的电磁铁工作面的防锈油脂抹净，以免影响电磁机构的动作值。

（2）断路器与熔断器配合使用时，熔断器应尽可能装于断路器之前，以保证使用安全。

（3）电磁脱扣器的整定值一经调好后就不允许随意更动，使用日久后要检查其弹簧是否生锈卡住，以免影响其动作。

（4）断路器在分断短路电流后，应在切除上一级电源的情况下及时检查触头。若发现有严重的电灼痕迹，可用于布擦去；若发现触头烧毛，可用砂纸或细锉小心修整，但主触头一般不允许用锉刀修整。

（5）应定期清除断路器上的积尘和检查各种脱扣器的动作值，操作机构在使用一段时间后（1～2 年），在传动机构部分应加润滑油（小容量塑壳断路器不需要）。

（6）灭弧室在分断短路电流后，或较长时间使用之后，应清除灭弧室内壁和栅片上的金属颗粒和黑烟灰，如灭弧室已破损，决不能再使用。

4. 照明配电箱的安装

（1）照明配电箱内的交流、直流或不同电压等级的电源，应有明显的标识。

（2）照明配电箱不应采用可燃材料制作。

（3）照明配电箱安装应符合下列规定：

1）位置正确，部件齐全；箱体开孔与导管管径适配，应一管一孔，不得用电、气焊割孔；暗装配电箱箱盖应紧贴墙面，箱涂层应完整。

2）箱内相线、中性线、保护接地线的编号应齐全、正确；配线应整齐、无铰接现象；电线连接应紧密，不得损伤芯线和断股，多股电线应压接接线端子或搪锡；螺栓垫圈下两侧压的电线截面积应相同，同一端子上连接的电线不得多于 2 根。

3）电线进出箱的线孔应光滑无毛刺，并有绝缘保护套。

4）箱内分别设置中性线和保护接地线的汇流排，汇流排端子孔径大小、端子数量应与电线线径、电线根数适配。

5）箱内剩余电流动作保护装置应经测试合格；箱内装设的螺旋熔断器，其电源线应接在中间触点的端子上，负荷线接在螺纹的端子上。

6）箱安装应牢固，垂直度偏差不应大于 1.5%。照明配电板底边距楼地面高度不应小于 1.8m；当设计无要求时，不同高度的照明配电箱安装高度应符合规范要求。

7）照明配电箱不带电的外漏可导电部分应与保护接地线连接可靠；装有电器的可开启门，应用裸铜编织软线与箱体内接地的金属部分做可靠连接。

8）应急照明箱应有明显标识。

（4）建筑智能化控制或信号线路引入照明配电箱时应减少与交流供电线路和其他系统的线路交叉，且不得并排敷设或共用同一管槽。

思　考　题

1. 普通灯具安装的规范要求有哪些？
2. 试述照明安装程序。
3. 吊灯安装有哪些工艺方法？
4. 吸顶灯安装有哪些工艺方法？顶棚采用吊顶时，不同灯具的安装有什么特殊要求？
5. 荧光灯安装有哪些工艺方法？
6. 高压水银灯应该如何安装？有些什么注意事项？
7. 照明配电箱的安装要求是什么？
8. 开关、插座的安装位置是如何确定的？安装步骤有哪些？

附录 A   照明设计基本术语

2.0.1   绿色照明 green lights

节约能源、保护环境，有益于提高人们生产、工作、学习效率和生活质量，保护身心健康的照明。

2.0.2   视觉作业 visual task

在工作和活动中，对呈现在背景前的细部和目标的观察过程。

2.0.3   光通量 luminous flux

根据辐射对标准光度观察者的作用导出的光度量。单位为流明（lm），1lm＝1cd·1sr。对于明视觉有：

$$\Phi = K_m \int_0^\infty \frac{d\Phi_e(\lambda)}{d\lambda} V(\lambda) d\lambda$$

式中　　$d\Phi_e(\lambda)/d\lambda$ ——辐射通量的光谱分布；

　　　　$V(\lambda)$ ——光谱光（视）效率；

　　　　K_m ——辐射的光谱（视）效能的最大值，单位为流明每瓦特（lm/W）。在单色辐射时，明视觉条件下的 K_m 值为 683lm/W（$\lambda = 555nm$ 时）。

2.0.4   发光强度 luminous intensity

发光体在给定方向上的发光强度是该发光体在该方向的立体角元 $d\Omega$ 内传输的光通量 $d\Phi$ 除以该立体角元所得之商，即单位立体角的光通量。单位为坎德拉（cd），1cd＝1lm/sr。

2.0.5   亮度 luminance

由公式 $L = d^2\Phi/(dA \cdot \cos\theta \cdot d\Omega)$ 定义的量。单位为坎德拉每平方米（cd/m²）。

式中　　$d\Phi$ ——由给定点的光束元传输的并包含给定方向的立体角 $d\Omega$ 内传播的光通量（lm）；

　　　　dA ——包括给定点的射束截面积（m²）；

　　　　θ ——射束截面法线与射束方向间的夹角。

2.0.6   照度 illuminance

入射在包含该点的面元上的光通量 $d\Phi$ 除以该面元面积 dA 所得之商。单位为勒克斯（lx），1lx＝1lm/m²。

2.0.7   平均照度 average illuminance

规定表面上各点的照度平均值。

2.0.8   维持平均照度 maintained average illuminance

在照明装置必须进行维护时，在规定表面上的平均照度。

2.0.9   参考平面 reference surface

测量或规定照度的平面。

2.0.10   作业面 working plane

在其表面上进行工作的平面。

2.0.11　识别对象 recognized objective

需要识别的物体和细节。

2.0.12　维护系数 maintenance factor

照明装置在使用一定周期后，在规定表面上的平均照度或平均亮度与该装置在相同条件下新装时在同一表面上所得到的平均照度或平均亮度之比。

2.0.13　一般照明 general lighting

为照亮整个场所而设置的均匀照明。

2.0.14　分区一般照明 localized general lighting

为照亮工作场所中某一特定区域，而设置的均匀照明。

2.0.15　局部照明 local lighting

特定视觉工作用的、为照亮某个局部而设置的照明。

2.0.16　混合照明 mixed lighting

由一般照明与局部照明组成的照明。

2.0.17　重点照明 accent lighting

为提高指定区域或目标的照度，使其比周围区域突出的照明。

2.0.18　正常照明 normal lighting

在正常情况下使用的照明。

2.0.19　应急照明 emergency lighting

因正常照明的电源失效而启用的照明。应急照明包括疏散照明、安全照明、备用照明。

2.0.20　疏散照明 evacuation lighting

用于确保疏散通道被有效地辨认和使用的应急照明。

2.0.21　安全照明 safety lighting

用于确保处于潜在危险之中的人员安全的应急照明。

2.0.22　备用照明 stand-by lighting

用于确保正常活动继续或暂时继续进行的应急照明。

2.0.23　值班照明 on-duty lighting

非工作时间，为值班所设置的照明。

2.0.24　警卫照明 security lighting

用于警戒而安装的照明。

2.0.25　障碍照明 obstacle lighting

在可能危及航行安全的建筑物或构筑物上安装的标识照明。

2.0.26　频闪效应 stroboscopic effect

在以一定频率变化的光照射下，观察到物体运动显现出不同于其实际运动的现象。

2.0.27　发光二极管（LED）灯 light emitting diode lamp

由电致固体发光的一种半导体器件作为照明光源的灯。

2.0.28　光强分布 distribution of luminous intensity

用曲线或表格表示光源或灯具在空间各方向的发光强度值，也称配光。

2.0.29　光源的发光效能 luminous efficacy of a light source

光源发出的光通量除以光源功率所得之商，简称光源的光效。单位为流明每瓦特（lm/W）。

2.0.30 灯具效率 luminaire efficiency

在规定的使用条件下，灯具发出的总光通量与灯具内所有光源发出的总光通量之比，也称灯具光输出比。

2.0.31 灯具效能 luminaire efficacy

在规定的使用条件下，灯具发出的总光通量与其所输入的功率之比。单位为流明每瓦特（lm/W）。

2.0.32 照度均匀度 uniformity ratio of illuminance

规定表面上的最小照度与平均照度之比，符号是 U_0。

2.0.33 眩光 glare

由于视野中的亮度分布或亮度范围的不适宜，或存在极端的对比，以致引起不舒适感觉或降低观察细部或目标的能力的视觉现象。

2.0.34 直接眩光 direct glare

由视野中，特别是在靠近视线方向存在的发光体所产生的眩光。

2.0.35 不舒适眩光 discomfort glare

产生不舒适感觉，但并不一定降低视觉对象的可见度的眩光。

2.0.36 统一眩光值 unified glare rating（UGR）

国际照明委员会（CIE）用于度量处于室内视觉环境中的照明装置发出的光对人眼引起不舒适感主观反应的心理参量。

2.0.37 眩光值 glare rating（GR）

国际照明委员会（CIE）用于度量体育场馆和其他室外场地照明装置对人眼引起不舒适感主观反应的心理参量。

2.0.38 反射眩光 glare by reflection

由视野中的反射引起的眩光，特别是在靠近视线方向看见反射像所产生的眩光。

2.0.39 光幕反射 veiling reflection

视觉对象的镜面反射，它使视觉对象的对比降低，以致部分地或全部地难以看清细部。

2.0.40 灯具遮光角 shielding angle of luminaire

灯具出光口平面与刚好看不见发光体的视线之间的夹角。

2.0.41 显色性 colour rendering

与参考标准光源相比较，光源显现物体颜色的特性。

2.0.42 显色指数 colour rendering index

光源显色性的度量。以被测光源下物体颜色和参考标准光源下物体颜色的相符合程度来表示。

2.0.43 一般显色指数 general colour rendering index

光源对国际照明委员会（CIE）规定的第 1～8 种标准颜色样品显色指数的平均值。通称显色指数，符号是 R_a。

2.0.44 特殊显色指数 special colour rendering index

光源对国际照明委员会（CIE）选定的第 9～15 种标准颜色样品的显色指数，符号

是 R_i。

2.0.45　色温 colour temperature

当光源的色品与某一温度下黑体的色品相同时，该黑体的绝对温度为此光源的色温。亦称"色度"。单位为开（K）。

2.0.46　相关色温 correlated colour temperature

当光源的色品点不在黑体轨迹上，且光源的色品与某一温度下的黑体的色品最接近时，该黑体的绝对温度为此光源的相关色温，简称相关色温。符号为 T_{cp}，单位为开（K）。

2.0.47　色品 chromaticity

用国际照明委员会（CIE）标准色度系统所表示的颜色性质。由色品坐标定义的色刺激性质。

2.0.48　色品图 chromaticity diagram

表示颜色色品坐标的平面图。

2.0.49　色品坐标 chromaticity coordinates

每个三刺激值与其总和之比。在 X、Y、Z 色度系统中，由三刺激值可算出色品坐标 x、y、z。

2.0.50　色容差 chromaticity tolerances

表征一批光源中各光源与光源额定色品的偏离，用颜色匹配标准偏差 SDCM 表示。

2.0.51　光通量维持率 luminous flux maintenance

光源在给定点燃时间后的光通量与其初始光通量之比。

2.0.52　反射比 reflectance

在入射辐射的光谱组成、偏振状态和几何分布给定状态下，反射的辐射通量或光通量与入射的辐射通量或光通量之比。

2.0.53　照明功率密度 lighting power density（LPD）

单位面积上一般照明的安装功率（包括光源、镇流器或变压器等附属用电器件），单位为瓦特每平方米（W/m²）。

2.0.54　室形指数 room index

表示房间或场所几何形状的数值，其数值为2倍的房间或场所面积与该房间或场所水平面周长及灯具安装高度与工作面高度的差之商。

2.0.55　年曝光量 annual lighting exposure

度量物体年累积接受光照度的值，用物体接受的照度与年累积小时的乘积表示，单位为每年勒克斯小时（lx·h/a）。

附录 B 常用电气图形符号

表 B		常用电气图形符号
序号	符 号	说 明
1		连线，一般符号（导线；电缆；电线；传输通路；电信线路）
2		导线组（示出导线数）（示出三根导线）
3		软连接
4		屏蔽导体
5		绞合连接
6		电缆中的导线
7		阴接触件（连接器的）、插座
8		阳接触件（连接器的）、插头
9		插头和插座
10		接通的连接片
11		断开的连接片
12		双绕组变压器，一般符号
13		绕组间有屏蔽的双绕组变压器
14		一个绕组上有中间抽头的变压器
15		星形-三角形连接的三相变压器

序　号	符　　号	说　　明
16		具有 4 个抽头的星形-星形连接的三相变压器
17		单相变压器组成的三相变压器，星形-三角形连接
18		三相变压器，星形-星形-三角形连接
19		自耦变压器，一般符号
20		单相自耦变压器
21		三相自耦变压器，星形接线
22		电抗器，一般符号，扼流圈
23		电压互感器
24		电流互感器，一般符号
25		具有两个铁心，每个铁心有一个次级绕组的电流互感器
26		一个铁心具有两个次级绕组的电流互感器
27		隔离器

序号	符　　号	说　　明
28		具有中间断开位置的双向隔离开关
29		隔离开关
30		具有由内装的测量继电器或脱扣器触发的自动释放功能的负荷开关
31		断路器
32		带隔离功能断路器
33		熔断器式开关
34		熔断器式隔离器
35		熔断器式隔离开关
36		接触器；接触器的主动合触点
37		接触器；接触器的主动断触点
38		熔断器，一般符号
39		熔断器，熔断器烧断后仍带电的一端线粗示

序号	符　号	说　明
40		熔断器；撞击熔断器
41		火花间隙
42		避雷器
43		动合（常开）触点，开关，一般符号
44		动断（常闭）触点
45		先断后合的转换触点
46		中间断开的双向转换触点
47		地下线路
48		具有埋入地下连接点的线路
49	E	接地极
50	E	接地线
51	LP	避雷线、避雷带、避雷网
52		水下线路
53		架空线路
54	6	管道线路 附加信息可标注在管道线路的上方，如管孔的数量，示例：6孔管道的线路
55		电缆梯架、托盘、线槽线路

续表

序号	符　号	说　明
56		电缆沟线路
57		中性线
58		保护线
59	PE	保护接地线
60		保护线和中性线共用线
61		带中性线和保护线的三相线路
62		向上配线；向上布线
63		向下配线；向下布线
64		垂直通过配线；垂直通过布线
65	MEB	等电位端子箱
66	LEB	局部等电位端子箱
67	EPS	EPS电源箱
68	UPS	UPS（不间断）电源箱

序号	符　号	说　明
69	▭ ☆ 根据需要参照代号☆标注在图形符号旁边区别不同类型电气箱（柜）	AC—控制箱、操作箱 AL—照明配电箱 ALE—应急照明箱 AP—电力配电箱 AS—信号箱 AT—电源自动切换箱（柜） AW—电度表箱 AR—保护屏 APE—应急电力配电箱 AD—直流配电柜（屏） AN—低压配电柜、MCC柜 XD—插座箱
70		配电中心，符号表示待五路配线 符号就近标注种类代码"＊"，表示的配电柜（屏）、箱、台。
71	⊗★ 如需指出灯具类型，则在"★"位置标出数字或字母	W—壁灯 C—吸顶灯 R—筒灯 EN—密闭灯 EX—防爆灯 G—圆球灯 P—吊灯 L—花灯 LL—局部照明灯 SA—安全照明 ST—备用照明
72	E	应急疏散指示标志灯
73	←	应急疏散指示标志灯（向左）
74	→	应急疏散指示标志灯（向右）
75	✕	在专用电路上的事故照明灯
76	⊠	自带电源的事故照明灯

续表

序号	符　　号	说　　明
77		荧光灯
78		二管荧光灯
79		三管荧光灯
80	*n*	多管荧光灯，$n>3$
81	★ ★	如需要指出灯具种类，则在"★"位置标出下列字母：EN — 密闭灯，EX — 防爆灯
82		投光灯
83		聚光灯
84		泛光灯
85		障碍灯，危险灯，红色闪光全向光束
86		（电源）插座一般符号
87	3	（电源）多个插座，符号表示三个插座
88		带保护极的（电源）插座
89	★ ★	根据需要可在"★"处用下述文字区别不同插座： 1P—单相（电源）插座 3P—三相（电源）插座 1C—单相暗敷（电源）插座 3C—三相暗敷（电源）插座 1EX—单相防爆（电源）插座 3EX—三相防爆（电源）插座 1EN—单相密闭（电源）插座 3EN—三相密闭（电源）插座

序号	符　号	说　明
90		带滑动保护板的（电源）插座
91		带单极开关的（电源）插座
92		开关一般符号
93		根据需要"★"用下述文字标注在图形符号旁边区别不同类型开关： C—暗装开关，EX—防爆开关， EN—密闭开关
94		n 联单控开关，$n>3$
95		带指示灯的开关
96		单极限时开关
97		双极开关
98		多位单极开关（如用于不同照度）
99		双控单极开关
100		中间开关
101		调光器
102		单极拉线开关
103		按钮
104		根据需要"★"用下述文字标注在图形符号旁边区别不同类型开关： 2—二个按钮单元组成的按钮盒 3—三个按钮单元组成的按钮盒 EX—防爆型按钮 EN—密闭型按钮
105		带有指示灯的按钮

参 考 文 献

[1] 北京照明学会照明设计专业委员会．照明设计手册．3 版．北京：中国电力出版社，2016.

[2] 俞丽华．电气照明．4 版．上海：同济大学出版社，2014.

[3] 肖辉．电气照明技术．3 版．北京：机械工业出版社，2015.

[4] 魏立明．建筑电气照明技术与应用．北京：机械工业出版社，2015.

[5] 赵德申．建筑电气照明技术．北京：机械工业出版社，2015.